도전과 응전, 그리고 한국 육군의 선택

※ 이 연구의 초고는 서강대학교 육군력연구소에서 개최한 제5회 육군력 포럼 '도전과 응전,
그리고 한국 육군의 선택'(2019.4.3)에서 발표되었습니다.

서강 육군력 총서 5

서강대학교 육군력연구소 기획
이근욱 엮음
남보람·리란 앤테비·설인효·신성호·엠마 스카이·
이근욱·존 브라운·최현진 지음

도전과 응전, 그리고 한국 육군의 선택

Challenges, Responses and Choices of the ROK Army

책을 펴내며

이 책은 2019년 4월 "도전과 응전, 그리고 한국 육군의 선택"이라는 제목으로 개최되었던 제5회 육군력 포럼의 발표 논문을 묶은 것이다. 2015년 제1회 육군력 포럼 이후 포럼의 성과는 1년 후 단행본으로 출간되었으며, 그 결과 지금까지 4권의 단행본이 출간되었다. 이번에 출간되는 책은 제5회 육군력 포럼의 성과이자 기록물이며, 서강 육군력 총서 5권이다.

제5회 포럼의 핵심 사항은 군사혁신으로 요약할 수 있는 "도전과 응전(Challenges and Responses)"이며, 특히 한국 육군의 군사혁신 계획인 비전 2030을 중심으로 한 한국 육군의 "도전과 응전"이다. 영국의 역사가 토인비(Arnold Toynbee)는 역사는 순환한다는 관점에서, 모든 문명은 각 발전 단계에 따라 개별적인 도전요인에 직면하고, 엘리트를 중심으로 한 창조적인 지도자들이 개별 문명을 이끌면서 도전요인에 응전한다고 보았다.

"도전과 응전"이라는 관점에서 군사혁신, 특히 한국 육군의 군사혁신을 분석하는 것은 상당한 장점을 가진다. 모든 군사조직은 항상 도전에 직면한다. 한국 육군을 비롯한 모든 군사조직은 전쟁에서는 아군을 섬멸하려는 적(敵)과의 대결이라는 생명을 건 도전에 직면하며, 평화 시에는 정치상황의 변화와 군사기술의 발전에 따라 군사력 구성을 계속 변화시켜야 하는 도전에 직면한다. 이 가운데 군사혁신은 평화 시 정치변화 및 기술발전이라는 도전에 응전하는 과정이며, "도전과 응전" 과정에서 성공하기 위해서는 군사조직의 수뇌부가 창조적으로 조직 전체의 응전을 효과적으로 선도해야 한다.

이러한 장점에도 불구하고 "도전과 응전"이라는 구도는 실제 현상을 이해하는 데 사용하는 비유에 지나지 않으며, 다음과 같은 한계가 있다. 군사혁신을 성공적으로 실현하기 위해서는 현실에서의 변화를 정확하게 인식해야 하며, 그 변화는 다음과 같이 두 가지 차원에서 나타난다. 첫째, 군사기술의 발전이다. 모든 기술은 변화하며, 민간 기술이 발전하면서 군사적으로 응용할 수 있는 부분은 매우 빠르게 등장한다. 군사기술의 변화에 따라 결정되는 전쟁 그 자체의 미래, 즉 "전쟁의 미래"를 파악해야 한다. 둘째, 군사기술을 사용하게 되는 정치적 환경의 변화이다. "전쟁은 다른 수단으로 수행되는 정치의 연속"이며 전쟁은 "정치적 목표를 달성하기 위한 수단"이라는 클라우제비츠(Carl von Clausewitz)의 지적과 같이, 군사혁신 등을 논의하려면 그 최종 산물로 만들어진 군사기술을 사용하게 되는 정치적 환경을 고려해야 한다. 따라서 미래 세계에서 수행되는 전쟁을 ― "미래의 전쟁"을 ― 예측하는 것이 중요하다.

"도전과 응전" 자체는 다음과 같은 몇 가지 강력한 통찰력을 제공한다. "문명의 흥망성쇠는 피할 수 없으며 때문에 순환한다"는 객관적인 서술은 잔인할 정도로 정확하다. 이 때문에 현실에서는 이러한 숙명론적 변화를 극복하기 위해 많은 노력을 기울이게 되며, 군사혁신 또한 그 예외는 아니다. 군사혁신에 실패한다면 해당 국가는 심각한 위협에 직면하며, 이러한 상황은 용납할 수 없기 때문에 당위적 차원에서 모든 군사조직은 혁신을 실현하기 위해 노력한다. 또한 효율적인 군사조직은 환경 변화를 수동적으로 받아들여 외생적인 충격에 적응하기보다, 군사기술의 발전(전쟁의 미래)을 주도하고 정치환경의 변화(미래의 전쟁)를 선제적으로 인식하여 전체 상황을 더욱 유리하게 조성하고자 한다. 이러한 적극적인 행동이 없고 외부의 자극에만 반응해서는 군사혁신을 성공적으로 실현하기 어렵다.

"도전과 응전" 구도가 제시하는 또 다른 통찰력은 리더십의 중요성이다. 이에 따르면 모든 문명은 외부세계에서의 도전에 직면하여 이에 적절하게 응전해야 한다. 이러한 과정에서 중요한 결정요인은 "창의적인 엘리트 지도자"이다. 군사혁신의 경우에도 상황은 동일하다. 외생적인 군사기술 및 정치환경의 변화에 대해 수동적으로 적응하는 것 이상으로, 내생적인 변화를 통해 선제적으로 군사기술의 변화를 선도하며 군사조직 자체의 변화를 유도하고, 전체 환경을 보다 유리한 방식으로 조성해야 한다. 이것은 쉽지 않다. 따라서 군사혁신을 실현하기 위해서는 "창의적인 엘리트 지도자"가 필요하며, 군사조직 리더십 차원의 노력이 매우 중요하다.

군사혁신의 관점에서 "도전과 응전" 구도에서 얻을 수 있는 통찰력 가운데 가장 중요한 사항은 그 순환 개념에서 도출되는 장기적 전망이다. 군사혁신은 일회성 무기개발이 아니라, 영원히 지속되는 끝없는 과정이다. 이것은 단거리 육상경기가 아니다. 올림픽 종목으로는 100m 육상경기나 멀리뛰기가 아니라 42.195km를 뛰어야 하는 마라톤이다. 실제 전쟁이 벌어지지 않는다면, 군사혁신의 결과는 정확하게 검증되지 않을 수 있으며 성과를 파악하기 어려울 수 있다. 하지만 멈출 수 없고 잠시 쉴 수도 없다. 너무나도 고통스럽고 절망스럽지만, 이것은 그냥 수용해야 하는 현실이다. 아이들을 위한 동화인 『거울 나라의 앨리스(Through the Looking-Glass, and What Alice Found There)』에 등장하는 "여기서는 같은 곳에 있으려면 쉬지 않고 최선을 다해 힘껏 달려야 해. 만약 어디 다른 곳으로 가고 싶다면, 적어도 그보다 두 배는 빨리 달려야" 하는 상황은 군사혁신을 너무나 잘 표현한다.

이번 책이 햇빛을 볼 수 있었던 것은 그 과정에서 많은 분들이 노력해주셨고 도와주셨던 덕분이다. 우선 대한민국 육군을 대표하여 김용우 육군참모총장님께 감사드린다. 김용우 대장님의 도움은 제5회 육군력 포럼이 진행될 수 있었던 원동력이었다. 포럼에 대한 지원을 아끼지 않으셨던 최인수 장군님께도 감사드린다. 실무를 담당하셨던 신동조 중령님께 감사드린다. 중령님의 도움이 없었더라면, 포럼이 실행되지 못했을 것이다.

서강대학교에서도 많은 분들이 도와주셨다. 박종구 서강대학교 총장님은 바쁜 일정에도 불구하고 이번에도 참석하여 축사를 해주셨다. 서강대학교 정치외교학과 동료 교수님 또한 익숙하지 않은 육군력 포럼에도 불구하고 많이 도와주셨다. 포럼에서 발표와 토론을 맡아주셨던 여러 선생님들에게도 감사드린다. 무엇보다 포럼 운영에서 실무를 해주었던 여러 대학원생들에게 감사드린다. 김강우, 김희준, 김창준, 노기우, 박주형, 변석언, 신상민, 표선경 씨 등의 노력이 없었더라면 업무 진행은 불가능했을 것이다. 감사드린다. 무엇보다 위탁교육으로 서강대학교 대학원에 와서 행사 진행의 실무를 맡아주셨던 김창준, 박주형 대위님께 그리고 새롭게 위탁교육을 와서 이번 원고의 단행본 출판 과정에서 많은 도움을 주신 김동현 대위님께 감사드린다.

차례

머리말

이번에 출판되는 서강 육군력 총서 5권은 2019년 4월 3일 국방컨벤션 센터에서 개최된 제5회 육군력 포럼에서 발표된 원고를 수정한 것이다. 포럼의 주제는 "도전과 응전, 그리고 한국 육군의 선택"이었으며, 이에 기초하여 제1세션에서는 "군사혁신과 군사력"이라는 제목으로, 그리고 제2세션에서는 "한국 육군의 군사혁신"의 제목으로 한국과 이스라엘 학자 6명의 논문이 발표되었다.

기조연설은 미국 육군 예비역 준장인 브라운(John S. Brown) 장군이 담당할 계획이었지만 건강 문제로 참석하지 못했고, 그 대신에 "군사혁신: 무인체계를 넘어서"라는 기조연설문 원고를 보내주었다. 이에 기조연설은 영국 출신 민간인으로 2003년 이후 처음에는 이라크 연합군 임시행정청(Coalition Provisional Authority) 소속으로 그리고 2006년 이후 오디어노(Raymond T. Odierno) 장군이 지휘하는 미군 중심의 이라크 주둔 다국적군단(Multi-National Corps in Iraq: MNC-Iraq) 소속의 정치자문관(political advisor)으로 활약했던 스카이(Emma Sky) 현 예일대학교 교수가 담당했다. 여기서 스카이 교수는 "이라크 전쟁: 전술적 성공과 전략적 실패"라는 제목으로 미국이 이라크 전쟁을 수행하는 과정을 서술하면서 전술적 차원의 성공이 전략적 차원의 성공으로 이어지지 않는 부분을 강조했다.

제5회 육군력 포럼의 핵심 사항은 한국 육군의 군사혁신이다. 이른바 4차 산업혁명이 시작되면서 AICBM — 인공지능(AI), 클라우드 컴퓨팅(Cloud Computing), 빅데이터(Big Data), 그리고 모바일(Mobile) — 기술 등이 등장하고 있으며, 이전과는 전혀 다른 차원의 군사력이 나타나고 있다. 2019/20년 현재 이와 같은 군사기술의 잠재력을 실현하는 국가는 미래의 전장을 지배할 수 있을 것이며, 따라서 미래의 세력균형을 유리한 방향으로 변화시킬 수 있을 것이다. 이미 무인기(Unmanned Aerial Vehicle: UAV)가 널리 사용되고 있으며, 그 밖의 다양한 부분에서 AICBM 기술 자체는 실용화되어 있다. 이제 누가 먼저 이런 기술의 군사적 잠재력을 극대화하는가의 경쟁만이 남아 있다.

이와 같은 상황은 한국 육군이 직면한 기술적 도전요인이며, 한국 육군은 이에 적극적으로 응전해야 한다. 그렇다면 어떻게 응전해야 하는가? 기술적 도전요인과 함께 군사기술을 사용해야 하는 미래의 정치적 환경 자체가 계속 변화하는 과정에서, 어떻게 해야만 한국 육군은 이러한 변화를 가능한 한 빨리 식별하고 이에 적극적으로 응전할 수 있는가? 군사혁신의 결정요인을 파악하고, 군사혁신을 구현하기 위해 조직 전체를 끌어갈 "창조적인 엘리트"가 필요하다. 이러한 측면에서 "도전과 응전"은 중요한 의미를 가진다.

무엇보다 주요 국가들이 새로운 군사기술의 적용을 위해 경쟁하고 있기 때문에, 한국 육군이 군사혁신이라는 "도전과 응전"에서 실패하는 것은 단순한 혁신의 실패가 아니라 현재의 상대적 위치를 유지하지 못하고 추락한다는 것을 의미한다. 이것은 붉은 여왕의 저주이다. 『거울 나라의 앨리스(Through the Looking-Glass, and What Alice Found There)』의 등장인물인 붉은 여왕(Red Queen)은 "같은 곳에 있으려면 쉬지 않고 최선을 다해 힘껏 달려야 해. 만약 어디 다른 곳으로 가고 싶다면, 적어도 그보다 두 배는 빨리 달려야" 한다고 주장한다. 이것은 아이들을 위한 동화책 이야기이지만, 2019/20년 현재 시점에서 한국 육군이 처한 상황을 상징적으로 잘 보여준다.

I. 대주제: 도전과 응전, 그리고 한국 육군의 선택

제5회 육군력 포럼의 핵심 주제는 군사혁신을 둘러싼 "도전과 응전, 그리고 한국 육군의 선택"이다. 최근 4차 산업혁명과 AICBM 기술 등으로 각광받고 있지만, 군사혁신은 매우 오랜 현상이며, 역사의 흐름에도 결정적인 영향을 미친 주제이다. 군사혁신을 통해 기존과 거의 비슷한 자원으로 — 즉, 비슷한 수준의 인력과 예산으로 — 5~10배 이상의 군사력을 만들어내면서 기존의 군사력 균형이 변화했고, 일부 경우에는 기존 정치적 세력균형까지도 바꾸었다. 강대국의 흥망성쇠 전부가 군사혁신에 의해 결정되지는 않지만, 군사혁신이 강대국 흥망성쇠의 중요한 사항이었고 강대국 경쟁의 핵심이었다는 사실은 부정할 수 없다.

16세기 말 네덜란드는 당시 존재하는 군사기술을 새롭게 조합하여 이전에 비해 5~10배의 전투효율성을 보여주는 군사력을 구축하는 데 성공했다. 이와 같은 네덜란드발 군사혁신이 스웨덴을 거쳐 17세기 초 유럽 전체로 확산되면서, 유럽 국가들은 지구 모든 지역을 군사적으로 제압할 수 있는 전투력을 확보하게 되었다. 이것은 보통 군사혁명(Military Revolution)이라고 지칭되며, 이후 유럽 국가들이 세계 전체를 식민지로 지배하는 군사적 기반을 제공했다. 두 번째 군사혁명, 또는 혁명적 군사혁신은 1920~1930년대에 등장했다. 20세기

초 등장했던 내연기관과 무선통신 그리고 항공기 기술이 유기적으로 결합되면서 1차 대전에서 처음 등장했던 탱크가 기갑부대로 발전했고, 그 결과 1930년대 말과 1940년대 초 나치 독일은 그 기술을 바탕으로 서부 유럽의 군사력 균형 및 세력균형까지 변경시켰다.[1]

냉전 시기에 동일한 역동성이 존재했다. 1970년대 후반 현재의 정보통신 및 컴퓨터 기술(ICT)이 태동하면서, 소련은 미국을 중심으로 하는 NATO 병력이 ICT를 적용하여 이전과는 비교할 수 없을 정도의 강력한 파괴력을 가질 것이라고 보았다. 소련 측 표현을 빌리자면 "핵무기를 사용하지 않고도 핵공격 수준의 파괴력"이 실현되었다고 우려하면서, NATO는 종심정찰과 정밀타격 능력을 사용하여, 이전에는 전술 핵무기로만 파괴할 수 있었던 목표물을 보다 멀리서 포착하고 보다 정확하게 파괴할 수 있다고 평가했다. 1970년대 후반 이후 소련은 ICT 도전요인을 식별했지만, 이에 적절하게 응전하지 못했고 경쟁에서 뒤처지기 시작했다. 군사기술에서 시작된 쇠락은 결국 체제 자체의 붕괴로까지 이어졌다.[2]

군사혁신은 복잡하며, 군사혁신을 성공적으로 수행하기 위해서는 다음 두 가지 측면에서 군 수뇌부가 "창의적인 엘리트"로서 리더십을 행사해야 한다. 첫째, 군사기술의 발전은 그냥 주어지는 것이

1 Allan R. Millett and Williamson Murray(eds.), *Military Innovation in the Interwar Period* (Cambridge: Cambridge University Press, 1996) 그리고 MacGregor Knox and Williamson Murray, *The Dynamics of Military Revolution, 1300~2050* (Cambridge: Cambridge University Press, 2001).

2 군사기술의 변화에 대한 소련 군사이론가들의 논의 및 군사혁신 일반에 대한 초기 연구로는 Andrew F. Krepinevich, *The Military-Technical Revolution: A Preliminary Assessment* (Washington, DC: Center for Strategic and Budget Assessment, 2002)가 있다.

아니라, 군사조직의 노력에 의해 만들어지는 것이다. 수뇌부는 4차 산업혁명 기술을 맹목적으로 추종해서는 안 되며, AICBM 기술을 통한 신무기 개발에만 집중해서는 안 된다. 미래의 기술환경을 예측하고 이에 적합한 군사기술을 개발하도록 노력해야 한다. 즉, "전쟁의 미래"를 보다 유리한 방향으로 조성하도록 노력해야 한다. 둘째, 군사기술은 정치적 진공에서 나타나지 않으며, 군사혁신의 결과 또한 "미래의 전쟁"에 의해 결정된다.[3] 따라서 수뇌부는 미래의 정치환경 또한 예측해야 한다. 이것은 쉽지 않다. 하지만 이와 같은 예측은 "창의적인 엘리트"의 숙명이며, 여러 도전요인에 대한 군사혁신이라는 응전을 성공적으로 수행하기 위해서는 필수적인 사항이다.

II. 소주제 1: 군사혁신과 군사력

첫 번째 소주제는 "군사혁신과 군사력"이라는 제목의 군사혁신 일반이다. 군사혁신을 통해 동일한 자원으로 — 동일한 인력과 예산으로 — 5~10배나 많은 군사력을 구축할 수 있기 때문에, 군사력 문제에서 군사혁신은 핵심적인 주제이다. 그렇다면 군사혁신을 실현하기 위해서는, 즉 동일한 인력과 예산으로 5~10배나 많은 군사력을 구축하기 위해서는 무엇이 필요한가? 그리고 군사혁신에 영향을 미치는 사항

3 이와 같이 미래를 군사기술을 핵심으로 하는 "전쟁의 미래"와 정치적 환경을 중심으로 하는 "미래의 전쟁"이라는 두 가지 차원으로 분류하는 시각은 다음 연구를 참고하라. 이근욱, 「한국 국방개혁 2020의 문제점: 미래에 대한 전망과 안보」, ≪신아세아≫, 제15권 4호 (2008년 겨울), 93~114쪽. 그리고 이근욱, 「미래의 전쟁과 전쟁의 미래: 이라크 전쟁에서 나타난 군사혁신의 두 가지 측면」, ≪신아세아≫, 제17권 1호 (2010년 봄), 137~161쪽.

은 무엇인가? 이것은 군사기술의 변화라는 도전요인에 대한 성공적인 응전을 위해 반드시 검토해야 하는 질문이다.

이러한 측면에서 군사혁신의 성공과 실패를 결정하는 요인에 대한 논의가 필수적이다. 거듭 강조하듯이, 군사혁신은 변화하는 군사기술의 도전에 대한 응전의 결과이다. 하지만 이와 같은 응전 자체는 군사기술의 발전을 단순히 추종하는 것을 넘어 군사기술 발전을 선도하고 이에 적극적으로 조직 자체를 변화시키는 과정이어야 한다. 이를 위해서는 토인비가 강조했던 "창조적인 엘리트"의 역할이 매우 중요하며, 리더십은 새로운 군사기술을 도입하는 것을 넘어 작전 개념과 조직형태까지 가능한 한 빨리 변화시켜야 한다. 탱크는 1916년 9월 영국군이 솜(Somme) 전투에서 최초로 도입했지만, 탱크를 효율적으로 사용하는 작전 개념은 14개월 후인 1917년 11월 캉브레(Cambrai) 전투가 되어서야 등장했다. 리더십은 바로 이러한 시간 차이를 줄이는 것이다. 자신들이 지휘하는 군사조직이 상황 변화에 가능한 한 빨리 그리고 효과적으로 응전하도록, 새로운 작전 개념과 조직변화를 선도해야 한다.[4]

동시에, 군사혁신을 성공적으로 실행하기 위해서는 도전요인을 보다 정확하게 이해해야만 한다. 개념적으로 군사혁신을 군사기술의 발전에 따른 군사조직의 기술적 응전으로 이해한다고 해도, 이를 실행하기 위해서는 많은 제약요건이 등장하며 그 대부분은 정치환경과

---

4 미국 국방부 총괄평가국(Office of Net Assessment)은 ICT의 군사적 잠재력을 주목하여, 이를 통한 혁명적 군사혁신 가능성을 강조했다. Andrew F. Krepinevich and Barry D. Watts, *The Last Warrior: Andrew Marshall and the Shaping of Modern American Defense Strategy* (New York: Basic Books, 2015), pp.193~226.

밀접하게 연관되어 있다. 우선, 새로운 군사기술을 만들고 도입하는 과정에서도 정치적 변수가 강력하게 작용한다. 앞에서 서술한 것처럼, 1970년대 말 소련군은 ICT의 군사적 잠재력을 정확하게 식별했지만, 소련군 지휘부는 이에 적극적으로 응전하지 못했다. 참모총장이었던 오르가코프(Nikolai Orgakov) 장군은 소련은 "모두가 다 아는 정치적인 이유 때문에 컴퓨터를 보급할 수 없으며, 결국 ICT 혁명에서 뒤처질 것이다"라고 우려하면서, "미국에서는 개인이 컴퓨터를 사용하지만 소련에서는 국방부 사무실에서도 컴퓨터 사용이 어렵다"라고 토로했다.[5] 즉, 일부 국가는 정치적 이유에서 국민들의 소통을 통제하며, ICT 혁명이 가지는 "정치적 위험" 때문에 ICT 확산 자체를 통제하게 된다. 정치체제가 군사혁신에 제한요인으로 작동하는 것이다.

군사혁신과 관련된 또 다른 정치적 변수는 군사혁신의 결과가 사용되는 정치적 환경이다. 클라우제비츠가 이야기했듯이, "전쟁은 정치적 목표 달성을 위한 수단"이며 따라서 군사혁신은 그 결과물을 사용하게 되는 정치적 환경을 고려하지 않은 정치적 진공상태에서 논의할 수 없다. 군사기술의 변화에 따라 결정되는 "전쟁의 미래"와 그 군사기술이 사용될 미래의 정치적 환경인 "미래의 전쟁"은 군사혁신의 결과를 결정한다. 즉, 군사기술의 측면에서 상대방을 압도한다고 해도 정치 영역에서 상대방을 제압하지 못하거나 군사적 승리를 통해 전쟁의 정치적 목적을 달성하지 못한다면, 그러한 군사혁신은 효

---

5 Leslie H. Gelb, "Who Won the Cold War?" *The New York Times*, August 20, 1992. 이어서 오르가코프 장군은 "소련이 미국을 따라잡기 위해서는 경제 부분의 혁명적 변화가 필요하고 경제 부분에서 혁명적 변화가 있으려면 정치 혁명이 필요하다"라고 주장하면서, 결국 소련은 미국을 따라잡지 못할 것이라는 비관론을 견지했다고 한다.

과적이지 않다. 냉전 시기의 사례를 들자면, 1960/70년대 미국은 동남아시아에서, 1980년대 소련은 아프가니스탄에서, 2001년 이후 미국은 아프가니스탄과 이라크에서 군사적으로 승리했지만 정치적 목표 달성이 이루어지지 않는 상황에 직면했다. 전술적 승리에도 불구하고 전략적 성공은 나타나지 않았다.

한편, 정치 영역에서 발생하는 강대국 경쟁은 군사기술의 발전을 선도한다. 즉, 세력균형의 변화로 만들어지는 강대국 경쟁 구도에서, 개별 강대국은 상대방과의 경쟁에 필요한 군사기술을 개발하며 이 과정에서 군사혁신이 나타난다. 군사기술의 발전은 외생적으로 주어지는 것이 아니라 상대방과의 경쟁 그리고 전체적인 정치적 환경에 의해 내생적으로 결정된다. 따라서 정치적인 환경 변화를 무시하고 완벽히 기술적인 관점에만 집중하여 군사기술을 개발하고 민간 기술에서 군사적으로 응용 가능한 기술을 선별하는 작업은 무의미하다. 현실에서 군사력 경쟁에는 항상 상대방이 있으며, 따라서 상대방과의 경쟁을 고려하면서 상대방의 변화에 맞추어 상대방의 장점을 무력화하고 우리의 단점을 보완하는 기술을 개발해야 한다.

군사혁신은 단순한 기술 도입/개발 이상의 작전 개념의 변화와 조직개혁을 수반하며, 붉은 여왕의 저주로 "지금 위치에 머무르기 위해서 최고 속도로" 뛰어야 한다. 따라서 강력한 리더십은 필수적이다. "저주받은 달리기 경주"를 하는 것은 고통스럽고, 특히 기존과는 다른 방식의 사고방식과 조직 운영이 필요하므로 더욱 고통스럽다. 리더십의 역할은 토인비가 주장하듯이, "창조적인 엘리트"로서 "저주받은 달리기 경주"에서 방향성을 제시하는 것이다. 현재 달리는 방향과 최종 목적지를 명확히 하면서 동시에 지금 달리기가 100m 경주와 같은 단거리 뛰기가 아니라 마라톤 또는 그 이상의 장거리 달리기라는 사실을 조직 전체에 주지시켜야 한다. 이것은 쉽지 않다. 하지만 다른 선택의 여지는 없다.

그렇다면 4차 산업혁명의 군사적 잠재력 또는 4차 산업혁명에 기초한 혁명적 군사혁신은 어떠한 모습을 띨 것인가? 이것은 매우 어려운 질문이다. 하지만 이것은 분명하다. 현재 각광받고 있는 무인기 기술은 군사혁신의 초기 단계이다. 1916/17년 탱크가 처음 등장했을 때, 그 잠재력을 예측할 수 없었으며, 20년 후 나치 독일의 전격전을 파악할 수 없었다. 이러한 측면에서 2019/20년 현재 시점은 탱크가 막 등장하고 그 잠재력을 얼핏 파악했던 1917년 11월 캉브레 전투 직후에 비교할 수 있다. 이후 군사혁신은 지금 얼핏 파악한 군사적 잠재력을 어떻게 극대화하는가에 따라 그 결과가 결정될 것이다.

III. 소주제 2: 한국 육군의 군사혁신

두 번째 소주제는 "한국 육군의 군사혁신"이며, 여기서 핵심 질문은 한국 육군의 군사혁신을 어떻게 성공시킬 것인가의 문제이다. 이것은 실증적으로 군사혁신의 성공요인을 파악하는 것을 넘어서 규범적이고 당위적으로 한국 육군의 군사혁신을 반드시 성공시켜야 한다는 절박한 사안이기도 하다. 이를 위해서는 과거의 성공 사례만을 검토해서는 안 된다. 모든 성공 사례에는 공통점이 있겠지만, 오히려 실패의 뼈아픈 기억과 실패의 경험이 성공을 위해 필요한 사항을 더 잘 말해줄 수 있다. 즉, 과거 성공하지 못했던 한국 육군의 군사혁신 노력에 대한 분석은 지금부터 군사혁신을 성공적으로 실행하는 데 매우 소중할 수 있다.

비스마르크가 이야기했듯이, 현명한 사람은 다른 사람의 경험에서 배우며 아둔한 사람은 자신의 경험에서 배운다. 하지만 진정 아둔한 사람은 자신의 경험에서도 배우지 못한다. 따라서 한국 육군의 실패 경험은 미래의 성공을 위해서 반드시 검토해야 하는 사항이며, 이를 통해 우리는 과거의 실패를 극복하고 미래의 군사혁신을 성공시켜야 한다. 다른 국가의 실패 사례 모두가 중요할 수 있지만, 개별 국가의 문화 및 전략환경이 다르기 때문에 동일성을 유지하고 있는 과거 한국 육군의 경험은 무척 소중하다.

또 다른 사안은 2019/20년 현재 시점에서 한국 육군이 추진하고 있는 비전 2030에 대한 분석이다. 군사기술의 발전과 정치환경의 변화로 요약할 수 있는 도전요인에 대해 한국 육군은 군사혁신을 위한 전략으로 비전 2030을 공개했다. 그렇다면 우리는 이러한 비전 2030을 어떻게 평가할 수 있을 것인가? "창조적인 엘리트"로서 한국 육군을 지도해야 하는 장교단은 한국 육군의 군사혁신을 성공시키기 위해 무엇을 주의해야 하는가? 군사혁신을 "같은 곳에 있으려면 쉬지 않고 최선을 다해 힘껏 달려야" 하고, 어디 다른 곳으로 가려면 "적어도 그보다 두 배는 빨리 달려야" 하는 "붉은 여왕의 저주"라는 측면에서 파악할 때, 비전 2030이 가지는 한계와 문제점은 무엇인가? 이러한 질문 자체는 매우 개념적이지만, 군사혁신 자체가 끝없이 계속되는 고통스러운 과정이므로 그 장기적 관점에서 필요하다.

특히 리더십 측면에서 강조해야 하는 사항은 군사혁신의 장기적 관심이다. 군사기술은 끝없이 발전하며 그 기술을 사용하게 되는 정치환경 또한 지속적으로 변화한다. 이에 상대방이 변화하며 우리도 그에 맞춰서 새로운 군사기술을 개발하고 전략을 수립하면서 응전한다. 이 과정은 100m 달리기와 같이 짧은 시간에 집중해서 도달하는 단기 목표가 아니다. 상대방에 대한 군사력 우위는 일회성으로 달성되는 것이 아니라 끝없이 노력하면서 유지해야 하는 역동적인 조건이다. 군사기술과 정치환경이 계속 변화하는 상황에서 이루어지는 "저주받은 경쟁"이다. 여기서 성공하기 위해서는 한국 육군의 지도부는 "창조적인 엘리트"로서 조직 전체의 역량을 육성하고 잘 유지해야 한다.

장기적 관점에서 중요한 사항 가운데 하나는 비전 2030 이후의 군사혁신이다. 비전 2030이 2030년 현재 시점에서 한국 육군의 전체적인 모습을 제시한다면, 2030년에는 또 다른 군사혁신을 위한 계획이 필요하다. 즉, 비전 2030 이후에 비전 2050이 있어야 하며, 비전 2070과 비전 2090 또한 언젠가 필요할 것이다. "붉은 여왕의 저주받은 달리기"를 매우 오랫동안 해야 하는 상황에서 향후 무엇이 필요할 것인가? 군사기술의 발전이 멈추지 않을 것이고 정치환경 또한 계속 변화할 것이므로, 한국 육군은 끝없이 미래를 예측하고 그에 대비해야 한다. 그렇다면 2050년 상황은 어떻게 될 것인가?

이에 대해서는 군사기술적 측면과 정치환경의 측면을 분리해서 생각할 수 있다. 첫째, 현재의 군사기술이 계속 변화한다면 어떠한 기술이 2050년에 등장할 것인가? 문제는 군사기술의 변화가 4차 산업혁명의 완성과 같이 외생적으로 나타나는 경우도 있지만 정치적 경쟁에 의해 내생적으로 결정되는 경우도 있다는 사실이다. 이 때문에 군사기술의 발전을 예측하기 위해서는 정치환경의 변화를 동시에 살펴보아야 한다. 둘째, 2050년 시점에서 한국 육군이 필요로 하는 군사력은 2050년 시점에서 대한민국이 직면한 군사적 위협에 의해 결정된다. 그렇다면 2050년 대한민국이 그리고 한반도가 처해 있을 정치적 환경은 어떠한가? 지금과 같은 북한과의 대치로 북한을 주적(主敵)으로 계속 간주할 것인가, 아니면 이른바 "주변국 위협"에 더욱 집중할 것인가? 아니면 지금과는 전혀 다른 형태의 비대칭 위협에 직면할 것인가? 이에 대한 해답은 없다. 하지만 이에 대한 질문을 하지 않고 방치할 수도 없다.

"도전과 응전"은 역사를 개념화하기 위해 토인비가 제시한 구도이며, 많은 한계를 가진다. 그 많은 문제점에도 불구하고 "도전과 응전"이라는 구도는 역사를 이끌어가는 "창조적인 엘리트"를 강조한다는 측면에서 한국 육군의 군사혁신에 많은 것을 시사한다. 『거울 나라의 앨리스』에서 붉은 여왕은 "지금 위치에 머무르기 위해서 최고 속도"로 뛰어야 한다고 강조한다. 한국 육군의 "창조적인 엘리트"는 이렇게 "저주받은 장거리 달리기"에서 한국 육군이 체력이 고갈되지 않도록 주의해야 하며, 달리는 행위 자체에만 집중하다가 방향성을 상실하지 않도록 노력해야 한다. 2019/20년 현재 시점에서 가장 중요한 사항은 바로 "창조적인 엘리트" 집단의 적극적인 노력일 것이다.

제1부

군사혁신과 군사력

Military Innovation and Military Power

군사혁신은 기존 군사력 균형을 바꾸며 그 결과 세력균형까지 변화시킨다. 따라서 군사혁신은 매우 흥미로운 주제이지만, 그 성공요인 및 개별 시점에서의 군사기술 현황을 파악하는 것은 쉽지 않다. 새로운 기술은 끊임없이 등장하며 정치적 상황 또한 지속적으로 변화한다. 그렇다면 2019/20년 현재 시점에서 우리는 군사혁신에 대해 무엇을 알고 있는가? 그리고 현재 시점에서 주요 국가들은 어떠한 부분에서 군사혁신에 주력하고 있는가? 이것이 제1부에서 다루는 가장 중요한 질문이다.

군사혁신에 대하여 제1부에서 다루는 질문은 다음 세 가지이다. 첫 번째 사항은 일반론적 차원에서 군사혁신을 이해하는 문제이다. 현재 4차 산업혁명에 대한 논의가 활발하게 진행되고 있는 상황에서, 이러한 기술이 가진 군사적 잠재력을 파악하고 이를 활용해야 한다는 것에 대해서는 모든 사람이 동의한다. 하지만 이것을 어떻게 실현할 것인가? 과거 사례를 검토하는 경우에, 우리가 파악할 수 있는 군사혁신의 성공과 실패 요인은 무엇인가? 그리고 이에 기초하여 한국 육군은 군사혁신을 어떻게 성공적으로 실행할 것인가?

동아시아를 둘러싼 미국과 중국의 군사력 경쟁은 가속화되고 있다. 중국은 반접근/지역거부(Anti-Access and Area Denial: A2/AD) 전략을 통해 미국 군사력의 동아시아 접근을 막고 있으며, 반대로 미국은 한국과 일본과 같은 동맹국이 위치한 동아시아에 대한 군사적 접근성을 확보하기 위해 노력하고 있다. 특히 미국은 공해전(AirSea Battle) 개념과 이를 확장한 "국제공역에의 접근 및 기동을 위한 합동 개념(Joint Concept for Access and Maneuver in the Global Commons: JAM-GC)"을 통해 이러한 접근성을 확보하려고 하고 있으며, 중국의 A2/AD 능력을 무력화하기 위한 군사혁신을 추진하고 있다. 그렇다면 "상쇄전략(Offset Strategy)"이라고 불리는 미국의 군사혁신 노력은 어떠한 정치적 배경에서 그리고 어떠한 군사기술을 중심으로 진행되고 있는가? 이러한 미국 군사혁신은 한국 육군에게는 어떠한 시사점을 가지는가? 이것이 두 번째 질문이다.

2019/20년 시점에서 상당 부분 보급된 군사혁신의 산물은 무인기(Unmanned Aerial Vehicle: UAV)이며, 목표물 파괴 및 정보·감시·정찰(ISR)에서 이미 널리 사용되고 있다. 그렇다면 무인기와 관련하여 다른 국가들은 어떠한 경험을 축적하고 있는가? 인근 국가 및 기타 무장세력과의 전쟁에서 이스라엘은 무인기를 폭넓게 사용하고 있으며, 특히 비국가 테러조직과의 비대칭분쟁에서 무인기 사용 경험이 풍부하다. 그렇다면 한국 육군의 입장에서 이스라엘의 경험을 통해 습득할 수 있는 교훈은 무엇인가? 가장 정확하게 군사혁신의 결과를 검증하는 것은 전쟁을 수행하면서 새로운 군사기술을 직접 사용하는 것이다. 하지만 이것은 현재 상황에서는 가능하지 않으며, 따라서 훈련을 통해 축적한 한국 육군의 직접 경험과 이스라엘을 통한 간접 경험은 무인기 운용에 있어서 매우 소중하다.

제1장

군사혁신, 그 성공과 실패*

한반도 '전쟁의 미래'와 '미래의 전쟁'

신성호

1. 서론

오늘날 세계는 바야흐로 4차 산업혁명에 따른 인간생활의 근본적인 변화가 예측된다.[1] 이는 군사기술에서도 또 다른 혁명적 변화를 가져올 것으로 예측된다. 4차 산업혁명의 상징으로 여겨지는 인공지능, 빅데이터, 3차원 프린터, 드론, 로봇 등을 포함한 신기술은 군사분야에도 심오한 영향을 미친다. 세계의 주요 국가는 21세기 산

---

* 해당 원고는 제5회 육군력 포럼 발표 (2019년 4월 3일) 이후 수정을 거쳐 ≪국가전략≫, 제25권 3호 (2019년)에 게재되었다. 여기에 수록된 원고는 ≪국가전략≫에 게재된 것과 동일하다.

1 Klaus Schwab, "The Fourth Industrial Revolution: What It Means, How to Respond," World Economic Forum, Jan 14, 2016. https://www.weforum.org/agenda/2016/01/the-fourth-industrial-revolution-what-it-means-and-how-to-respond/

업과 경제 경쟁력의 핵심으로 이들 신기술을 활용할 뿐 아니라 군사력과 안보전략의 게임체인저로 활용하고자 연구와 개발에 심혈을 기울이고 있다. 이들 신기술을 활용한 새로운 무기체계는 전투와 전장에서 적에 대한 우위를 확보할 뿐 아니라 평소 군의 운용에서도 인력, 군수, 훈련, 운영, 유지, 보수의 모든 측면에서 혁명적 변화와 이점을 가져다줄 것으로 기대된다.

문제는 군사혁신이 쉽지 않다는 것이다. 전쟁은 새로운 무기, 새로운 전술을 통해 끊임없이 변화한다. 이에 따라 막연하게 어떤 방향성을 점치는 것은 가능하다. 그러나 그런 예측을 현실에서 구체화하고 실전에서 완벽하게 활용하고 대응하는 것은 매우 어려운 일이다. 특히 새로운 군사기술의 적용과 도입은 기존의 군사조직에 가장 큰 위협과 도전으로 여겨진다. 새로운 기술에 대한 저항은 그 기득권이 클수록 강하고 따라서 기존의 강한 군대일수록 군사혁신이 어려운 역설이 나타난다. 게다가 기술적 측면의 군사혁신에 성공한다고 해서 과연 이것이 새로이 변하는 전쟁의 양상과 위협에 적합할지는 또 다른 문제이다. 군사혁신은 군사기술의 변화에 따른 전쟁의 미래(War of Future)뿐 아니라 새로운 위협과 전쟁형태가 나타나는 미래의 전쟁(Future of War)에도 대비해야 한다.[2] 현재 한국은 4차 산업혁명으

---

2 이근욱 교수는 기술 변화에 의한 전쟁양상의 변화에 집중하는 '전쟁의 미래(War of Future)'와 구분하여 전쟁의 정치적 맥락을 분석하는 '미래의 전쟁(Future of War)'이라는 두 개념을 제시한다. '전쟁의 미래'가 전쟁수행 방식 자체의 미래, 즉 군사기술의 변화에 따라 나타나는 전쟁양상(warfare)의 변화라면, '미래의 전쟁'은 정치적 환경의 변화에 따라 전쟁(war)의 목적과 그에 따른 전략, 전술이 달라지는 현상을 지칭한다. 이근욱, 「미래의 전쟁과 전쟁의 미래: 이라크 전쟁에서 나타난 군사혁신의 두 가지 측면」, ≪신아세아≫, 제12권 1호(2010년 봄), 139~140쪽.

로 인한 군사기술의 전환과 함께 한반도를 위시한 동북아의 안보환경이 동시에 변화하는 이중의 도전에 직면하고 있다. 어떻게 이러한 변화에 성공적으로 대비하고 준비해야 할까? 본문에서는 먼저 과거 기술적 측면의 군사혁신 사례가 오늘날 4차 산업혁명 기술을 활용한 한국의 군사혁신에 주는 함의를 알아보고자 한다. 또한 오늘날 세계 최강대국으로 군사혁신을 주도하고 있는 미국의 아프가니스탄/이라크 전쟁 사례를 통해 기술적 차원과 함께 새로운 전쟁양상과 관련한 군사혁신의 성공과 실패에 관한 교훈과 한국에 대한 시사점을 논의하고자 한다.

2. 군사혁신이란

군사혁신은 역사적으로 다양한 요인에 의해 진행되었다. 기술발전에 따른 신형 무기, 즉 신군사기술에 의한 군사적 능력의 향상은 시대를 막론하고 군사혁신의 주요한 요인으로 작용했다.[3] 19세기 말

3 Colin S. Gray, *Strategy for Chaos: Revolutions in Military Affairs and The Evidence of History* (London, Frank Cass, 2004); Thierry Gongora and Harald von Riekhoff(eds.), *Toward a Revolution in Military Affairs?: Defense and Security at the Dawn of the Twenty-First Century* (Westport, CT, Greenwood Press, 2000). 일반적으로 새로운 기술에 의한 군사능력의 향상은 '군사혁신(military innovation)'으로 불리며, 이 중에서도 중세 화약의 소개로 인한 총포의 등장과 같은 전쟁양상 자체의 급격한 변화는 군사혁명(military revolution)으로 불리기도 한다. 냉전 기간 중 소련에서는 이를 군사기술혁명(military technology revolution: MTR)으로 개념화했으며 이후 미국에서 군사분야 혁명(revolution in military affairs: RMA) 혹은 군사혁신으로 지칭하고 있다.

과 20세기에 이루어진 군사혁신이 대표적이다. 예를 들어 1차 대전에서 본격적으로 사용된 철도운송 체계와 철조망, 화학무기, 기관총은 기존에 수천, 수만 명 규모의 제한적으로 진행되던 전쟁의 양상을 수십, 수백만의 대규모 소모전으로 바꾸는 결정적인 계기가 되었다. 1920~1930년대에 본격화된 탱크와 항공기의 발전은 2차 대전 중에 빠른 기동력을 특징으로 하는 전격전(Blitzkrieg)이라는 독일의 새로운 군사혁신 전략을 가능케 했다. 또한 1930~1940년대 강력한 내연기관과 항공기술, 레이더 및 조선술의 발전은 구축함 중심의 기존 해전의 양상을 잠수함과 항공모함 중심의 전쟁으로 바꾸어놓았다. 그리고 1940~1950년대에 등장한 핵무기는 냉전시대 우주 공간을 통과하는 장거리 미사일과 결합하여 기존의 재래식 무기와는 질적으로 다른 대륙간탄도미사일(ICBM)에 의한 공포의 균형과 핵 억제가 미소 양국의 핵심전략으로 자리 잡게 했다.[4]

그러나 기술적 측면에서의 획기적 무기 기술의 등장만이 군사혁신을 불러일으키는 것은 아니다. 정치적·사회적·문화적 측면에서의 변화 역시 군사혁신의 중요한 계기가 되기도 한다. 18세기 말의 프랑스 대혁명은 인적자원의 동원을 획기적으로 변화시키는 민족주의에 입각한 대규모 국민군대를 등장할 수 있게 했다. 프랑스의 혁명 지도자들이 외국의 반혁명 세력들의 군사적 위협에 맞서서 1792년

---

4 Bernard and Fawn Brodie, *From Crossbow to H-Bomb, The Evolution of the Weapons and Tactics of Warfare* (Bloomington, Indiana: Indiana University Press, 1973); Trevor N. Dupuy, *The Evolution of Weapons and Warfare* (New York: Da Capo Press, 1984); Martin Van Creveld, *Technology and War, From 2000 B.C. to the Present* (London: Collier Macmillan Publishers, 1989).

국민총동원령(levee en masse)을 선포하면서 불과 1년 만에 프랑스 병력은 3배로 증강되었고, 프랑스 군대는 국가를 위해 기꺼이 희생할 각오로 뭉친 국민군대가 되었다. 민족주의로 무장한 대규모 프랑스의 국민군대는 귀족으로 이루어진 소수 정예의 엘리트 기병을 중심한 프러시아와 오스트리아, 러시아 등 기존 유럽 대륙의 군사강국들과의 전쟁에서 나폴레옹이 이끄는 프랑스군의 승리에 결정적인 역할을 했다.[5]

군사혁신은 또한 새로운 기술이나 무기의 등장과 상관없이 기존에 관행으로 내려오던 전술과 교리의 혁신에 의해 나타나기도 한다. 미국의 독립전쟁 당시에 영국의 대규모 정규군을 상대하던 미국군은 병력 및 무기체계의 열세를 극복하기 위해 새로운 전술을 사용한다. 당시 유럽의 전통적 전투방식에 따라 드넓은 평원에서 병사들이 일렬로 대형을 갖추고 직립으로 전진해 오는 영국군에 대항하여, 미국 독립군은 후방에서 엎드리거나 바위나 나무 뒤에 숨어 은폐하면서 교전하는 일종의 게릴라 전술을 사용했다. 지금은 당연한 것처럼 여겨지는 이와 같은 미군의 전술 변화는 이미 존재하던 같은 무기체계를 사용하면서도 지상 전투에서 혁명적인 변화를 가져왔다.[6]

---

5 Jean-Paul Bertaud, *The Army of the French Revolution: From Citizen-soldier to Instrument of Power* (Princeton University Press, 1988); Philip Haythornthwaite, *Napoleon's Military Machine* (Da Capo Press, 1995).

6 Christopher Geist, "Of Rocks, Trees, Rifles, and Militia; Thoughts on Eighteenth-Century Military Tactics" https://www.history.org/foundation/journal/winter08/tactics.cfm; Jeremy Black, *Warfare in the Eighteenth Century* (London, 1999); *Walter Edgar, Partisans and Redcoat: The Southern Conflict That Turned the Tide of the American Revolution* (New York, 2001); Claude H. Van Tyne, *The War of Independence* (New York, 1929).

전쟁의 승패를 바꾼 혁신은 직접적인 무기 기술이 아닌 산업분야의 새로운 기술에 의해 초래되기도 했다. 1830년에서 1850년대에 유럽과 미국에서 본격적으로 사용되기 시작한 철도와 증기기관차의 등장은 전쟁에서 대규모의 병력과 물자를 신속히 이동시킴으로써 전략적 기동에 대한 혁명적 변화를 가져왔다. 1859년 오스트리아와 전쟁을 준비하기 위해 프랑스는 최초로 철도를 이용하여 25만 명의 병력을 북부 이탈리아 지역으로 신속히 이동하는 혁신적인 전략을 사용했다. 이러한 철도의 유용성은 이후 1860년대에 벌어진 미국의 남북전쟁에서 초기 남부군의 우세한 기병전술에 시달리던 북부군이 우세한 공업생산 능력과 물자수송 능력을 활용하여 대규모의 병사와 물자를 전선에 투입하는 물량 공세를 통해 전쟁에서 승리하는 데 주요한 요인으로 작용했다. 이어서 1870년대의 보불전쟁에서는 비스마르크가 이끄는 프러시아군이 철도를 활용하는 전략으로 프랑스군을 패퇴시키고 독일 통합을 여는 계기가 되었다.[7]

그럼에도 불구하고 새로운 군사기술이나 무기의 등장이 군사혁신의 주요 요인이 되는 것은 부정할 수 없는 역사적 사실이다. 특히 18세기 영국의 1차 산업혁명 이후 과학기술의 진보가 인류의 삶 전반에 미치는 획기적 변화가 점차로 가속화되면서 이에 따른 새로운 군사기술이 전쟁에 미치는 영향력도 더욱 커지고 있다. 지난 반세기 넘도록 미군의 군사혁신을 주도한 전 국방부 총괄평가국장 마셜

---

7 Michael Howard, *The Franco-Prussian War: The German Invasion of France 1870~1871* (New York: Routledge, 2001); Bernard and Fawn Brodie, *From Crossbow to H-Bomb, The Evolution of the Weapons and Tactics of Warfare*; Martin Van Creveld, *Technology and War, From 2000 B.C. to the Present*.

(Andrew Marshall, Office of Net Assessment: ONA)은 군사혁신이란 "새로운 기술의 획기적 적용으로 전쟁양상의 성격이 본질적인 변화를 이루는 것으로서, 군사 독트린과 군사작전 및 군사조직 개념에서의 변화를 수반하여 군사적 활동의 성격과 실제 행위 자체를 근본적으로 변화시키는 것"이라고 정의한다.[8] 또 다른 정의는 군사작전의 성격과 실행에 있어서 당대의 가장 강력한 군대나 국가의 기존 핵심 무력을 무의미하게 만들거나 새로운 전쟁의 핵심 무력을 창조하는 군사 패러다임의 변환을 의미하기도 한다.[9]

마셜과 함께 미국 국방부의 군사혁신에 깊이 관여해온 크레피네비치(Andrew F. Krepinevich, Center for Stratetic and Budgetary Assessment)는 군사혁명을 ① 새롭게 등장한 기술(emerging technologies)을 이용하여 ② 새로운 군사체계(evolving military system)를 개발하고 ③ 그에 상응하는 작전운용의 혁신(operational innovation)과 이를 위한 조직의 혁신과 적응(organizational adaptation)을 조화롭게 추구하여, 전투효과(combat effectiveness)를 극적으로 증폭시키는 것으로 정의한다.[10]

이러한 개념은 주로 새로운 군사기술의 등장에 따른 군사혁신에 초점을 맞춘 것으로 군사기술 혁신이 작전운용 개념과 조직 편성의 혁신과 함께 이루어져서 군사분야의 혁명으로 나타난다는 개념으로

---

8 Andrew Marshall, Revolutions in Military Affairs Statement prepared for the Subcommittee on Acquisition & Technology, Senate Armed Services Committee (May 5, 1995).

9 Richard O. Hundley, *Past Revolution, Future Transformation: What Can the History of Revolutions in Military Affairs Tell Us About Transforming the U.S. Military?* (RAND, 1999).

10 Andrew F. Krepinevich, "Cavalry to Computer: The Pattern of Military Revolution," *The National Interest* (Fall 1994).

[그림 1-1] 군사기술에 의한 군사혁신

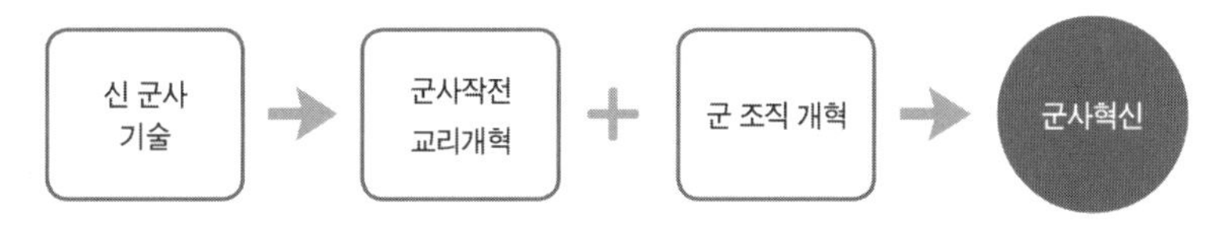

정립되었다. 이는 냉전 이후 미국 국방부의 군사혁신 노력을 대표하는 개념(Revolution of Military Affairs: RMA)으로 자리 잡았다. 즉, 군사기술의 혁신은 군사교리 및 작전운용 개념, 지휘구조 및 조직 편성, 리더십 및 교육훈련, 군수지원 등 군의 전반 분야에 근본적인 변화를 초래할 수밖에 없기 때문에 이러한 제반 요소들을 상호 조화 있게 연결/결합시켜야 군의 전투력이 혁명적으로 발전할 수 있다는 것이다. [그림 1-1]은 신 군사기술로 인한 군사혁신은 군사작전과 교리개혁 및 군 조직 개혁과 함께 이루어져야 한다는 사실을 나타낸다.

3. 군사혁신의 성공과 실패

1) 기술적 군사혁신의 역사적 사례

그렇다면 새로운 기술과 무기체계를 잘 활용하여 군사혁신에 성공한 비결은 무엇인가? 반대로 이에 실패한 요인은 무엇일까? 군사혁신에 성공하고 실패한 요인을 분석하기 위해 먼저 역사적인 군사기술 혁신 사례를 통해 그 교훈을 알아볼 수 있다. 특히 역사적 사례를 볼 때, 정작 신무기나 새로운 군사기술을 최초로 개발한 국가나 군대보다 의외의 다른 곳에서 그 기술을 활용한 군사혁신이 이루어진 경우가 많다는 것을 알 수 있다. 화약을 세계 최초로 발명한 나라는 중국이나 정작 이 기술을 가장 적극적으로 활용하여 세계를 제패한 것은 서구 열강이었다.[11] 아래에서 보다 근래의 역사적 경험을 통해 군사기술을 활용한 군사혁신의 성공과 실패 요인을 알아보고자 한다.

(1) 1차 대전과 기관총: 미국과 영국

오늘날 전쟁에서 사용되는 기관총의 가장 근대적 모델은 게이틀링(Richard Gatling)과 맥심(Hiram Maxim)을 필두로 하는 미국인 발명가에 의해 19세기 중반 남북전쟁을 전후로 개발되었다. 게이틀링이 1861년 개발한 기관총은 분당 400발을 사격할 수 있어 기관총 한 정으로 몇 개 대대가 소총으로 사격하는 화력에 버금가는 위력을 지니고 있었다. 실제 이들 기관총은 영국군이 19세기 말 아프리카의 식민지에서 수만 명의 원주민을 단 몇 정의 기관총으로 단숨에 제압하는 위력을 발휘한다. 그럼에도 불구하고 정작 미 육군은 이들 기관총의 사용을 전투교리에 포함하지 않고 대량 구매를 하지 않았다. 당시 미군은 '무겁다, 고장이 잘 난다, 또는 실탄 소모가 너무 많아 감당할 수 없다' 등의 이유로 기관총 사용을 기피했지만, 사실은 낯선 무기에 대한 막연한 거부 반응이 더욱 중요한 이유였다.

1885년에 이르러 실전에 사용할 기관총의 개발이 완성되고 일부 회사들이 본격적으로 제조 판매에 나섰으나 영국을 제외한 대부분의 유럽 국가들은 이 무기를 전투에서 효과적으로 사용하기 위한 개념

---

11 Geoffrey Parker, *The Military Revolution: Military Innovation and the Rise of the West, 1500~1800* (Cambridge: Cambridge University Press, 1988).

이 전혀 성립되지 않았다. 예를 들어 프랑스는 육군의 주력무기인 대포를 운반하는 차량에 간접 화력무기로 기관총을 장착하여 1870년의 보불전쟁에 사용했으나 정작 이 기관총들의 사정거리가 상대의 포병배치선 밖에 있어 실제 사용을 못 하고 반대로 프러시아군의 포사격으로 무용지물이 되는 상황이 초래되었다.[12]

영국은 미국이나 여타 유럽에 비해 기관총의 위력과 파괴력을 일찌감치 알 수 있었다. 영국이 아프리카의 식민지 확장과 지배를 유지하기 위해 이에 맞서는 반란군과의 전투에서 기관총을 효과적으로 활용한 것이다. 영국군은 1879년 남아프리카의 울룬디(Ulundi) 전투에서 당시 이곳의 원주민인 1만여 명의 줄루(Zulus)군에 대항하여 4000여 명의 영국군이 2대의 미국제 게이틀링 기관총을 사용하여 단시간에 일방적인 전과를 올린다(Battle of Ulundi). 이후 영국군은 1884년 수단의 아부 클레아(Abu Klea) 전투에서 자신들의 열 배가 넘는 1만 3000여 명의 이슬람계 원주민에게 기관총을 활용하여 대승을 거둔다(Battle of Abu Klea). 이어서 1898년에는 역시 수단의 옴두르만(Omdurman) 전투에서 5만 2000여 명의 메흐디 이슬람군에 맞서 8000명의 영국군과 1만 7000명의 식민군이 역시 6대의 맥심 기관총을 사용하여 50명이 안 되는 아군 희생으로 1만 2000명의 적군을 사살하는 대승을 거둔다(Battle of Omdurman).

그럼에도 불구하고 영국군은 이후 유럽 전선의 전투에서는 기관총을 잘 활용하지 않았다. 실제 아프리카의 전투에서는 영국군은 지휘의 역할을 맡고 기관총을 사용한 실제 전투는 식민지 군인들이 대

12 John Ellis, *The Social History of the Machine Gun* (Baltimore: The Johns Hopkins University Press, 1975), pp.63~64.

신 싸우는 양상이었다. 당시 명예를 중시하는 영국군의 "장교와 신사들"의 문화에서는 식민 군인들이 적들을 무자비하게 살상하는 기관총이 야만적인 살상무기로 여겨졌다. 기관총은 "식민지 원정군의 원주민 살육에 사용되는 것이지, 정상적인 전투상황인 유럽의 전투에서는 완전히 비합리적인 것"으로 여겨진 것이다. 그리하여 1차 대전 이전까지 영국 육군은 기관총 활용에 필요한 작전교리와 군 조직을 발전시키지 않았다.[13]

정작 기관총의 효용이 알려진 것은 1904~1905년 러일전쟁에서 러시아와 일본이 기관총을 보병사격수들의 직접 지원무기로 사용하면서이다. 이 전쟁을 관찰한 독일의 군사전문가들은 보병에 대한 지원과 개활지에서 상대 보병에 대한 대량살상이 가능하다는 점에 주목한다. 이후 독일군은 보병에 기관총을 추가로 보급하여 1913년 9월 앤(Asine)강 전투에서 영국과 프랑스 연합군의 진격을 격퇴하는 데 효과적으로 사용한다.[14]

남북전쟁 당시 미국에서 개발된 근대식 기관총은 1차 대전에서 본격 사용되기 전까지 70여 년이 넘게 그 효과성을 인정받지 못한다. 미국과 유럽의 대부분 국가에서 기관총을 활용하는 작전 개념이 나타나지 않은 채 신무기를 채택하지 않는 결과를 초래한다. 사실 그 이전에도 영국은 아프리카 식민전쟁에서 기관총의 효과성을 입증했다. 그러나 그 야만성을 수용하지 못한 영국군의 사례는 설사 신무기의 효과가 입증된다 하더라도 그것을 수용하는 군사문화가 성립되지 않으면 군사혁신을 가져올 수 없다는 교훈을 준다. 이에 비해 독일은

13 Ibid., pp.48~60.

14 Ibid., pp.65~68.

역시 후발 군사강국으로의 부상과정에서 기관총의 잠재력을 파악하고 혁신적인 사고로 1차 대전 전투에 투입함으로써 초기 진지전에서 그 효과를 입증한다.

(2) 2차 대전의 전차와 전격전: 영국, 프랑스, 독일

2차 대전 당시 독일은 전차를 활용한 전격전 전략을 사용하면서 프랑스와 러시아를 위시한 유럽 대륙 전선에 대한 효과적인 공세를 감행한다. 그런데 전차의 개발은 정작 영국에 의해 이루어졌다는 사실을 고려하면 참으로 역설적인 결과였다. 1차 대전과 2차 대전 사이에 당시 가장 강력한 육군은 프랑스와 영국의 보병과 포병이었다. 특히 영국은 1차 대전 당시 최초로 전차를 개발하여 1916년 9월의 솜(Somme) 전투에 투입하고 1917년 11월에는 캉브레(Cambrai) 전투에도 사용한다. 1차 대전 이후 영국 육군은 1920년대 후반과 1930년대 초반에 전차를 활용하여 기동성 있고 기계화된 전력을 전장에 투입하는 혁신적인 실험을 실시했다. 이에 대해 당시 풀러(J. F. C Fuller)와 리델하트(B. H. Liddel Hart) 같은 영국의 군사전략가들은 장차 지상전에서 획기적인 역할을 할 전차의 잠재력에 주목하고 이를 적극적으로 개발할 것과 보병과 포병 중심의 영국 육군을 전차부대가 중심이 되는 새로운 군 구조로 개편할 것을 주장했다. 그러나 풀러와 리델하트의 요구는 대부분의 육군 관계자에게는 자신들의 존재 기반인 육군의 기본 조직과 구조를 근본적으로 위협하는 과격한 제안으로 여겨지면서 많은 반대에 직면했다. 결국 1930년대 후반 2차 대전 발발 직전까지 영국 육군은 전차를 활용하는 데 필요한 기계화전에 대한 교리나 기갑사단의 전력구조를 발전시키지 못하고 자신들이 개발한 신무기 기술의 군사혁신 기회를 놓친 사례가 되었다.[15]

한편, 유럽 대륙에서 가장 강력한 육군력을 자랑했던 프랑스 육군도 영국과는 다른 이유로 2차 대전 이전 전차전의 공세적 우위를 간과했다. 영국 육군이 기존 조직의 반대에 직면한 반면, 프랑스의 경우는 1차 대전 이후 채택한 방어적 대전략 개념에 문제가 있었다. 1차 대전이 새로 등장한 철조망과 기관총, 독가스 등을 활용하는 방어적 전략이 절대적으로 유리한 진지전으로 전개되면서 공격 측에서 엄청난 사상자가 발생한 것이다. 이후 프랑스의 육군 지휘부는 아주 극단의 상황이 아니라면 적의 어떠한 공세 작전도 그 효과가 미미하리라고 상정하고 마지노선을 핵심전략으로 한 방어 위주의 지상전 교리를 채택했다. 그 결과 전차전이 가지는 공세 위주의 군사혁신을 간과하게 된 것이다.[16]

결과적으로 2차 대전에서 가장 강력한 무기로 등장한 전차를 활용하여 전격전 개념을 발전시킨 것은 후발주자인 독일 육군이었다. 독일군은 1926년 영국 육군이 샐즈베리 평원에서 실시한 전차를 이용한 기동전 시범 훈련에 참관하고, 전차가 적 후방에서 보인 작전성과 그 잠재력을 확인한다. 당시 유럽의 신흥 강국으로 부상하면서 상대적으로 미래지향적인 독일 육군의 핵심 엘리트들이 전차전이 가지는 잠재력에 관한 글들을 발표하면서 독일군은 신형 전차의 개발과 그 활용 방안에 대한 교리를 발전시킨다. 그 결과는 2차 대전 초기 독일의 전격전 앞에 프랑스의 방어 전선이 순식간에 무너지는 사태로 드러났다.[17]

---

15 William Murray and Barry Watts, Military Innovation in Peacetime, report prepared for OSD Net Assessment (January 20, 1995), pp.12~20. http://indianstrategicknowledgeonline.com/web/MIilInnovPeace.pdf

16 Ibid.

전차 기술의 군사혁신 성공 실패는 몇 가지 요인으로 설명된다. 먼저 영국이 최초의 전차 개발자임에도 그 활용에 미진한 것은 이 기술을 활용하기 위해 요구되는 군 구조의 변화가 너무 근본적이거나 과도하게 여겨지면서 기존 조직과 구성원의 반발과 저항을 초래했다는 것이다. 게다가 그것이 과거 오랜 기간 그 권위와 명성을 쌓아온 조직의 경우 더욱 큰 저항에 부닥칠 수밖에 없다는 현실이다. 두 번째 프랑스가 전차전의 공세적 잠재력을 인식하지 못한 것은 1차 대전의 경험에 입각하여 방어적인 대전략을 수립함으로써 신무기의 작전 개념이 기존의 전략과 상충되거나 불일치하는 모습을 보인 것이다. 이에 비해 독일의 혁신적인 사고를 가진 장교들은 영국의 기동시험을 관찰하면서 전차의 잠재력을 포착하고 진취적인 일부 고위 지휘관들의 지지 속에 전차 개발에 성공할 수 있었다.

(3) 2차 대전의 항공모함: 영국, 미국, 일본

항공모함을 이용한 군사작전 개념을 최초로 개발한 나라는 1차 대전 당시 가장 강한 해군력을 보유한 것으로 알려진 영국이었다. 1914년 12월 영국은 급조한 3대의 초기 항공모함 전단을 이용한 공습을 시도한다. 기존의 구축함에 수상비행기를 실어서 공격 목표 인근 해상에 도달한 후 기중기로 내린 뒤 7대의 수상비행기가 공습을 감행한 첫 항공모함 전략의 탄생이었다. 이후 영국은 오늘날 항공모함의 모태가 된 최초의 평행갑판 항공모함 아르거스(Argus)를 1918년 개발하여 항공모함 기술과 이를 통한 군사혁신의 선구가 되었다.[18]

---

17 Ibid., pp.18~20.

18 Ibid., pp.41~42.

그러나 문제는 정작 2차 대전 당시 항공모함을 이용한 해상전이 미국과 일본을 중심으로 치열하게 전개되는 동안 영국은 이들 양국의 항공모함 전투능력과 발전 추세에 뒤처지게 된다는 것이다. 이유는 비교적 사소한 기술적 접근의 차이에서 발생했다. 영국 항공모함의 기본 설계가 모든 항공기의 탑재, 연료 보급, 재무장 과정을 갑판 아래층의 격납고에서 수행토록 고안된 것이다. 그 결과 격납고는 물론 상부 갑판의 넓은 공간을 동시에 활용하여 비행기를 탑재토록 고안된 미국과 일본의 항공모함이 80~100대의 전투기를 탑재한 반면 영국은 24~30대의 전투기만을 탑재하는 결정적 차이를 갖게 되었다.

이것은 항공모함 전력의 핵심인 공격능력의 결정적 요소인 1회 공격 시 출격할 수 있는 항공기의 숫자와 이후 얼마나 신속하고 성공적으로 재출격할 수 있느냐의 능력 면에서 절대적인 차이를 가지게 한 것이다. 이는 곧 미국과 일본의 항공모함이 더 많은 항공기로 더 많은 횟수의 재출격을 하고 공격을 더욱 빠르고 신속한 주기로 할 수 있다는 것을 의미했다. 결과적으로 2차 대전 이전 워싱턴 해군 협정에서 영국 : 미국 : 일본의 해군력 수에서 5 : 5 : 3의 비율로 선두 자리를 유지하던 영국의 해군력은 항공모함 전력을 활용한 군사혁신이 본격적으로 진행되면서 미국과 일본의 해군력에 크게 뒤떨어지게 되었다.[19] 영국이 항공모함 개발의 선구였음에도 불구하고 2차 대전 이후 해상전투와 해외 투사의 핵심전력으로 부상한 이 분야의 군사혁신에서 뒤처진 이유는 신무기체계의 작전과 운용에서 주요한 개념이 간과되면서 군사혁신에 실패했기 때문이다.

---

19 Ibid., pp.50~56.

2) 기술적 군사혁신의 교훈과 성공요인

앞에서 살펴본 신기술을 사용한 군사혁신의 실패와 성공 사례들을 통해 다음의 몇 가지 시사점이 발견된다. 첫째, 군사혁신이 반드시 그 당시의 가장 강력한 군대나 국가에 의해 이루어지지 않는다는 것이다. 1차 대전 당시 전차를 개발하고 항공모함을 개발한 영국의 육군이나 해군은 당시에 가장 강력한 군사대국이었다. 그러나 이들은 다양한 이유로 자신들이 개발한 신무기에 기초한 군사혁신에 성공하지 못했다.

둘째, 군사혁신은 종종 신기술이나 무기를 개발한 국가보다 그것을 최초로 수용하고 보완한 나라가 주로 발전시켰다. 기관총을 발명한 미국보다 영국이 이를 아프리카 식민지에서 활용했고, 나아가 본격적으로 1차 대전에서 활용한 나라는 이 무기의 잠재성을 먼저 파악한 독일이었다.

셋째, 군사혁신을 최초로 실전에서 활용한 국가는 종종 실제 군사작전에서 절대적인 이점을 누렸다. 기관총을 사용해 수만 명의 아프리카 반군을 초전에 격멸한 영국, 최초로 전차 기동력을 활용하여 초기 전투에서 전격전을 수행한 독일, 가장 최근에는 정밀유도무기로 수십만의 이라크 정규군을 초기에 격멸시킨 미국이 그 좋은 예다.

넷째, 군사기술에 의한 군사혁신은 하나의 기술로만 이루어지기보다 다른 기술들과 결합하여 진행된다. 기술 주도의 군사혁신은 관련 기술들이 결합한 무기 체계와 체제에 의해 만들어진다. 독일의 전격전은 우수한 전차의 개발뿐 아니라 송수신 무선무전기에 의한 전차들 간의 긴밀한 통신기술, 그리고 이들 전차를 공중에서 지원하는 급강하 강습기와 폭탄 기술의 발전이 결합한 결과였다. 냉전 시기 대륙간 핵탄도탄의 등장은 장거리 탄도미사일과 더불어 핵폭탄의 소형화, 그리고 미사일을 목표지점까지 정확히 유도할 수 있는 정밀관성유도 장치의 탄생이 조합된 결과이다.

다섯째, 군사혁신이 성공하기 위해서는 기술의 개발뿐 아니라 이를 실전에 활용하고 실현하기 위한 새로운 작전 개념과 교리, 그리고 이에 따른 군 조직의 혁신이 필요하다. 독일군의 전격전은 전차와 항공지원을 이용한 고도의 기동전략 수행을 위한 새로운 작전 개념과 전투교리의 개발, 그리고 이 작전을 수행할 전차를 중심으로 새롭게 편제된 특수기동사단 조직의 편성으로 완성되었다. 항공모함의 경우도 이전 전투함 중심의 해상전투 개념에서 탈피하여 전투기를 활용하여 적의 구축함이나 항공모함을 공격하는 새로운 작전 개념과 이를 수행할 수 있도록 공군과 해군의 결합은 물론 항공모함을 지원하는 여러 배들로 구성된 항모전단의 새로운 해군전력 구조의 탄생으로 이어졌다.[20]

여섯째, 물론 이러한 신기술의 적용과 활용이 순조롭게만 되는 것은 아니다. 오히려 이러한 신기술에 이를 위한 교리나 조직의 변화에 대해 대부분의 군 당사자가 회의적인 시각을 보내거나 저항하는 경우가 많다. 영국과 프랑스의 장군들은 독일군이 1차 대전에서 기관총을 사용할 때까지 이 신무기에 대한 회의를 가지고 있었다.[21] 독일의 전격전 전략에 대해 영국과 프랑스 군 지휘부는 물론 독일의 몇몇 고위층과 많은 장군들조차 1940년 5월 구데리안(Heinz Guderian) 장군이 이끄는 독일 전차가 실전에 투입되어 프랑스의 마지노선을

---

20 Trevor N. Dupuy, *The Evolution of Weapons and Warfare*.

21 John Ellis, *The Social History of the Machine Gun*, pp.48~60.

돌파하고 영국 해협에 도달할 당시까지도 여전히 의심의 눈초리를 거두지 못했다.[22] 마찬가지로 많은 미군 제독들은 1942년 6월 엔터프라이즈, 요크타운, 호넷 등 3척의 항공모함에서 발진한 200여 대의 항공기가 일본 해군 주력부대 항공모함 4대를 격침시킨 미드웨이 해전 직전까지 항모전단의 전투력을 매우 의심했다.

일곱째, 군사혁신이 성공하려면 종종 많은 시간이 필요하다. 미 해군이 항공기를 이용한 전략 개념을 실험하기 시작한 1910년에서 실제 근대 항공모함 전략을 완성하기까지는 약 30년이 소요되었다. 독일 육군이 영국의 사례에 착안하여 1920년대 전차의 활용을 시험하여 전격전을 완성하기까지는 약 20년이 걸렸다. 기관총과 같은 단순한 무기체계도 그 주요 기술이 개발된 1870년에서 독일이 1914년 1차 대전의 신무기로 활용하기까지 약 40년이 걸린 셈이다. 지난 40여 년간 미 국방부의 총괄평가국장으로 미국의 군사혁신 정책을 주도한 앤드루 마셜은 군사혁신은 필연적으로 장기적인 과정이라고 다음과 같이 설명한다.

> 군사혁신의 혁명이라는 용어는 변화가 신속해야 한다는 것을 역설하는 것이 아니다. 실제로 과거 혁명은 수십 년에 걸쳐 전개되었다. 단, 중요한 것은 그러한 혁명으로 인해 심오한 변화가 일어나고 그 새로운 전쟁의 수단들이 이전의 것보다 훨씬 강력하다는 것이다.

---

22 Basil H. Liddel Hart(ed.), *The German Generals Talk* (New York: Quill, 1979); James S. Corum, *The Roots of Blitzkrieg: Hans von Seeckt and German Military Reform* (University Press of Kansas, Lawrence, 1992); Kenneth Macksey, *Guderian, Creator of the Blitzkrieg* (New York: Stein and Day, 1975).

기술의 혁신은 군사 부분의 혁명을 가능하게 했지만, 군사혁명 그 자체는 새로운 작전의 새로운 개념이 개발되고 또한 많은 경우 새로운 군사조직이 뒷받침되었을 때 가능했다. 이러한 조직과 작전교리의 변화를 창출하는 것은 장기적인 과정이다.[23]

앞에서 살펴본 군사혁신의 사례와 특성을 종합하여 미국 랜드연구소(RAND)의 군사혁신 보고서는 기술 주도의 군사혁신은 새로운 기술의 등장, 새로운 무기나 장치의 개발, 이들을 조합한 새로운 무기체계의 개발, 이를 수용할 새로운 작전 개념과 교리의 수립, 이를 뒷받침할 새로운 조직의 편성 그리고 궁극적으로 새로운 전쟁과 전투의 수행이라는 군사혁신이 이루어진다고 제시한다. 중요한 것은 이러한 일련의 과정이 전체적으로 조화롭게 이루어져야 비로소 제대로 된 군사혁신이 이루어질 수 있다는 것이다. 그러나 현실은 이 과정의 매 단계마다 나타나는 저항과 장애물로 인해 군사혁신이 실패하기 쉽다는 것이다.[24] [그림 1-2]는 군사혁신의 주요 단계를 보여준다.

[그림 1-2] 현대 군사혁신의 단계

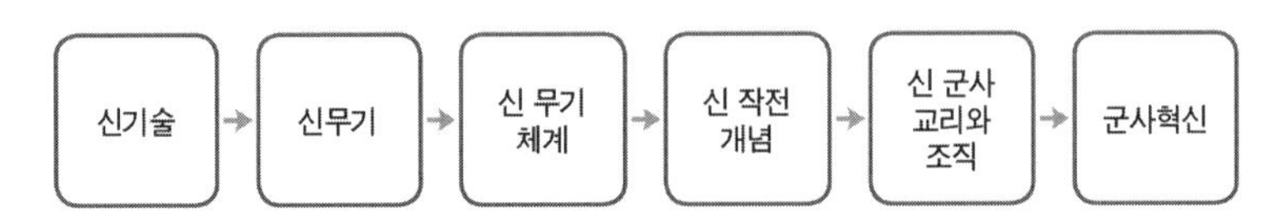

23 Andrew Marshall, Revolutions in Military Affairs Statement.Marshall, 1995.

24 Richard O. Hundley, *Past Revolution, Future Transformation*, pp.21~25.

결국 성공적인 기술 주도의 군사혁신을 위해서는 기술과 아울러 교리 및 조직의 변화가 동시에 이루어져야 한다. 이 중에서 어느 하나라도 미흡하거나 미완성된 군대는 군사혁신을 놓치게 된다. 성공적인 군사혁신을 위해 필요한 몇 가지 조건은 아래와 같다. 첫째, 군 조직이 미래에 전쟁이 어떤 형태로 전개될지에 대한 비전을 개발하려는 의도가 있어야 한다. 그렇지 못한 군 조직은 군사혁신을 추진할 능력이 없다. 둘째, 현직에 있는 군 고위 지휘관이나 군의 관료조직이 최소한 몇몇 또는 일부의 부서만이라도 새로운 아이디어와 구상을 수용하는 자세가 반드시 필요하다. 셋째, 각 군이 현존하는 전투기법에 집착하는 상태에서 민간인이나 외부인이 미래 전쟁의 새로운 비전을 군대에 접목할 가능성은 극히 제한적이다. 넷째, 미래 전쟁의 개념을 탐구하고, 시험하며, 그것을 보완하는 일련의 제도적 장치와 과정, 즉 꾸준한 실험과 그 결과를 평가하는 작업은 군사혁신의 개발에 필수적이다.[25]

4. 냉전 이후 미국의 군사혁신과 미래의 전쟁

냉전 이후 미국이 추구한 다양한 군사혁신은 결과적으로 무기체계 등 하드웨어 분야에서의 중대한 변화를 가져왔고 1, 2차 대이라크 걸프전에서 인상적인 승리를 가져다주었다. 그러나 동시에 미국이 추구한 군사혁신이 기술혁신에 초점이 주어지면서 새로운 안보환경에 대한 인식의 전환을 이루기에는 한계가 있었다. 1990년대 이후

25 Richard O. Hundley, *Past Revolution, Future Transformation*, pp.32~34.

계속되어온 미국의 군사혁신은 적대 국가에 대해 신속하고 결정적인 군사적 승리를 달성하기 위한 능력을 갖추는 데 초점이 모아졌고, 신기술에 입각한 새로운 무기들은 "새로운 미국식 전쟁"이라고 믿었던 전쟁에서 확실히 효과적이었다.[26] 1991년 걸프전 당시 압도적 화력과 기동력 우위에 입각한 속전속결 전쟁의 화려한 전과를 거둔 미국군은 2개 전쟁의 동시 승리 독트린을 수립하여 9·11 테러 이후 실제로 2001년과 2003년에 각각 아프가니스탄과 이라크에서 전쟁을 시작했다. 전쟁이 시작된 지 불과 수개월 만에 미국은 우세한 공중화력과 정밀유도무기, 속결전략을 앞세워 탈레반 정권과 사담 후세인 정권을 쉽게 무너뜨렸다.

흔히 1, 2차 걸프전이라고도 불리는 이라크 정규군과의 전쟁에서 미국은 우세한 공군력과 정밀유도무기를 앞세워 압도적인 승리를 거두었다. 그것은 명백히 미국의 군사 기술력의 승리였다. 1991년 1월 미국이 이라크군에 대한 공세를 감행하기 직전까지 세계 언론들은 이라크 군대가 지난 10년간의 이란-이라크 전쟁에서 많은 전투 경험을 가졌고, 생화학무기를 사용할 가능성도 있으며, 소련제 대포와 전차로 무장했기 때문에 이라크와의 전쟁은 쉽지 않은 전쟁이 될 것이라고 우려했었다. 하지만 우려와 달리 전쟁은 미국의 본격 공세 42일 만에 훨씬 쉽게 끝났다. 미국의 첨단무기들 앞에서 이라크의 구식무기는 상대가 되지 못했다. 당시 미 공군의 전투기들과 해군의 항공모함 탑재기들은 인공위성의 도움을 받는 정밀유도무기를 앞세워 이라크의 군사목표를 거의 완벽하게 파괴했다. 마치 컴퓨터 게임이라

---

26 Max Boot, "The New American Way of War," *Foreign Affairs*, Vol. 82, No. 4 (July/August, 2003), pp.41~58.

도 하듯 레이저와 인공위성 등 첨단기술을 사용하는 미국의 토마호크 크루즈 미사일은 목표물을 정확하게 타격했고, 장애물을 피해 날아가 목표물로 돌진하는 모습이 미사일에 내장된 카메라로 녹화되어 전 세계 사람들이 그 모습을 볼 수 있었다.

반대로 1차 걸프전에서 미군의 피해는 매우 작았다. 이라크군 사상자가 2만 명 이상이었던 반면, 미군의 사상자는 382명이었고 그 가운데 실제 교전에서 사망한 병사는 147명에 불과했다(Leland, 2009).[27] 특히 첨단기술로 무장한 공군의 경우 다국적군 전투기 36대가 격추되기는 했지만 6만 5000회의 출격 횟수에 비교하면 극히 낮은 피격률이었고, 공군 사상자도 0.0006%에 불과했다. 이는 미국이 참전했던 태평양전, 한국전, 베트남전 등과 비교하면 압도적으로 작은 수치였다(Dept of Air Force, 1993).[28] 1차 걸프전은 신속하고 정확하게 적을 타격하고 아군의 인적 피해를 최소화하는 전쟁의 전형이 되었고, 미국인들뿐만 아니라 세계 여러 나라 군사 지도자들에게 깊은 인상을 가져다주었다.

그로부터 12년이 지난 2003년 미국은 다시 이라크와 전쟁을 치렀다. 이번에도 그 결과는 크게 다르지 않았다. 여전히 이라크군은 낙후된 무기와 형편없는 전술 운용, 그리고 리더십 혼란과 충성심의 이반 속에 더욱 강화된 첨단무기를 앞세운 미군에 의해 단시간에 괴

---

27 Anne Leland and Mari-Jana Oboroceanu, American War and Military Operations Casulaties: List and Statistics, Congressional Research Service Report for Coangress (September 15, 2009), p.3

28 Department of Air Force, Gulf War Air Power Survey V: A Statistical Compendium and Chronology, contract study for the Secretary of the Air Force (1993).

멸되었다. 그나마 이라크군에게 유리한 조건은 전장이 1차 걸프전 당시의 평탄한 쿠웨이트 사막 지대가 아니라 이라크 남부에서 바그다드에 이르는 넓은 지역의 불규칙적인 지형으로 바뀌었다는 점이었다. 하지만 10년 전보다 더욱 진보된 미국의 첨단무기들 앞에서 그러한 지형적 조건은 문제가 되지 않았다. 한층 더 강화된 미국의 최신 전자장비와 위성항법장치를 사용한 정밀유도무기는 어떠한 기상 상황에서도 완벽하게 작동하며 이라크군을 궤멸시켰다. 2차 걸프전에서 개전 15일 만에 미국이 바그다드를 점령하고 사담 후세인 정권을 붕괴시킬 때까지 이라크전의 양상은 1991년 걸프전의 양상과 크게 다를 바 없었다. 단지 이전에 비해 미국의 잘 훈련된 지상군과 공중의 전자무기가 더욱 위력을 발휘했을 뿐이다. 이라크군과의 두 번의 걸프전에서 미국이 전쟁 초반에 거둔 압도적 승리는 미국의 첨단 군사기술에 바탕을 둔 군사혁신의 승리였다.[29]

하지만 첨단기술에 기반한 "새로운 미국식 전쟁"은 이후 아프가니스탄과 이라크의 안정화 정책에는 적합하지 않았다. 미국의 군사혁신 정책이 간과했던 것은, 단기적인 군사적 승리와 새로운 국가건설이라는 점령 이후 장기적 안정화 작전은 매우 다른 전쟁을 치러야 한다는 정치적 목적의 괴리였다. 특히 후반의 안정화 작전은 공중과

---

29 스티븐 비들(Stephen Biddle) 등 일부 비판론자들은 이라크전 초반에 사담 후세인 정권의 괴멸은 미국의 기술력 우위뿐만이 아니라 이라크군 내부의 무능력 때문이었다고 주장하면서, 만약 이라크가 아닌 다른 상대였다면 미국의 기술력이 그만큼의 효과를 발휘하지 못했을 수 있다고 평가했다. Stephen Biddle, James Embrey, Edward Filiberti, Stephan Kidder, Steven Metz, Ivan Oelrich, Richard Shelton, "Toppling Saddam: Iraq and American Military Transformation," report of the Strategic Studies Institute, Carlisle, PA: Army War College (April, 2004).

지상의 미국식 최첨단무기체계로는 해결할 수 없는 것이라는 사실이 었다.[30] 이근욱 교수는 냉전 이후 군사적으로 세계 유일 초강대국으로 부상한 미국은 이라크와 아프가니스탄에서 전쟁을 치르면서 전쟁 양상의 변화에 집중하는 전쟁의 미래(War of Future) 부분에서는 이에 관련된 군사기술 혁신을 적극적으로 도입하여 이라크 정규군을 상대로 단기적인 전투에서 획기적인 성공을 거두었다고 평가한다. 문제는 냉전 이후 미국의 군사혁신이 군사기술과 무기체계에만 치우치면서 정작 싸워야 할 대상이 변화하는 정치적 맥락의 변화에 무심했다는 것이다. 그리하여 이라크 사담 후세인 정권의 몰락 이후 이라크 내 국내 정치적 환경의 변화에 따라 이슬람 테러분자 및 반군과의 전쟁으로 전쟁의 형태가 달라지는 미래의 전쟁(Future of War)에서는 새로운 적과의 오랜 게릴라 전쟁에서 실패했다고 분석한다.[31] 한국의 군사혁신은 이러한 두 가지 미래, 즉 군사기술의 혁신에 따른 전쟁의 미래와 새로운 위협과 적의 등장이라는 미래의 전쟁에 대비하여 추진되어야 할 것이다.

5. 한국 군사혁신 과제

현재 한국군이 처한 국방 현실은 그 어느 때보다 군사혁신의 필

---

30 Jeffrey Record, "The American Way of War: Cultural Barriers to Successful Counterinsurgency," Policy analysis paper of CATO Institute, Number 577 (September 1, 2006). http://www.cato.org/pubs/pas/pa577.pdf

31 이근욱, 「미래의 전쟁과 전쟁의 미래: 이라크 전쟁에서 나타난 군사혁신의 두 가지 측면」, 137~161쪽.

요성을 강하게 요구한다. 드론, 인공지능, 자율살상무기, 3차원 프린터 등으로 상징되는 4차 산업혁명과 21세기 군사기술 혁명이 각국의 신무기 개발과 경쟁을 가속화하고 있다. 여기에 최근 핵개발로 급변하는 남북 군사 균형 속에 남북관계 정상화와 군사 긴장완화 조치가 취해지면서 종전선언과 평화협정 체결이라는 남북관계의 새로운 지평이 열리고 있다. 문제는 한반도를 둘러싼 미중 갈등이 격화되고 중국의 공세적 외교, 일본의 우경화와 재무장이 강화되는 가운데 동북아 정세가 요동치고 있다는 것이다. 따라서 북한의 대규모 지상군을 주적으로 상정한 한국군의 전략, 전술 개념의 변화와 이에 따른 군 조직의 변화와 국방개혁의 필요성이 강하게 제기되고 있다. 여기에 현재 정부가 추진하는 전시작전권 전환과 독자적 작전계획의 수립은 지금까지 한미 연합방위를 근간으로 한 한국의 국방계획과 군비태세에 대한 근본적인 사고의 전환과 국방태세의 재정립을 요구한다. 이는 대규모 육군 중심, 지상군 위주의 군 구조에 대해 한반도 주변 해상과 공중에서의 기동전력을 강화하기 위한 해공군 대 육군의 비중 변화를 요구하는 중대한 변화를 예고한다.

여기에 국내 인구구조의 변화로 인한 병력 충원의 문제는 우리 군에 또 다른 중대한 도전을 제시한다. 전 세계 최고의 고령화와 저출산으로 인해 한국 사회는 인구절벽 현상을 겪고 있으며 이로써 산업생산인구의 감소와 함께 과거 60만 대군의 군 병력 충원이 불가능해지는 현실이 이미 도래했다. 현재 정부와 군은 2022년까지 병력을 현재의 60만 명에서 50만 명으로 감축하는 계획을 추진하고 있다. 특히 병력 감축은 육군에 집중되어 현재 56만 명에서 36.5만여 명으로 감축 예정이다. 부대 수는 과거 46, 47개의 사단 수가 현재 30여 개로 줄어들고 병력은 2000년도에 비해 40%가 줄어드는 그야말로

혁명적인 변화를 앞두고 있다. 거기에 더해 기존에 길게는 36개월까지 되었던 복무 기간도 그 절반인 18개월로 줄어들 예정이다.[32]

현재 한국군은 기존의 사고와 조직, 문화를 모두 근본적으로 바꾸어야 할 정도의 혁신 요구에 당면해 있다. 이러한 시대적 요구에 부응하기 위해서는 현재 진행되는 군사기술 변화를 적극적으로 수용하여 한국 실정에 맞는 군사혁신을 추구하려는 노력이 필요하다. 랜드연구소의 군사혁신 보고서는 새로운 기술 주도의 군사혁신에 유용한 요건들을 아래와 같이 제시한다.[33] 첫째, 무엇보다 기술 중심의 군사혁신 성공을 위해서는 이를 수행할 수 있는 풍부한 기술력을 구비하고 있어야 한다. 특히 새로운 기술일수록 그와 연관된 다른 기술과 병행하여 개발하는 것이 중요하다. 현재 한국군이 처한 4차 산업혁명과 그 연관 기술은 좋은 예이다. 인공지능, 드론, 3차원 프린터, 사물인터넷 등의 모든 기술이 새로운 기술을 대표한다. 이러한 분야에서 미국을 비롯한 중국, 러시아, 일본, 유럽 등 선진국과의 치열한 경쟁이 진행 중인 것도 사실이다. 동시에 한국의 기술력 역시 이들 분야에서 상당한 선진국 수준으로 인정받는 것도 부정할 수 없는 사실이다. 특히 이전의 군사혁신을 주도했던 항공모함이나, 핵무기 등의 시기에 비하면 한국은 현재 신기술 분야의 많은 비교우위를 가지고 있다. 미지의 21세기 신기술을 이용한 군사혁신을 잘 이루어낸다면 한국군은 새로운 도약을 할 수 있는 기회가 있는 것이다.

둘째, 군사혁신에 필요한 창의성이 발휘되기 위해 전혀 예상 못한 새로운 군사적 도전에 직면해야 한다. 필요는 발명의 어머니이다.

32 대한민국 국방부, 「2018 국방백서」, 2018년 12월 31일.

33 Richard O. Hundley, *Past Revolution, Future Transformation*.

오늘날 한국군의 군사혁신이 필요한 이유는 새로운 위협에 대응해야 하는 절박한 현실이다. 한국전쟁 이후 한국 안보의 주 위협대상으로 여겨진 북한과의 대규모 정규전이 여전히 주 임무인 것은 사실이지만, 동시에 북한의 핵개발과 사이버 공격, 드론 등을 이용한 침투 공작은 우리 군의 새로운 대응을 요구한다. 여기에 장차 미래에 등장할 수 있는 한반도 주변 강대국과의 군사적 긴장이나 마찰은 북한군과는 또 다른 차원의 위협으로 다가온다. 지금까지 북한의 대규모 지상군 위협에 맞추어진 한국군의 방어태세가 더욱 다양화·다각화되고 이를 위해 새로운 분야의 신기술과 신무기체계가 필요해진 것이다. 이를 위해 새로운 작전 개념과 교리, 조직개편이 함께 이루어져야 함은 물론이다. 현재 국방개혁에서 추구하는 육군의 감축은 이러한 면에서 한반도를 중심으로 해상과 공중을 아울러 보다 넓은 지역의 잠재적 위협에 대응하는 해군과 공군의 상대적 비중 증가로 이어질 수 있다. 또한 이는 한국군이 그동안 추구해온 육해공 합동성의 강화에도 도움이 될 것이다. 물론 이를 위해서는 육해공 무기체계의 구매 비중이나 각 군 간의 지휘구조와 조직개편, 그리고 작전 개념에 걸친 광범위한 재조정이 이루어져야 할 것이다. 이는 21세기 변화하는 안보환경에 대응하는 한국군의 개혁에 중요한 동인이 될 것이다. 결국 새로운 위협은 한국군에게 중요한 도전임과 동시에 혁신을 위한 촉매제로 작용한다.

셋째, 여러 신기술을 목적 없이 동시다발적으로 수용·개발하기보다는 이것들을 효과적으로 조합하여 최대의 효과를 낼 수 있도록 그 용도와 방향성에 대한 고민과 실험이 필요하다. 미국의 항공모함 무기체계는 약 20년간 다양한 기술과 무기체계에 대한 복합적인 고민과 시험 끝에 탄생했다. 바다의 함정과 하늘의 항공기를 결합하는 항공모함의 탄생은 기존의 사고방식에 의하면 가장 이질적인 두 영역의 전투와 무기체계를 결합시키는 노력이 필요했다. 이를 효과적으로 결합하기 위해서 많은 시간과 시행착오를 거쳤다. 현재 진행 중인 인공지능, 빅데이터, 드론, 3차원 프린터, 사물인터넷 등도 여러 분야의 다양한 기술을 접목하여 어떠한 것을 만들어내고, 또 어떠한 전투 목적을 위해 효과적으로 조합할지에 대한 고민과 노력이 필요하다. 현재 육군에서 창설한 드론봇 전투단은 전통적인 지상군인 육군이 신기술을 결합하여 공중의 무기체계를 활용하고자 하는 혁신의 노력으로 이해된다. 이러한 노력은 해군과 공군에서도 필요하다. 특히 현재 해군과 공군의 주력 사업으로 추진되고 있는 항공모함이나 차세대 전투기 사업은 보다 넓은 지역에서의 전쟁의 미래를 위한 준비작업으로 볼 수 있다. 동시에 이들 무기체계가 여전히 기존의 거대 플랫폼을 중심으로 도입과 운용에서 많은 비용이 든다는 점을 감안할 필요도 있다. 오히려 이들 기존 무기체계에 저비용, 비대칭으로 대응할 수 있는 소형 무인 잠수정이나 순항 미사일, 벌떼형 무인 드론이나 무인 공격기 등의 신무기체계에도 관심을 기울여야 한다.

넷째, 군사혁신 노력과 결과를 수용할 수 있는 조직의 분위기가 필요하다. 앞서 사례에서 보았듯이 신기술의 개발자나 그 시대의 가장 앞선 군 조직이 오히려 군사혁신의 주도자가 되지 못한 경우가 대부분이다. 그 주된 이유는 기존의 군 조직이나 문화가 자신들의 성공과 권위에 안주하면서 새로운 변화를 수용할 자세가 형성되지 않았다는 것이다. 오히려 이들은 새로운 군사기술이나 무기체계에 회의적이며 이를 위한 작전 개념의 변화, 교리 및 조직의 변화를 두려워하거나 배척했다. 그리고 이러한 경향은 그 군 조직이 국가의 가장 중요한 핵심 군사역량으로 여겨질수록 더욱 심하게 나타났다. 이는 한국군에도 시사하는 바가 크다. 군의 보수적인 특성상 새로운 무기체계의 도입과 이로 인한 전투 교리나 조직의 변화는 기존 조직이나 구성원의 입장에서는 매우 불편하거나 심지어 자신들의 조직이익에 반하는 것으로 여겨지기 쉽다. 말로는 누구나 혁신을 외치면서도 정작 혁신이 쉽지 않은 이유이다. 특히 이러한 경향은 그 국가에서 가장 권위를 인정받는 군 조직일수록 더욱 강하게 나타난다. 우리의 경우 육군이 여기에 속할 수 있다. 따라서 진정한 군사혁신을 위해서는 스스로의 뼈를 깎는 처절한 자기부정이 필요하다. 조직의 존재와 역할에 대한 근본적인 위기가 닥칠수록 그러한 노력은 더욱 필요하다.

다섯째, 핵심역량에 대한 자기부정을 통해 군사혁신을 달성하기 위해서는 군과 민간 지도부 최고위층으로부터의 지원이 있어야 한다. 이들의 지원이 특히 필요한 분야는 먼저 현 조직에서 신망을 받으면서 동시에 현행 제도를 개선하기 위해 과감한 제안을 할 의지가 있는 상급 장교들이다. 다음으로는 새로운 무기체계나 전쟁기법을 실전에서 실험하고 훈련하는 부서에 근무하는 위관장교들이 승진할 수 있는 진급 방안이다. 미 해군이 항공모함 전단의 군사혁신을 추진할 수 있었던 것은 심스(William Sims) 제독과 모펏(William A. Moffett) 제독과 같은 실험정신과 창의성을 가진 상급 지휘관들이 이를 지원했기 때문이다. 또한 초창기 해군에서 항공기를 운영한 조종사들은 초창기에는 해군 중령과 대령으로의 진급에 문제가 있었으나 1930년대 중반부터 항공모함의 함장과 해군 육상항공기지의 전 지휘관들을 이들 해군조종사 대령으로 보임하면서 이들 혁신적인 장교들이 더 상위계급으로 진급하여 조직을 변화시킬 기회를 부여했다. 이에 비해 미 육군은 양차 대전 사이에 기갑군단과 육군 항공단에 소속된 장교들의 진급기회를 차단하면서 결국 미 육군의 기갑과 항공 기술과 교리가 독일군에 비해 열악한 상태에서 2차 대전에 참전하게 된다.[34] 따라서 군사혁신에 대한 조직의 수용적 분위기를 위해 최고위층의 지원이 매우 중요한 역할을 한다. 이러한 수용적 분위기와 최고위층의 지원을 바탕으로 새로운 실험을 위한 메커니즘을 갖추고 그 실험을 군사교리나 무기 획득, 군 구조 분야의 변화로 접목할 수 있을 때 군사혁신이 완성될 수 있다.[35]

마지막으로 앞에서 말한 신기술의 효율적인 조합과 새로운 무기 및 전략 전술의 개발을 위해서는 결국 이 기술이 지향하는 목표와 방향성이 제시되어야 한다. 가장 확실한 방향성은 결국 자신이나 적이 보유한 핵심 군사역량에 도전하는 것이다. 문제는 현존하는 군 가운데 가장 강력한 군대이거나 국가일수록 이러한 도전의식이 생기기 어렵다는 것이다. 앞의 군사혁신의 사례에서 보았듯이 주요한 군사혁신은 기존의 군사대국이나 가장 강력한 군 조직이 아니라 오히려 열세한 군사력을 보유한 국가들이 이들을 극복하고자 하는 노력으로 가능했다. 군사혁신을 위한 새로운 아이디어와 실험이 기존의 보수적인 군 조직이나 지휘부에 의해 많은 저항에 부딪치는 경향이 있기 때문이다. 올바른 군사혁신을 위해서는 자신의 문제점을 성찰하고 강력한 상대에 도전하기 위한 용기가 필요하다. 2차 대전 직전 독일의 20년간에 걸친 전차전 개발은 강력한 방위선을 구축한 프랑스군의 핵심역량을 격파하기 위한 노력의 산물이었다. 마찬가지로 1차 대전 당시 해군력에서 절대적 열세에 놓인 독일 해군은 U-보트를 개

---

34 David Johnson, *Fast Tanks and Heavy Bombers: Innovation in the U.S. Army, 1917~1945* (Ithaca: Cornell University Press, 1998).

35 Richard O. Hundley, *Past Revolution, Future Transformation*, pp.66~73.

발하여 잠수함전의 선구가 되었다.[36] 한국군의 21세기 군사혁신 노력 역시 한국 안보에 위협이 되는 상대국의 핵심 군사역량을 대상으로 추진되어야 한다. 문제는 21세기 안보환경의 유동성이 가속화되어 21세기 한국 안보의 장기적 위협에 대한 정치적·군사적 판단이 쉽지 않다는 것이다. 그럼에도 미국의 이라크전에서 드러난 전쟁의 미래의 성공과 미래의 전쟁에 대한 실패가 되풀이되지 않도록 신기술에 의한 군사혁신 못지않게 미래의 위협에 대한 군사혁신 노력도 병행되어야 한다.

6. 결론

현재 한국군은 신기술의 등장으로 전쟁의 형태와 양상이 바뀔 수 있는 '전쟁의 미래'와 위협의 주체와 성격이 바뀌면서 전쟁의 정치적 목적이 변화하는 '미래의 전쟁' 모두에서 두 개의 거대한 변화를 직면하고 있다. 인공지능과 자율무기, 드론과 3차원 프린터, 로봇과 사물인터넷, 빅데이터 등 신기술의 등장은 21세기 인간의 삶 전반에 혁명적인 변화를 가져올 것으로 예상된다. 이러한 신기술이 새로운 전쟁양상과 군사 부분에 가져올 혁명적 변화에 세계의 주요 국가들이 주목하고 선두 경쟁을 벌이는 이유이다. 여전히 북한을 비롯한 한반도 주변 안보상황이 불안한 현실에서 이들 강대국 경쟁의 한복판에서 살아남기 위해 한국군이 21세기 군사혁신에서 뒤처져서는 안 되는

36 James S. Corum, *The Roots of Blitzkrieg* ; Trevor N. Dupuy, *The Evolution of Weapons and Warfare*, pp.154~168.

이유는 더욱 자명하다. 이를 위해서는 4차 산업혁명과 3차 상쇄전략으로 나타나는 새로운 군사기술의 효과적 적용과 도입을 통한 작전과 교리, 군 구조 및 운용의 혁신으로 이어져야 한다. 문제는 이러한 군사혁신이 결코 쉽지 않다는 것이다. 한국군의 경우 과거 여러 정부에서 시도된 국방개혁에도 불구하고 여전히 한국전쟁을 거쳐 냉전시대에 형성된 군 구조와 의식을 유지하는 성향을 가진다.

한편, 미래의 전쟁은 더 이상 북한과의 대규모 지상전만을 상정할 것이 아니라 동북아의 급변하는 지정학과 세력경쟁에 대비하는 노력이 필요하다. 북한군과의 정규전뿐 아니라 우발적인 핵사용과 북한의 급변사태를 동시에 대비하고 관리하려는 노력과 함께 북한이 집중하고 있는 사이버 전쟁이나 드론 등을 활용한 비대칭 전략에도 대비해야 한다. 또한 북한과의 평화협정이나 군비 통제가 공고화되는 미래를 상정하여 한반도 주변의 다른 안보위협, 중국이나 일본과의 장기적 군사경쟁이나 마찰에 대비하는 새로운 노력도 필요하다. 이는 우리 군이 현재 상정하는 군사 작전이나 임무의 범위를 훨씬 넘어서는 보다 포괄적인 전략과 작전 개념의 수립이 필요함을 의미한다. 그리고 이를 위해 현재 대규모 지상군 위주의 육해공 연합방위태세를 어떻게 조정해나갈 것인지에 대한 고민이 필요하다. 결국 현재 한국 국방개혁은 새로운 무기체계와 군 구조의 개혁을 추구하는 기술 주도의 '전쟁의 미래' 군사혁신이 한반도의 새로운 위협에 대비하는 '미래의 전쟁' 군사전략에 대한 고민과 함께 추진되어야 함을 의미한다.

앞에서 살펴본 사례를 보면 군사혁신은 기존의 강대한 군사력이나 군사대국이 새로운 기술을 활용하여 스스로의 핵심 군사역량을 파괴하는 노력에서 시작되었다. 이를 위해서는 기존의 조직과 사고를 넘어서는 창조적이고 과감한 실험정신, 그리고 이를 수용하는 조직의 문화와 용기가 필요하다. 한국전쟁 이래 대한민국 안보를 지탱해온 우리 군은 4차 산업혁명의 거대한 변화와 한반도를 둘러싼 안보환경의 격변 속에 국내적으로는 인구절벽으로 인한 감군 등 창군 이래 국내외에서 밀려오는 가장 중요한 도전에 직면해 있다고 해도 과언이 아니다. 그러나 동시에 이러한 절박성이야말로 역대 군사혁신의 가장 중요한 동인이었다. 위기를 기회로 살릴 수 있는 철저한 자기부정과 진취적인 실험정신, 그리고 개혁의 열정이 그 어느 때보다 필요하다.

제2장

미국의 군사혁신

제3차 상쇄전략과 미 육군

설인효

1. 서론

미국과 중국 사이의 군사적 경쟁이 계속 고조되고 있다. 미국은 2012년을 기점으로 중국을 겨냥한 국방 차원의 노력을 공식화했다. 미 국방부는 국방전략지침(Defense Strategy Guidance: DSG) 문서의 발표를 통해 미 국방의 중심이 대반란전(counter insurgency)에서 중국, 러시아, 이란이 시행하고 있는 '반접근/지역거부(Anti-Access, Area Denial: A2/AD)' 전략에 대한 대응으로 전환했음을 선언했다.[1] 본 문서의 서명식에는 오바마 대통령도 참여하여 미 정부 수준의 의지를 표명하기도 했다.

---

1 Department of Defense, *Sustaining U.S. Global Leadership: Priorities for 21st Century Defense* (Washington D.C.: Department of Defense, 2012).

국방전략지침에 따라 미 국방부가 중국의 군사적 위협에 대항하기 위해 수립한 국방전략 또는 국방개혁 비전이 제3차 상쇄전략(the Third Offset Strategy)이다. 헤이글(Chuck Hagel) 전 국방장관은 오바마 행정부 2기의 후반부라 할 수 있는 2014년 말 자신의 임기 동안 가장 중요한 업적으로 기록될 것이라 공언하며 제3차 상쇄전략을 발표했다.[2] 트럼프 행정부에서 본 전략의 명칭이 지속될지 여부는 불분명하다.[3] 그러나 그 취지와 주요 내용은 계속될 것으로 전망된다.[4]

미국과 중국의 경쟁은 탈냉전 후 지속되고 있던 미국 중심의 단극질서하에서 중국이 아시아·태평양 또는 인도·태평양 지역 패권에 도전하면서 전개되고 있으며, 기본적으로 중국의 경제적 부상을 배경으로 한다. 그러나 양국 간의 경쟁은 동시에 군사혁신의 발생 또는 성취, 군사혁신의 전파 및 평준화, 그리고 새로운 군사혁신 경쟁으로 이어지는 '역사적·군사사적 사이클' 속에서 발생하고 있는 현상이기도 하다.

군사혁신(Revolution in Military Affairs: RMA)이란 기술, 무기체계, 군사전략, 조직, 교육체계 등 군사분야 전반에 걸쳐 혁명적인 변화가

---

2 Robert Martinage, *Toward A New Offset Strategy: Exploiting US Long-term Advantages to Restore US Global Power Projection Capability* (Center for Strategic and Budgetary Assessments, 2014), pp.1~2.

3 Paul McLeary, "The Pentagon's Third Offset May be dead, But No One Knows What Comes Next," *Foreign Policy*, 2017. 12. 18.

4 설인효·박원곤, 「미 신행정부 국방전략 전망과 한미동맹에 대한 함의: 제3차 상쇄전략의 수용 및 변용 가능성을 중심으로」, ≪국방정책연구≫, 제33권 제1호 (2017); Samuel White eds., *Closer Than You Think: The Implications of the Third Offset Strategy For the U.S. Army* (U.S. Army War College Press, 2017. 10); 강석율, 「트럼프 행정부의 국방분야 개혁정책: 3차 상쇄전략의 연속성과 정책적 함의」, ≪국방논단≫, 제1734호 (2018).

발생하는 현상으로 단순히 신무기 도입이나 일부 작전상 변화를 넘어 '전쟁수행 방식 전반'이 혁신적으로 변화되어 '군사력의 효과성'이 극적으로 신장되는 현상을 말한다.[5] 군사혁신이 발생하면 군사력의 현격한 상승이 이루어져 세력균형이 변화될 수 있다는 점에서 이는 중요한 국제정치 현상이다. 오늘날 중국의 도전은 냉전 후기 미국이 성취하여 탈냉전 이후 군사력의 압도적 우위를 보장했던 혁신적 무기체계와 군사력의 운용방식이 중국에게 전파되어 가능해진 것으로 미국은 새로운 군사혁신의 달성을 통해 이를 극복하고자 하고 있다.

따라서 제3차 상쇄전략은 중국의 군사적 도전에 대응하고자 하는 시도인 동시에 새로운 군사혁신을 창출하고자 하는 노력이다. 현대의 군사혁신은 대부분 새로운 기술을 배경으로 추진된다는 점에서 제3차 상쇄전략은 새롭게 부상하고 있는 4차 산업혁명의 신기술을 국방과 군사에 적용하기 위한 노력으로 나타나고 있다. 그러나 군사혁신의 정의에서 살펴볼 수 있는 바와 같이, 이는 새로운 기술과 무기체계 도입만이 아니라 새로운 군사력 운용방식의 창출을 통해서 비로소 달성된다.

이에 따라 이하에서는 미국이 추진하고 있는 군사혁신 노력으로서 제3차 상쇄전략을 체계적으로 분석하기 위해 먼저 미중 군사경쟁이 안보·국방·군사 영역의 어떠한 구조적 맥락 속에서 진행되고 있는지를 분석·제시할 것이다. 군사혁신은 단지 새로운 기술을 일반적인 군사활동에 적용하려는 단순한 노력이 아니며, 당대에 벌어지고 있는 가장 치열한 군사적 경쟁의 구도 속에서 기획되고 추진되는 것

---

5 Eliot Cohen, "Change and Transformation in Military Affairs," *Journal of Strategic Studies*, Vol. 27, No. 3 (2004), pp.395~407.

이기 때문이다. 그 시대의 안보·국방·군사 영역에 형성된 주된 대립 구조는 군사혁신의 추진방향을 결정하는 기본적인 환경요인으로 작용한다.

이어서 이 글은 미국이 추진하는 군사혁신 노력의 전개과정 속에서 미 육군이 처했던 전략적 환경과 상황인식, 주요 문제의식과 이를 극복해나가기 위한 노력의 과정을 추적·분석할 것이다. 군사혁신은 주로 국방부가 주도해나가는 국방개혁의 형태로 구체화된다. 그러나 이런 국방개혁에 개별 군이 어떻게 반응하고 대응했는지 역시 혁신 진행의 중요한 한 국면을 이룬다. 한편, 제3차 상쇄전략이 추진되는 동안의 미 육군의 경험은 한국 육군에게 많은 시사점을 주고 있다.

2. 미중 군사경쟁의 구조적 맥락과 제3차 상쇄전략

상술한바 군사혁신은 단순히 새로운 기술을 적용한 신형 무기체계의 도입을 통해 발생하는 현상이 아니다. 군사사에 관한 수많은 연구들이 이 점을 입증하고 있다.[6] 더구나 현대전이 거대한 인력과 조직, 물자의 운영을 통해 달성된다는 점을 고려할 때 새로운 전쟁방식의 창출이란 새로운 무기체계의 도입뿐 아니라 조직의 운영방식과 군사전략, 군 조직과 교육체계의 혁신을 통해서 비로소 달성될 수 있

---

6 Richard O. Hundley, *Past Revolution and Future Transformation: What Can the History of Revolution in Military Affairs Tell Us About Transforming the U.S. Military?* (Santa Monica, California: RAND, 1999); Cohen, "Change and Transformation in Military Affairs"; Max Boot, *War Made New* (New York: Gotham Books, 2006).

을 것이라는 점을 쉽게 예상할 수 있다. 전쟁과 군사에 적용되는 기술이란 단지 무기 생산만이 아니라 인간의 모든 활동을 보다 효율적으로 수행할 수 있도록 해주는 제반 기술의 총체라 규정하는 것이 사실에 가까울 것이다.[7]

이상과 같이 군의 전반을 개혁하고 혁신하는 것은 결코 쉬운 일이 아니다. 군 조직은 일반적으로 변화에 저항한다. 먼저 군은 한 사회의 생존을 보장하는 집단으로서 군사활동이란 고도의 위험을 수반할 수밖에 없다. 따라서 군은 현실에서 철저히 검증되지 않은 새로운 무기와 조직 원리를 쉽게 받아들이려 하지 않는다. 전혀 새로운 차원에서 군을 혁신하려는 활동은 위험천만한 도박으로 인식될 가능성이 높다.

대부분의 군 조직은 당대의 군사질서를 규정한 대표적인 전쟁의 수행방식을 표준으로 하여 조직되고 구성된 것이다. 따라서 미래를 예측하고 향후 도래할 새로운 전쟁의 모습을 바탕으로 군을 재구성하려는 시도는 기존 조직의 체계적이고 조직적인 저항에 부딪힐 수밖에 없다. 대부분의 군사혁신은 초기 단계에서 기존 전쟁수행 방식의 일부를 개선하는 것에 국한되었다.

다른 한편으로 강대국들은 만일 기회가 주어진다면 군사혁신을 먼저 성취하기 위해 모든 노력을 기울일 것이라 예상할 수 있다. 군사혁신이 세력균형을 급격히 변화시킬 가능성이 있다는 점을 고려할 때 스스로 생존을 보장해야 하는 무정부적 국제체제하에서 강대국은 군사혁신의 선취를 통해 국력의 상승을 꾀할 수 있을 뿐 아니라 상대

---

7 전쟁이 대규모화되어 좁은 의미의 전투를 넘어서게 되면 조직관리 등 다양한 기초적 기술의 발전이 특정 무기의 개발에 못지않은 중요한 요소로 등장하게 된다. 박상섭, 『테크놀로지와 전쟁의 역사』(서울: 아카넷, 2018), 30쪽.

의 선취를 허용할 경우 매우 취약한 상황에 처하게 될 수 있기 때문이다. 따라서 국제정치의 주요 강대국들은 언제나 군사혁신의 기회를 살피고 기회가 주어졌을 때 이를 선취하기 위해 모든 노력을 기울인다고 할 수 있다.

이상과 같은 사항을 종합적으로 고려할 때 군사혁신은 국제정치의 패권대결, 즉 1등 국가와 2등 국가 사이의 대결과정을 매개로 발생할 가능성이 크다. 현대전의 규모와 복잡성을 고려할 때 새로운 군사혁신은 거대한 산업기반과 신기술, 연구개발비를 포함한 대규모 자본의 투입을 통해서만 달성될 가능성이 크다. 군의 조직적 저항에도 불구하고 새로운 군사혁신을 추진해야 하는 높은 수준의 동기와 방대한 국가적 역량의 동원과 결집은 패권경쟁과 같은 치열한 대결과정을 배경으로 해서 발생할 것이라 예상할 수 있는 것이다.

1) 글로벌 안보질서의 구조적 맥락

오늘날 미국과 중국 사이의 전략적 경쟁은 중국의 초고속 경제성장의 결과 초래된 것으로 볼 수 있다. 냉전이 붕괴된 후 미국은 핵 및 재래식 군사력뿐 아니라 경제력과 소프트파워를 포괄하는 종합국력의 관점에서 압도적인 패권의 지위를 보유하고 있었다. 미국은 이러한 지위를 바탕으로 자유주의적 국제질서를 보장해왔으며 전 세계적 동맹체제 유지를 통해 세계 각 지역의 전략적 안정성 유지를 위해 노력해왔다.

이와 같은 미국 주도의 자유주의적 국제질서는 2001년 9·11 사태로 촉발된 '테러와의 전쟁'을 계기로 점차 그 안정성이 약화되기 시작한다. 미국은 '민주주의 평화론'에 입각해 이 지역에 국가재건 및 민주주의 확산을 추진하고자 했으나 10여 년에 걸친 대반란전(counter-insurgency) 수행 과정에서 엄청난 국력의 손실이 초래되었다.

미국은 또 테러와의 전쟁을 수행하며 중국의 경제적 부상을 허용·활용하고 군사적 부상을 방치한 면이 있다. 테러와의 전쟁 과정에서 천문학적 전비를 사용하면서 미국은 중국의 경제적 부흥으로 인한 과실을 향유하지 않을 수 없었다. 중국의 경제적 부상이 군사적 부상으로 전환되는 과정에서도 미국의 대응은 지체되었던 것으로 평가된다.[8]

중국의 부상 결과 국제질서에 양극체제가 회귀한 것은 결코 아니다. 미중 양극 간 국력 격차는 여전히 크다. 그러나 미국만이 압도적인 국력을 보유하고 있는 상황과 미래의 어느 시점에 미국에게 도전할 수 있는 '잠재적 동급 경쟁자(potential peer competitor)'가 출현한 상황은 상당히 다르다. 그러한 점에서 현 상황은 탈냉전기 미국 단극질서가 완전히 종료된 것은 아니나 탈냉전 1기와는 다른 제2기, 또는 '도전받는 단극질서(challenged unipolarity)'가 등장한 것으로 규정될 수 있을 것이다.

지역패권에 도전할 수 있을 정도로 부상한 새로운 강대국은 먼저 자신의 배타적 영향권을 설정하고자 노력한다. 이는 첫째, 대부분의 강대국들이 국제 거래를 부의 원천으로 하기 때문에 상품 무역과 인력의 이동, 자원 거래를 안정적으로 보장하고 보호하고자 하기 때문이다. 둘째, 자신의 성장으로부터 두려움을 느낄 국가들의 공격을 미연에 방지하기 위해 점차 보다 넓은 범위에서부터 외부세력의 침투

---

8 Aaron Friedberg, *Beyond Air-Sea Battle: The Debate Over US Military Strategy in Asia* (The International Institution for Strategic Studies(IISS), 2014), pp.59~72.

와 영향력 투사를 차단하고자 한다. 즉, 전략적 취약성을 줄여나가고자 한다.

이와 같은 신흥 부상국의 활동은 미국의 세계질서 운영에 직접적인 도전이 된다. 해양 패권국으로서 미국의 지도력은 전 세계 어느 지역에나 미군이 접근할 수 있는 '군사력 투사능력(power projection)'에 의해 보장되기 때문이다. 미국이 접근할 수 없는 지역이 등장할 경우 첫째, 해당 지역 국가들의 미국에 대한 신뢰는 흔들리게 된다. 둘째, 다른 지역 국가들은 미국이 그 지역 문제를 해결하는 데 묶여 자신들의 지역에 대해서는 안정자 역할을 수행하기 어려울 것이라 가정하지 않을 수 없다.

실제로 이와 같은 현상은 점차 확산되고 있다. 미국은 점차 전 세계에 걸쳐 실시되고 있던 군사적 개입을 최소화하고자 하며 주요 동맹 및 우호국과의 무역 거래와 주둔비용 문제를 재조정하여 '힘의 회복과 축적'을 추진하고 있다. 트럼프 대통령이 처음 당선되었을 때 대부분의 전문가들은 국내적 요인으로 인해 당선된 대통령이 자신의 독특한 대외전략 관점으로 인해 미국의 대외정책 방향을 변경해가고 있는 것으로 보았지만, 이제는 미국의 대전략이 변경될 시점이 도래했으며 트럼프가 그러한 변화를 대표하는 인물로 인식되었기 때문에 대통령에 당선된 것이라는 관점이 설득력을 얻어가고 있다. 즉, 트럼프식 대외전략이 '비정상(abnormal)'이 아니라 '새로운 정상(new normal)'이라는 의미이다.

미중 간의 대결은 점차 전 세계적 범위로 확장되고 있다. 초강대국 간의 대결은 지리적으로 확장되는 경향이 있는데 '전략적 요충지'를 선점하려는 노력이 종횡으로 확대되어 나타나기 때문이다.[9] 그 결과 양국의 경쟁은 전 세계 모든 지역에서 나타나게 되는데 이를 전통적으로 '그레이트 게임'이라 불러왔다. 중국의 '일대일로 정책'에 대한 미국의 '인도·태평양 전략'은 전형적인 그레이트 게임의 전개양상을 보여준다.[10]

미중 양국의 국력 격차의 전개양상을 현시점에서 예단하기는 어렵다. 일부 경제 전망에 따르면 2020년대 중반 중국의 GDP는 미국을 추월할 것이 예상되며 그 경우 국방비 규모 역시 중국이 미국을 추월하게 될 것이다. 그러나 국방비 추월이 곧 군사력의 추월을 의미하는 것은 아니다. 국방력 건설에 최소 십수 년의 시간이 소요된다는 점을 생각할 때 국방비란 저량이 아닌 유량의 관점에서 평가되어야 하기 때문이다.

중국의 경제성장률이 낮은 수준에서 정체되고 미국 경제가 회복될 경우 미국 중심의 단극질서가 다시 도래하게 될 것이다. 현재와 같은 추세가 대체로 지속되거나 중국이 미국을 상당히 추격하고 나아가 추월하게 된다면 미중 간 경쟁양상과 군사적 긴장은 높은 수준에서 유지될 것이다. 중장기적 국력경쟁이 어느 방향으로 진행되든 이를 정확히 예측할 수 없는 상황에서 적어도 향후 5~10년간 미중 양국은 군사력 균형을 염두에 둔 대외전략을 전반에 걸쳐 집행해나가게 될 것이며 이는 양국이 추진하는 군사혁신의 구조적 조건으로

---

9 설인효, 「트럼프 행정부 인도·태평양 전략의 전개방향과 시사점」, ≪국방논단≫, 제1740호 (2019. 1. 7).

10 박병광, 「미중 패권경쟁과 지정학게임의 본격화: 미 태평양사령부 개칭의 함의를 중심으로」, ≪Issue Briefing≫, 18-16 (국가안보전략연구원, 2018. 6), p.3; Michael Green, "China's Maritime Silk Road: Strategic and Economic Implication for the Indo-Pacific Region," *China's Maritime Silk Road* (CSIS Report, 2018. 3); 설인효, 「트럼프 행정부 인도·태평양 전략의 전개방향과 시사점」.

작용하게 될 것이다.

[그림 2-1] 중국의 부상으로 인한 미중 패권경쟁과 탈냉전기 질서의 변화

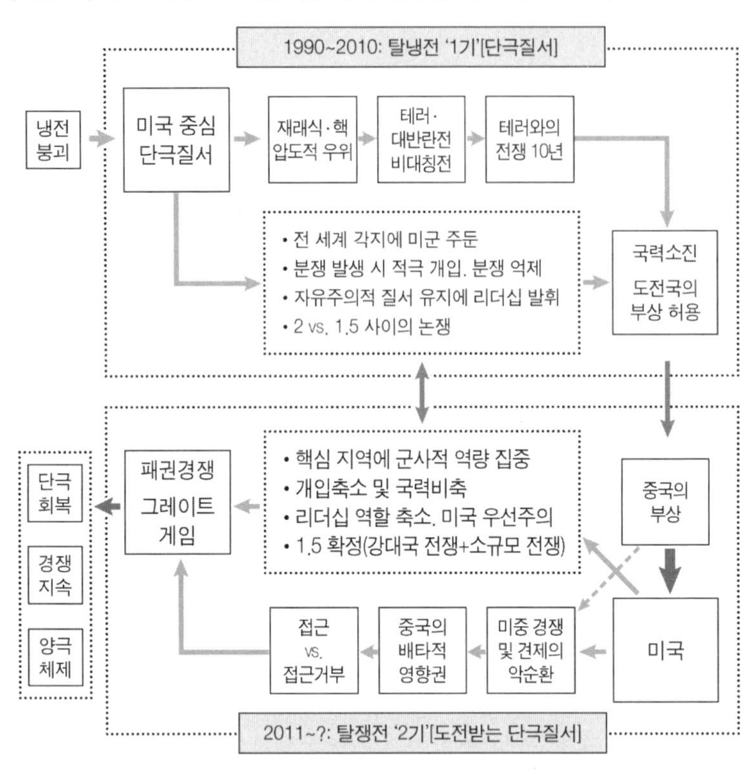

2) 글로벌 국방질서의 구조적 맥락

상술한바 군사혁신은 단순한 신무기의 도입이 아닌 전쟁수행 방식의 전반적 변화와 군 조직 일반의 개혁을 통해 완성된다. 현대전의 규모 및 국방조직의 방대함을 고려할 때 이는 적어도 십수 년에 걸친 국방개혁 과정의 산물이라 예상할 수 있다. 오늘날 미중 양국의 안

보·국방·군사 대결은 국방개혁을 통한 군사혁신 경쟁을 배경으로 이루어지고 있다.

군사혁신이 군사력 운용 전반의 혁신을 통해 군사력의 효과성을 극적으로 상승시키는 현상이라 할 때 군사혁신과 관련해 주목되는 또 다른 현상의 하나는 '군사혁신의 전파'이다. 무정부적 국제체제하에서 생존을 스스로 보장해야 하는 국가들은 군사혁신이 발생할 경우 이를 수용하기 위해 모든 노력을 기울일 것이라 예상할 수 있다. 이의 수용에 실패할 경우 생존을 보장하지 못할 수도 있기 때문이다.[11]

미국은 1990년 걸프전을 통해 오늘날 '네트워크 중심전(network centric warfare)'이라 지칭되는 정보화에 기반한 혁신적인 군사력 운용 방식을 선보인 바 있다. 군사혁신이란 용어는 전쟁수행 방식의 혁명적 변화를 일컫는 학술적 개념인 동시에 탈냉전기 미국의 국방개혁 비전이자 구호로 사용된 개념이기도 하다.[12] 미국은 1990년대의 코소보전 등 수 개의 지역분쟁과 2000년대 테러와의 전쟁수행 과정에서 네트워크 중심전의 탁월한 전투역량을 유감없이 보여주었다.

중국은 1990년 걸프전 당시 이미 미국이 선보인 군사혁신에 충격을 받고 이에 대항하기 위한 무기개발 프로그램에 착수한 것으로 알려진다.[13] 제3차 상쇄전략을 발표하는 강연회에서 헤이글 국방장관은 '바다와 하늘과 우주에서, 그리고 사이버 공간에서 미국의 절대적

---

11 Joao Resende-Santos, "Anarchy and Emulation of Military Systems: Military Organizations and Technology in South America, 1870~1930," *Security Studies*, Vol. 5, No. 3 (1996), p.193.

12 설인효, 「군사혁신(RMA)의 전파와 미중 군사혁신 경쟁」, ≪국제정치논총≫, 제50집, 3호 (한국국제정치학회, 2012), 144쪽.

13 Mark Perry, "The Pentagon's Fight Over Fighting China," *Politico Magazine*, (2015, July/August).

우위가 더 이상 주어진 사실이 아닌 시대에 접어들고 있다'고 규정하고 이는 '첨단 과학기술이 전 세계로 확산된 결과'라 평가했다.[14] 즉, 중국의 군사적 부상은 단순히 군사력을 양적으로 확대하고 질적으로 개선한 결과가 아니라 소위 '군사현대화'로 지칭되는 미국적 군사표준을 흡수하고 구현하는 과정이었다.

제3차 상쇄전략이란 냉전기 동안 소련의 도전에 대항하여 미국이 추진했던 두 차례의 상쇄전략과 유사한 수준의 국방개혁이 필요함을 촉구하는 개념이다.[15] 미국은 언제나 군사혁신과 새로운 전쟁수행 방식 구현의 선두에 서 있었다. 도전국은 이러한 미국의 기술을 흡수하거나 습득하여 미국에 도전했다. 특히 이들은 후발주자로서의 이점을 살려 혁신적 무기체계를 대량생산하고 조직을 확대함으로써 미국에 대해 수적 우위를 달성하고자 했다.

상쇄전략이란 이와 같은 도전자의 수적 우위에 대항하여 동일한 방식의 양적 경쟁을 벌이는 것이 아니라 새로운 기술적 우위를 창출함으로써 수적 우위를 상쇄(offset)시킨다는 의미이다. 제3차 상쇄전략이란 구호를 통해 미국은 냉전기와 같은 심각한 전략적 위기가 도래했음을 상기시킴과 동시에 냉전을 승리로 끝낸 기억을 상기시켜 국가적 역량을 결집하고자 한다고 할 수 있다. 더불어 유사한 시기에 주목받기 시작한 소위 4차 산업혁명으로 가능해진 신기술들을 국방분야에 적용하고자 하는 노력도 그 맥을 같이하게 되었다.[16]

---

14 Martinage, *Toward A New Offset Strategy*, pp.1~2.

15 설인효·박원곤, 「미 신행정부 국방전략 전망과 한미동맹에 대한 함의: 제3차 상쇄전략의 수용 및 변용 가능성을 중심으로」, 15쪽.

16 4차 산업혁명이란 2016년 개최된 '세계경제포럼'에서 슈바프(Klaus Schwab) 회장이 제기한 개념으로 인공지능, 빅데이터, 사물인터넷, 로봇공학 등의 새로

중국은 미국만이 보유하고 있던 장거리 전장감시 및 정밀타격 체계와 이를 운용할 수 있는 네트워크 중심전 수행능력을 갖추고 이를 연안지역에 집중배치함으로써 미국의 군사전력이 이 지역 내에 침투하고 기동하기 어렵게 만들고 있다. 즉, 미국만이 보유하고 있던 혁신적 군사력 운용방식을 흡수하여 대량생산·집중배치함으로써 초강대국을 상대로 한 A2/AD 능력을 구축했다. 미국은 물론 웬만한 방공망을 뚫고 들어가 적의 무기체계를 파괴할 수 있는 장거리 투사 및 스텔스 기능을 보유하고 있으나 중국은 연안지역에 수백 개에 이르는 이동식 발사차량을 집중배치하여 요격을 어렵게 하고 있다. 미국이 방대한 태평양을 건너 이들을 수적으로 압도하는 데는 엄연한 한계가 존재한다.

더욱 문제인 것은 전장구조상 초래되는 군비경쟁의 경제적 비용구조이다. 중국이 운용하는 탄도미사일은 미국이 운용하는 항모전단과 비교할 수 없을 만큼 저렴하다. 중국은 단 몇 발의 탄도미사일로도 수백 조에 육박하는 미국의 항모전단을 위협할 수 있다. 이런 전장구조에서 단지 항모전단을 수적으로 확대하는 경쟁을 채택할 경우 국방력 건설의 비용을 감당할 수 없다. 더구나 미국과 같이 인건비 등 생산비가 높은 선진국은 여전히 1인당 GDP 관점에서 개발도상국이라 할 수 있는 중국을 양적 경쟁에서 이기기 어렵다. 마지막으로 미국은 전 세계를 담당해야 하는 반면 중국은 우선 자신의 배타적 영향권에 집중할 수 있기 때문에 경쟁은 더욱 어려운 게임이 된다.

바로 이와 같은 점에서 상쇄전략의 진정한 의미가 재조명된다.

운 기술이 인간 삶의 전 영역을 빠른 속도로 변화시키고 있는 상황을 지칭한다. 정춘일, 「4차 산업혁명과 군사혁신 4.0」, ≪전략연구≫, 24(2)(2017), 183~211쪽.

미국은 새로운 질적 혁신을 통해 불리한 양적 경쟁을 극복할 필요가 있다. 새로운 군사혁신의 창출, 즉 신무기를 비롯한 신기술을 적용한 군사력 운용방식을 창출하여 적의 수적 우위를 상쇄시켜야 하는 것이다. 냉전 동안 소련의 국력은 최정점기에도 미국 GDP의 60% 수준에 불과했다.[17] 그러한 점을 고려할 때 거대한 경제규모를 바탕으로 추격해오는 중국의 군사적 부상은 더욱 위협적으로 인식된다.

새로운 군사혁신 창출을 위한 미국의 노력은 중국의 대응을 불러올 것이다. 이는 단순히 새로운 무기체계를 개발하고 신기술을 군사력 운용 일부에 적용시키는 것 이상을 의미한다. 역사적 경험을 되돌아볼 때 이는 거대한 양국 군과 국방부의 개혁 노력 사이의 경쟁으로 귀결될 것이다. 양국 중 어느 쪽이 더 많은 국방비를 동원하고 보다 근본적인 개혁을 추진할 수 있을 것인가가 최종적 승패를 결정할 중요한 요인 중 하나로 작용하게 될 것이다. 이는 민주주의와 권위주의 중 어느 편이 군 혁신에 더 적합한가라는 선험적으로 판단하기 어려운 여러 문제들과도 깊이 관련되어 있다.

3) 글로벌 군사질서의 구조적 맥락

군사기술이 군사혁신의 전부는 아니라 할지라도 무기체계 및 전력 운용에 있어서 기술의 승수적 효과를 고려할 때 기술의 중요성은 간과될 수 없다. 다만 군사혁신은 당대의 대표적인 전장환경과 군사적 충돌의 양상 속에서 규정되는 '군사적 요구조건'을 충족시키는 방식으로 발생된다.[18] 즉, 해당 시기 기술들의 군사적 잠재성이란 일반

---

17 Martinage, *Toward A New Offset Strategy*, p.22.

화된 전장공간에서 규정되는 것이 아니며 군사혁신을 추진하고자 하는 강한 동기를 보유한 전쟁 주체가 인식하고 있는 주요 전장환경과 그곳에서 승리하기 위해 필요한 새로운 군사역량의 관점에서 규정되는 것이다.

오늘날 다수의 군사전문가들은 남중국해와 대만이 중국과 미국 사이의 군사적 충돌이 발생할 가능성이 존재하는 주요 전략적 지점이 될 것으로 예상하고 있다. 미중 사이의 전략핵균형 및 재래식 전력의 규모와 그로 인한 피해의 심각성을 고려할 때 양국 간 군사적 충돌을 피하기 위한 노력도 계속되고 있으며 실제 충돌이 발생할 가능성은 그렇게 높지 않다고 할 수 있다. 그러나 중국과 제3국, 특히 미국의 동맹 또는 우호국이 충돌하고 여기에 미국이 개입하게 되는 상황은 그 발생을 배제하기 어렵다.

오늘날 이 지역들은 상술한바 중국이 A2/AD 전력을 구비하고 계속 강화해나가고 있는 지역이다. 중국은 이제 적어도 탄도미사일 사거리 내에 들어오는 스텔스 기능을 갖추진 못한 미 해군의 전력들을 효과적으로 위협할 수 있게 되었다. 항공모함 전단을 비롯한 미 해군의 주요 전력들은 이 지역 내에 접근이 차단되거나 기동이 상당히 제한될 것이 예상된다.

이와 같은 중국의 전략에 대한 미국의 첫 대응은 잘 알려진 바와 같이 공해전(AirSea Battle: ASB)이었다. 2009년 9월 당시 국방장관이었던 게이츠(Robert M. Gates)는 중국의 점증하는 '사이버, 위성공격, 대공 및 대함 탄도미사일 무기 투자가 태평양 지역에 대한 미국의 군사

---

18 일반적으로 군사기술의 발전은 진행 중인 군사적 갈등과 대결 과정에서 제기된 구체적 필요성과 관련하여 자극된다. 박상섭, 『테크놀로지와 전쟁의 역사』, 100쪽.

력 투사능력을 잠식하고 있다'고 지적하면서 미국의 전략적 사고의 중심을 이동해나갈 것임을 선언했다.[19] 이즈음 미 공군과 해군은 공동작업을 통해 공해전 개념을 발전시켜 나갔고 이는 미국의 전략사고를 테러와의 전쟁의 대반란전으로부터 중국, 러시아, 이란 등이 추진하고 있는 A2/AD 전략에 대한 대응으로 변화시켜 나가는 추동력으로 작용해왔다.

공해전은 공군과 해군의 정교한 합동작전을 통해 분쟁 초기 적 본토에 위치한 지휘통제 시설을 파괴함으로써 적의 전력 운용 자체를 불가하게 한 다음 다시 확보된 제공권 및 제해권 아래 나머지 전력들을 전구 내로 이동시켜 군사작전을 수행하는 것을 핵심으로 하는 작전 개념이다.[20] 즉, 적의 타격체계를 모두 타격하여 파괴할 수 없는 만큼 소수의 스텔스 전력을 운용해 적 내부의 지휘통제 체제를 파괴·마비시킨다는 것이다. 이를 통해 적은 더 이상 타격체계를 운용할 수 없고 전쟁수행 능력을 상실하게 된다.

그러나 이러한 공해전 개념은 발표 후 다양한 비판에 직면해왔다.[21] 무엇보다 먼저 분쟁을 지나치게 빠른 속도로 악화시킬 위험이 있다. 즉, 군사분쟁 초기 반접근 및 지역거부 상황을 반전시키기 위해 적의 전략적 중심 중 하나라 할 수 있는 내륙의 지휘통제 체제를 타격하는 것은 지나치게 과대한 대응이 아닐 수 없다. 미국의 본토 공격이 이루어지고 전쟁수행 능력 상실이 임박할 경우 중국이 핵사용을 고려할 가능성도 배제할 수 없다.

---

19 Perry, "The Pentagon's Fight Over Fighting China."

20 김재엽, 「미국의 공해전투(Air-Sea Battle): 주요 내용과 시사점」, ≪전략연구≫, 제54호 (한국전략문제연구소, 2012).

21 Friedberg, *Beyond Air-Sea Battle*, pp.80~84.

[그림 2-2] 중국의 군사적 부상과 '탈냉전 2기'의 군사혁신 경쟁

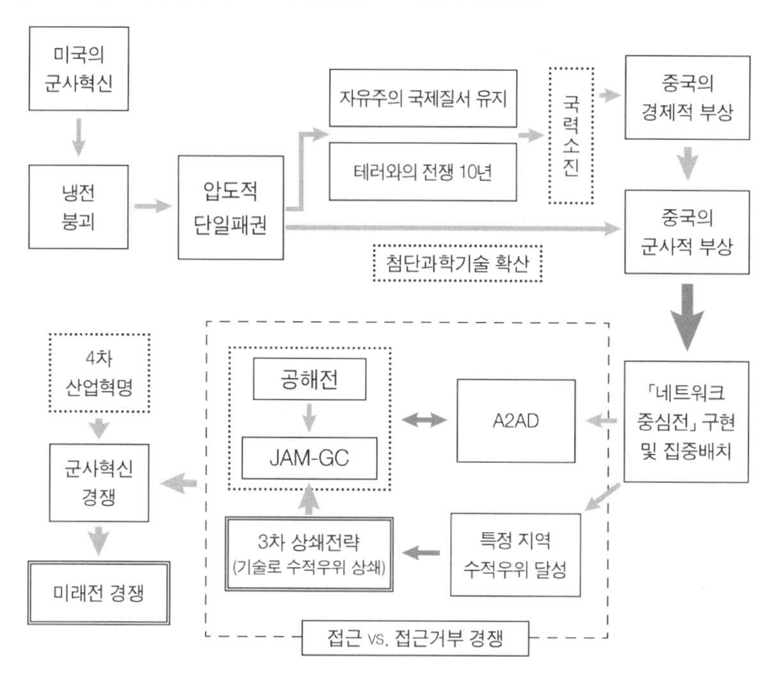

한편, 미국이 공해전 수행에 있어서 이런 부담을 안고 있다는 점을 중국이 인식할 경우 중국의 군사적 모험주의에 대한 억제력은 약화될 수 있다. 즉, 중국은 미국이 실제로는 공해전을 수행하지 않을 것이라 판단하고 저강도 군사도발을 감행할 가능성이 크다는 것이다. 마지막으로 공해전은 공군과 해군 사이의 합동작전을 강조한 나머지 지상군이 보유한 전략적 이점을 충분히 활용하지 못하고 있다.

이와 같은 비판 속에서 미 합참은 2015년 초 공해전의 명칭을 공식 폐기하고 '국제공역에의 접근 및 기동을 위한 합동 개념(Joint Concept for Access and Maneuver in Global Commons: JAM-GC)'으로 대체한다. JAM-GC는 2016년 초 완성되어 합참의장에게 보고된 것으로 알려져

있으나 일반에 공개되지는 않고 있다.[22] 이제 반접근/지역거부 전략에 대한 미 합참의 공식 대응전략은 JAM-GC이다. 그러한 점에서 제3차 상쇄전략이란 '미 합참이 JAM-GC를 수행하는 데 필요한 능력을 제공하기 위한 미 국방부의 노력'으로 규정될 수 있다.[23]

상술한바 JAM-GC가 일반에 공개되지 않았으나 그 대체적인 내용은 추정해볼 수 있을 것으로 보인다.[24] 공해전에 대한 비판이 강하게 제기되고 있던 2010년 이후 수년간 미 군사전문가들은 다양한 대안적 전략 개념을 제시했다. 이 중 대표적인 것으로 '군도방어(Archipelagic Defense)', '원해봉쇄(Distant Blockade)', '연안통제(Offshore Control)'를 들 수 있다. 먼저 군도방어는 A2/AD가 이루어지고 있는 지역 내 미국의 동맹 및 우호국과 미 해군의 이지스 구축함으로 일종의 군도형의 미사일 방어체계를 구성하여 중국의 탄도미사일 공격을 방어하는 개념이다.[25] 원해봉쇄는 미 해공군과 동맹 및 우호국의 연합·합동작전을 통해 중국의 수출입 및 원자재 수송선이 경유하는 주요 전략적 거점인 말라카 해협 등을 봉쇄하여 중국을 정치적·사회적으로 압

---

22 Richard Bitzinger, *Third Offset Strategy and Chinese A2/AD Capabilities*, (Center for New American Security, 2016); Michael E. Hutchens, William Perdew Jason C. Dries, Vincent Bryant & Kerry Moores, "Joint Concept for Access and Manuever in the Global Commons," *Joint Forces Quarterly*, 84 (1st Quarter, 2017).

23 Bitzinger, *Third Offset Strategy and Chinese A2/AD Capabilities* ; Hutchens et al., "Joint Concept for Access and Manuever in the Global Commons," 2017.

24 설인효, 「트럼프 행정부 대중 군사전략 전망과 한미동맹에 대한 함의」, ≪신안보연구≫, 17호 (2017).

25 Andrew Krepinevich "How to Deter China: The Case for Archipelagic Defense," *Foreign Affairs* (March/April, 2015).

[그림 2-3] A2/AD에 대한 미국의 대응전략 체계: JAM-GC 현재형과 미래형

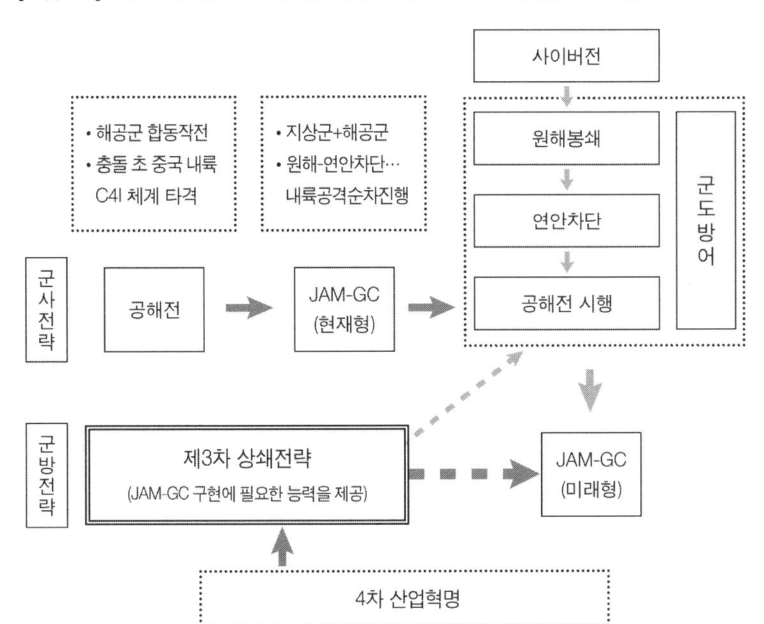

박하는 개념이다.[26] 마지막으로 연안통제는 여기서 더 나아가 중국이 연안지역에서조차 일체의 해상활동을 전개할 수 없도록 미 해공군과 동맹 및 우호국 영토에서 해당 국가 군과 미 지상군의 연합·합동작전으로 중국에 대한 '역 A2/AD'를 시행하는 것을 말한다.[27]

JAM-GC는 군사적 충돌 발생 시 군도방어, 원해봉쇄, 연안차단을 단계적으로 실시하고 그럼에도 불구하고 중국의 저항이 지속·확대될 경우 최종적으로 공해전을 실시하는 개념일 것으로 추정된다.[28]

---

26 Friedberg, *Beyond Air-Sea Battle*, pp.116~118.

27 Ibid., pp.116~118.

군사분쟁이 발생할 경우 비교적 강도가 낮은 군도방어와 원해봉쇄를 실시하여 중국이 더 이상의 저항을 포기하고 정치협상에 임하도록 압박한다. 중국이 협상을 거부하고 군사활동을 확대할 경우 연안통제를 통해 압박의 수위를 올린다. 이와 같은 단계적 접근 개념의 구비로 미국이 실제로 작전을 수행할 것이라는 신뢰성을 제고하여 중국에 대한 억제력을 회복할 수 있다. 더불어 공해전을 배제하기보다 지속적으로 유지하여 군사적 압박을 지속하는 동시에 적이 탄도미사일과 같은 공격무기 증산만이 아니라 내륙의 지휘통제 시설을 방호하는 데 자원을 쓰도록 유도할 수 있다.

현시점에서 제3차 상쇄전략과 JAM-GC 모두 열린 개념으로 계속 진화해나가는 개념으로 이해할 필요가 있다.[29] 먼저 제3차 상쇄전략의 경우 개혁의 필요성과 기본 방식(군사혁신)만을 언급하고 있을 뿐 구체적인 개혁과 내용을 한정하는 개념은 아니다. 이는 현재 4차 산업혁명을 배경으로 한 새로운 기술 또는 기술군이 빠르게 등장하고 있고 중국과의 전략적 경쟁이 최소 10년 이상 지속될 것이라는 점에서 수긍이 가는 부분이다. JAM-GC 역시 고정된 개념이 아니다. 현 기술 수준에서 구현할 수 있는 전략 개념을 기초로 제3차 상쇄전략이 제공하는 새로운 능력을 활용하며 계속 진화되어나갈 것이 예상된다. 그러한 점에서 위에서 추정한 작전 개념이 'JAM-GC 현재형'이라면 향후 제3차 상쇄전략이 본격적 결실을 거두면서 나타날 미래의 작전 개념은 'JAM-GC 미래형'이라 규정할 수 있다.

---

28 설인효, 「트럼프 행정부 대중 군사전략 전망과 한미동맹에 대한 함의」, 192~195쪽.

29 제3차 상쇄전략은 여전히 형성 중인 개념이다. White, *Closer Than You Think*, p.xii.

JAM-GC 미래형을 구현하는 데 요구될 것이 예상되는 주요 군사적 능력으로는 중국 탄도미사일 사거리보다 먼 거리에서 빠른 속도로 타격할 수 있는 원거리 극초음속 타격체계, 강화된 스텔스 기능을 기초로 한 침투체계, 빠른 결심과 신속한 타격을 가능하게 하는 (반)자율 전투체계, 적의 타격 속에서도 생존성을 유지하고 높은 수준의 작전역량을 지속할 수 있는 분산적 의사결정에 기반한 네트워크 체계 등을 상정해볼 수 있다. 이러한 대부분의 전투체계들은 4차 산업혁명으로 가능해질 대표적인 신기술인 인공지능에 의해 비로소 가능해지거나 효율성·효과성이 배가될 것으로 보인다. 스텔스 침투체계를 유인 비행선이 아닌 무인기로 대체할 때 속도와 기동성의 증대, 손실에 대한 부담 감소 등의 효과를 얻을 수 있다. 무인기 운용의 대부분을 (반)자율화함으로써 신속한 의사결정 및 타격이 가능하며 보다 정교하고 정확한 전력 운용이 가능해진다.

A2/AD 도전의 군사전략적 본질은 상술한바 미국만이 수행할 수 있었던 네트워크 중심전을 중국도 수행할 수 있게 된 것이다. 네트워크 중심전 구현을 통해 장거리 정밀타격이 가능해진 전장의 양 주체는 서로에 대해 '마비전'을 추구하게 된다. 즉, 가능한 한 신속하게, 최소 지점을 타격하여 상대를 마비시키지 못하면 자신이 마비되는 상황이 초래될 수 있기 때문이다. 이러한 상황은 고도로 신속한 의사결정 및 타격, 정확성을 확보할 것을 강요한다. 전장운용의 상당 부분을 (반)자율화하도록 하는 압력이다.

나아가 이러한 상황은 의사결정체계의 분산을 요구하게 된다. 즉, 네트워크 중심전 아래 하나로 통합되었던 시스템은 그 정점에서 역설적으로 시스템 내 통제체계를 분산시키는 방향으로 진화해나가게 된다. 미 국방고등연구계획국은 2018년 말 '모자이크 전쟁(mosaic warfare)' 개념을 발표한 바 있는데[30] 이는 바로 이와 같은 새로운 전략 상황을 반영한 전장운용 개념으로 판단된다. 이 개념에 따르면 개별 플랫폼이 독자적인 컴퓨팅 능력을 보유해 중앙 지휘체계가 파괴되어도 작전을 지속하는 것이 가능하다. 나아가 전장상황 및 적의 위협에 맞춰 전장 내 전투 단위들의 최적 조합을 그때그때 구성함으로써 가장 효율적인 공격작전을 수행하도록 한다. 처리해야 할 정보의 양과 속도를 고려할 때 인공지능의 활용은 불가피할 것이다.

3. 제3차 상쇄전략과 미 육군

상술한바 군사혁신은 기본적으로 군사력 운용 전반을 혁신하는 것으로 국방개혁의 관점에서 포착될 수 있는 현상이다. 그러나 현실적으로 혁신은 각 군 단위로 시행되며 각 군은 해당 혁신에 서로 다른 입장을 갖기도 한다. 따라서 혁신의 진면목을 이해하기 위해서는 군사혁신이 추진되는 과정에서 각 군의 인식과 대응을 검토할 필요가 있다. 실제로 군사혁신은 국방부를 정점으로 합참과 각 군으로 이어지는 하향식 과정(top down)일 뿐 아니라, 이에 대한 각 군의 대응과 요구, 새로운 개념의 제시(bottom up) 등에 의해 혁신의 내용과 방향이 진화해나가는 '양방향적 과정'이기 때문이다.

---

30 Tim Grayson, "Mosaic Warfare," keynote speech delivered at the Mosaic Warfare and Multi-Domain Battle (DARPA Strategic Technology Office, 2018).

1) 공해전의 대두와 미 육군의 상황인식

상술한바 테러와의 전쟁이 장기화되고 중국의 경제적 부상 및 군사적 부상에 대한 경각심이 제고되면서 대체로 2010년을 기점으로 미 안보와 국방의 중심은 중동에서 아태지역으로 이동해갔다. 이 과정에서 미국은 더 이상 국가이익에 직결되지 않는 지역분쟁에 군사적으로 연루되어서는 안 되며 특히 실패국가의 국가건설을 추진해서는 안 됨을 누차에 걸쳐 결의했다. 중국의 인구, 영토, 경제적 잠재성을 고려할 때 향후 도래할 전략적 수준의 경쟁은 대단히 위협적이고 거대한 것이 될 것으로 예견되었다.

이와 같은 상황의 전개는 미 육군에게 중대한 도전을 제기하는 것이었다. 탈냉전 1기에서 2기로의 전환은 미국 군사력의 역할이 '지역분쟁 관리'에서 '지역패권 도전국의 접근거부를 극복하는 것'으로 선회하는 것을 의미했기 때문이다. 지역분쟁 관리 및 민주주의 전파가 주목적이었을 때 미 육군은 중심적인 역할을 수행했다. 모든 전장에서 제해권과 제공권은 전투수행의 목적이 아닌 자동으로 주어진 기본조건이었다. 해공군의 지원 속에서 지상군은 자유롭게 각종 작전을 수행하며 전쟁의 최종 승리를 확정짓는 역할을 수행했다.

반접근/지역거부 전략에 대한 첫 번째 대응책으로 공해전 개념이 제시되었을 때 육군의 역할은 거의 없는 것처럼 보였다. 지역패권 도전국의 반접근/지역거부 체계 건설로 향후 작전의 성패는 제공권과 제해권을 장악할 수 있느냐의 여부에 의해 결정되게 되었다. 더구나 이는 거대한 대양을 배경으로 수행될 작전들이었다. 육군의 이름은 작전 개념 속에 포함되지조차 못했고 새로운 작전 개념은 미래의 전쟁수행에서 육군의 역할을 사실상 배제하고 있는 것으로 인식되었다.[31]

더구나 다가올 잠재적 도전국과의 대결을 고려할 때 자원 소모가 극심한 장기적 지상전은 가장 회피되어야 할 군사작전 유형이 되었다. 탈냉전 1기 동안 미 군사력의 중심이 되었던 육군은 미국의 국력 손실을 초래하여 미래 전력 창출을 저해하는 가장 후진적인 조직으로 인식되고 있었다. 미 지상군의 대규모 파병 개념은 사실상 아예 사라질 것처럼 보였다. 그리고 이는 실제로 미 국방예산에 반영되었다. 공해전 수행을 위해 필요한 공군과 해군의 주요 전력들이 예산에 반영되는 동안 미 육군은 2011년 57만 명에서 2017년에는 45만 명까지 감축하도록 계획되었다.[32]

공군과 해군은 테러와의 전쟁수행 과정에서 이미 합동성을 상당 수준 달성한 바 있었다. 미 공군의 공중급유기 덕분에 미 해군의 함재기들은 작전반경을 넓히고 전투효과성을 배가시킬 수 있었다. 해공군이 합동성을 한 차원 끌어올릴 경우 양군이 보유한 중복 자산을 축소함으로써 예산효율성도 증대시킬 수 있을 것으로 보였다. 아프가니스탄과 이라크 전쟁 중 드러난 해공군의 합동성은 공해전이 실제로 성공할 수 있을 것이라는 신뢰성을 제고하는 요인으로 작용했다.[33]

---

31 공해전 개념을 발전시키기 위해 설치된 공해전실(AirSea Battle Office: ASB)은 14명의 공군과 해군, 그리고 단 1명의 육군 장교로 구성되었다. Perry, "The Pentagon's Fight Over Fighting China."

32 Perry, "The Pentagon's Fight Over Fighting China."

33 더구나 공해전은 마셜(Andrew Marshall)을 포함하여 크레피네비치(Andrew Krepinevich), 건징거(Gunzinger), 톨(Jan van Tol) 등 큰 영향력을 지닌 주요 전략가들의 참여와 공동작업의 결과로 만들어져 그 신뢰도가 더 높았다. 이들은 또한 이 개념을 매우 효과적으로 설명하여 워싱턴 정가의 인사들을 설득해 나갔다. Perry, "The Pentagon's Fight Over Fighting China."

2) 미 육군의 노력 1: JAM-GC 현재형과 미 육군

공해전이 구체화되는 과정에서 미 육군의 첫 번째 반응은 이에 반발하고 부정하는 것이었다. 육군은 가장 큰 비중을 차지하는 자신의 역할이 빠진 작전 개념을 인정할 수 없었다. 2012년 공해전 개념에 입각한 국방전략을 선언한 국방전략지침 발간에 육군 출신 뎀시(Martin Dempsy) 의장이 지지 의사를 표시하자 육군 내에서는 그를 비판하는 목소리가 제기되기도 했다. 육군 참모총장 오디어노(Raymond T. Odierno)는 한때 자신은 아프가니스탄과 이라크, 그리고 워싱턴의 해공군 등 세 곳의 전장에서 싸우고 있다고 말하기도 했다.[34]

공해전에 대한 육군의 비판은 단순한 반대에서 점차 합리적인 비판으로 이어졌다. 육군과 마찬가지로 역할이 모호해진 해병대와 함께 공해전의 전략적 문제점과 예산 증액을 위한 정치적 의도 등을 비판하는 활동을 전개했다. 미국이 과연 공해전이 요구하는 전력들을 구비할 만큼 국방비를 동원할 수 있는지에 대한 의문도 제기했다. 육군은 또 미국이 처한 전략적 문제를 지나치게 단순화시켜 A2/AD에 대한 공해전 수행으로 한정하는 것의 문제점을 지적하기도 했다.

공해전에 대한 비판은 점차 힘을 얻어갔다. A2/AD 전략에 대한 대응으로서 공해전은 상술한바 군사전략적 관점에서 치명적인 단점들을 가지고 있었다. 나아가 미 육군의 대응은 점차 공해전 자체를 부정하기보다 미래의 전장인 '접근 대 접근거부'의 공간에서 공군과 해군의 비중을 줄이고 육군의 역할이 발휘될 수 있는 지점을 찾는 방향으로 발전해나갔다. 미 육군은 하이브리드전(hybrid war) 아래 신속하

---

34 Perry, "The Pentagon's Fight Over Fighting China."

게 공수되어 다양한 특수작전을 수행하는 전략 개념을 제시하기도 하고 '전략지상군 태스크포스(Strategic Landpower Task Force)'를 수립해 '인간 요소'가 강조된 미래전 개념 연구를 수행하기도 했다.[35] 이는 기술만능주의에 빠져 인간 요소를 경시하는 어떠한 작전 개념도 결코 성공할 수 없음을 강조하는 것이었다.

미 육군의 이런 노력은 '합동성 개념'을 재강조하고 확장하는 것을 통해 결실을 보게 된다. 즉, 공군과 해군이 강조한 합동성을 한 차원 더 확대·강조함으로써 육군을 포함한 지상군의 역할이 자연스럽게 강조될 수 있도록 하는 것이다. 사실상 육군 역시 개념적 차원에서 타 군과의 합동성 개념을 강조하는 일이 낯설지 않다. 1980년대 군사혁신을 선도했던 개념이 곧 공지전(AirLand Battle)이었기 때문이다.

미 육군이 주목한 것은 '영역 간 시너지 효과(cross domain synergy)' 개념이었다. 이는 공해전을 미 합참 차원에서 구체화하고 발전시킨 '합동작전접근개념(Join Operational Access Concept: JOAC)' 문서에서 최초로 제시되었던 개념이었다.[36] 이는 네트워크 중심전이 완성에 가까워지면서 전장공간이 지해공을 넘어 사이버, 우주로 확장되고 각 영역 간 (준)실시간적 상호작용이 확대되고 있는 상황을 반영한 '합동성'의 새로운 이름이었다.

육군이 내놓은 새로운 작전수행 개념은 '다영역전투(multi domain battle: MDB)'였다. 2016년 5월 미 육군 교육사령관 퍼킨스(David Perkins)는 미 육군협회(Association of the United States Army: AUSA)가 주최한 한

35 Charles T. Cleveland and Stuart L. Farris, "Toward Strategic Land Power," *Army* (July, 2013).

36 Department of Defense, *Joint Operational Access Concept* (Washington D.C.: Department of Defense, 2012).

심포지엄에서 '21세기 미국의 군사적 우위를 유지하기 위한 합동 작전의 재구성 노력(an effort to maintain American military dominance by reimagining joint operations for the 21st Century)'으로서 '다영역전투 개념'을 개발하고 있음을 밝혔다.[37] 그는 현 상황이 미국이 해양, 공중, 우주, 사이버 공간 등 각 전장영역에서 차지해왔던 공간지배 능력이 미국과 대등한 기술과 역량을 갖춘 적들에 의해 도전받고 있는 상황이라 규정하고 모든 전투영역을 넘나드는 새로운 합동작전 개념을 구상할 필요가 있음을 주장했다.

즉, 각 영역에서 미국의 공간지배 능력에 도전하고 이를 심각하게 위협하고 있는 적들에 맞서 이들을 압도할 수 있는 새로운 우위는 하나 또는 복수의 전장에서 우위를 회복하는 노력을 통해서가 아니라 복수의 전장영역에 존재하는 군사력의 통합적 운용을 통한 '교차 시너지'의 발휘를 통해서 이루어질 수 있다는 것이다. 그러면서 미 육군은 특히 지상에 배치된 전력을 해군과 공군의 영역으로 투사할 때 발생하는 전투효과를 부각시켰다. 즉, A2/AD 전략이 실행되고 있는 지역의 동맹 또는 우호국 영토에서 지상군의 전투력 투사를 통해 적의 해·공군력, 나아가 영토상의 탄도미사일 전력과 지휘통제 시설까지 타격하거나 타격을 위협함으로써 미 공군과 해군이 자유롭게 접근하고 기동할 수 있는 여건을 조성한다는 것이다. 이는 상술한 바 원해봉쇄 및 연안통제 개념의 핵심적인 구성요소가 되고 있다.

남중국해나 대만과 같이 지리적으로 먼 지역에서 대규모 해공군 작전을 수행한다는 것은 매우 어렵고 많은 비용이 초래되는 일이다.

---

37 David Perkins, "Multi-Domain Battle: Joint Combined Arms Concept for the 21st Century," *Army* (December, 2016), pp.18~19.

[그림 2-4] 다영역전투 수행 개념도[38]

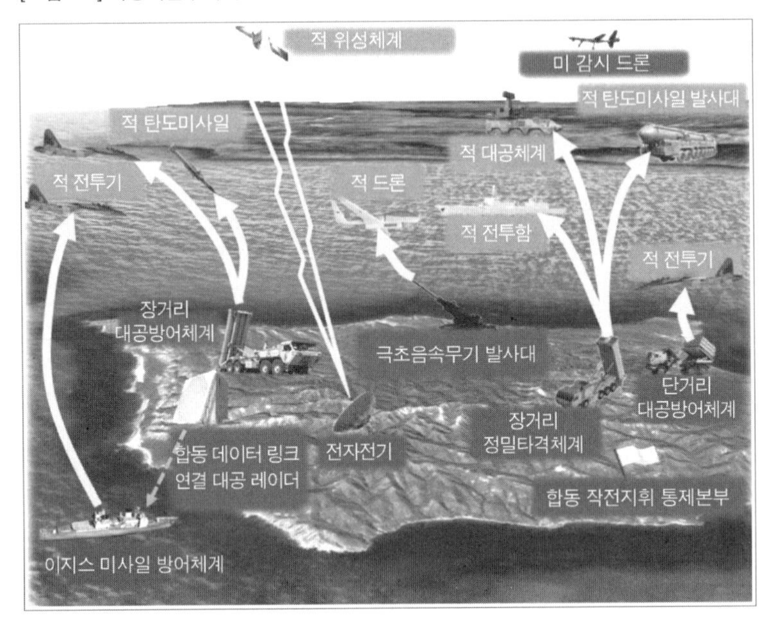

더구나 스텔스 기능을 갖추지 못한 대부분의 해공군 자산은 A2/AD 전력의 손쉬운 표적이 될 수 있다. 지상에서 운용되는 소규모의 이동식 발사대와 같은 지상전력들은 기동성과 은폐성 등으로 인해 생존성이 높고 운용비용도 저렴하다. 더불어 이러한 지상배치 전력은 이미 개발·운용된 전력으로, 미국의 해공군 전력에 비해 신규 개발 및 획득 비용이 훨씬 저렴하다는 강력한 이점을 가진다.

2016년 다영역전투 개념 제시 후 미 육군은 이를 구체화하기 위한 다양한 노력을 기울여 왔다. 미 육군은 다영역전투 개념을 적용해

---

38 The U.S. Army Pacific, *U.S. Army Pacific Contribution to Multi-Domain Battle* (2017. 3. 15).

보기 위한 시범부대 '다영역임무부대(multi domain task force: MDTF)'를 운영하고 있다.[39] 이들은 주로 태평양 지역에서의 다양한 연합·합동 연습에 참가하며 미국을 위협하는 동급의 경쟁자에 대항하는 여러 가지 형태의 작전을 시행해보고 있다. 이러한 연습은 육군의 장비를 해군의 함선으로 이동시켜 외국 영토에 상륙한 후 지대함 사격을 실시하는 것 등을 포함하고 있다. 미 육군의 브라운(Robert Brown) 장군은 공지전투 개념을 구현하는 데는 14년이 걸렸지만 다영역전투는 그렇게 긴 시간이 걸리게 할 수 없다고 말했다.[40]

미 육군은 2018년 10월 다영역전투 개념을 한 단계 격상시킨 '다영역작전' 개념을 발표했다.[41] 본 개념에 대해 미 육군은 그동안 타군 및 동맹, 우방국 군대들과의 연습 결과 및 적의 최근 동향을 반영한 결과라 기술하고 있다. '전투 개념'을 '작전 개념'으로 승격한 것은 타 군과의 본격적인 합동작전을 추진해 나가겠다는 의지의 표현으로 읽힌다. 궁극적인 목표는 공식 합동작전으로 채택되도록 하는 것이 될 것이다.

모든 전장영역이 네트워크로 연결되고 (준)실시간의 지휘통제가 가능해졌으나 여전히 각 군은 서로 다른 전투속성을 지니고 있다. 이러한 차이는 극복되어야 할 대상이 아니라 효과적인 합동작전을 통해 새로운 시너지 효과를 창출시킬 전투자산이다. 육군은 다영역전투 개념의 제시를 통해 공군과 해군에 의해 선점되었던 미래의 전장을

---

39 Jen Judson, "Multidomain Operations Task Force Cuts Teeth in Pacific," *Defense News* (2018. 8. 18).

40 Ibid.

41 The U.S. Army, "The U.S. Army in Multi-Domain Operation in 2028," TRADOC Pamphlet 525-3-1 (2018. 12. 6).

우선 각 영역이 동등한 비율로 기여할 수 있는 공간으로 전환시켰다. 나아가 전장은 이제 영역 간 교차 시너지를 보다 활성화할 수 있는 군이 주도하게 되었다. 동맹 및 우호국과의 협력이 보장될 경우 이제 육군은 해공군과의 경쟁에서 결코 불리하지 않다. 나아가 다영역전투는 미 합동군의 합동성을 한 차원 격상시킬 군사전략적 가치를 지니고 있는 것으로 평가된다.

공해전 명칭을 폐기하고 JAM-GC 개념으로 대체하도록 한 것은 육군의 1차적 승리로 기록될 수 있다. 적어도 JAM-GC 개념에는 육군이 배제되지 않고 있기 때문이다.[42] 나아가 '다영역전투 개념'을 진화시켜 합동 개념으로 확산시켜 나간다면 이는 더 큰 승리가 될 것이다. 이는 먼저 JAM-GC 현재형을 주도하는 것이 되겠지만 나아가 향후 JAM-GC 미래형을 주도할 개념은 무엇이고, 그 개념 속에서 각 군의 역할은 무엇인가의 문제로 귀결되게 될 것이다.

3) 미 육군의 노력 2: JAM-GC 미래형과 미 육군

제3차 상쇄전략은 새로운 기술적 우위의 창출을 목표로 하고 있다. 이는 궁극적으로 미국의 군사력 투사능력을 제한하고자 하는 지역패권 도전국을 상대로 한미 합동군의 군사전략을 지원하고자 하는 것이다. 그러한 점에서 제3차 상쇄전략은 현행의 JAM-GC가 원활히 수행될 수 있도록 하는 능력을 제공할 뿐 아니라 나아가 4차 산업혁명의 신기술을 활용해 JAM-GC의 진화, 혁신적 개선을 가능하게 하고자 한다.

---

42 Perry, "The Pentagon's Fight Over Fighting China."

미 육군은 다영역전투 개념을 통해 JAM-GC 현재형의 전투효과성을 배가시킬 수 있는 지상군의 역할을 새롭게 제시하는 데 성공했다. 특히 해공군에 대한 지상군의 군사전략적 이점을 부각시켜 전체 작전운용에 기여할 수 있다는 점을 보였을 뿐 아니라 기존 전력의 효과적 사용을 통해 새로운 전력 개발 및 획득 필요성을 줄일 수 있음도 보였다. 공해전이 JAM-GC로 전환되고 원해봉쇄와 연안통제가 전체 전장 운용에서 큰 비중을 차지하게 된 것은 다영역전투의 성과라 할 수 있다.

JAM-GC 미래형에서의 지상군의 역할에 대한 미 육군의 접근은 아직 연구 및 모색 단계라 할 수 있다. 제3차 상쇄전략의 함의에 관한 최근 연구는 미 육군의 현 인식과 미래를 위한 준비를 잘 보여준다.[43] 이 글은 먼저 인공지능을 비롯한 4차 산업혁명의 신기술이 군사분야에 적용·확산되는 것은 피할 수 없는 현상이 될 것이라 단정하고 있다.[44] 새로운 기술이 민간 영역에서 계속 확산되면서 여러 가지 차원의 군사적 잠재성이 드러날 것이기 때문이며 동시에 잠재적인 적도 이를 활용하기 위해 모든 노력을 기울일 것이기 때문이다. 이상과 같은 상황에서 육군은 미래의 신기술이 전장의 다영역 중 어떠한 영역에 획기적인 전투역량을 부여할 것인지를 식별해야 하며 육군의 수요를 충족시킬 신기술이 충분히 개발될 수 있도록 노력해야 한다.

인공지능으로 대표되는 미래의 기술과 이러한 기술이 지배할 미래의 전장은 인간 병사 운용을 중심으로 하는 육군에게 고유한 전략

---

43 White, *Closer Than You Think*.

44 Ibid., pp.15~28.

적 도전을 제기하게 될 것이 예상된다.[45] 예컨대 '스워밍(swarming)'과 같은 미래의 전투 개념은 처리해야 할 정보의 양과 속도로 인해 인간의 개입을 최소화할 가능성이 크다. 고도로 복합적인 미래 전장에서 적에 대한 최종적인 사살행위조차 인간이 아닌 로봇에 의해 수행되는 것이 더 효과적이 될 가능성도 높다.

이는 전투 지휘 및 사기(morale) 유지에 있어서 새로운 문제를 유발하며 새로운 형태의 리더십을 요구하게 될 것이다. 향후 미래의 지휘관은 인간과 기계(AI)의 협력을 통해 수행되는 전투행위에서 양자간 협력의 시너지를 최대로 끌어낼 수 있는 능력의 배양이 필요하다. 미래의 전장에서 승리의 핵심적 요소 중 하나는 인간과 기계의 능력을 최적으로 배합해내는 것이 될 것이며 육군은 이러한 인재를 키워낼 수 있는 교육 시스템을 구축해야 한다.

한편, 자율 및 반자율 전투체계의 확산은 고유한 도덕 및 윤리의 문제를 발생시킬 가능성이 크다. 이러한 문제가 효과적으로 해소되지 못할 경우 인간 병사의 전투효과성은 오히려 저하될 것이다. 인간의 생명을 상대로 한 전투행위가 컴퓨터 게임으로 전락할 경우 당장의 군사효과성 증대에도 불구하고 최종적인 전투효율성은 오히려 하락하는 결과가 초래될 것이다. 육군은 미래의 전투의사 결정체계에 언제나 윤리적 고려가 투영될 수 있도록 발전시켜야 한다.[46]

앞으로의 미래 30년은 과거 30년보다 훨씬 더 큰 변화를 가져올 것이다. 육군의 획득 및 연구개발 체제는 여전히 점진적 변화에 초점이 맞춰져 있다. 미 육군과 국방부는 검증된 기술과 전투체계만을 수

45 Ibid., pp.31~44.

46 Ibid., pp.31~44.

용하려는 경향이 강하다. 그러나 이러한 접근법은 미래의 변화 속도를 고려할 때 적합하지 못하다. 육군은 미래에 대해 지적이며 열정적인, 과감한 상상과 구상을 지속해나가야 하며 이를 현실에 적용할 수 있는 혁신에 열린 체제로 탈바꿈해 나가야 한다.

4. 결론: 전략적 함의 및 한국 육군에 대한 시사점

이상에서 미국이 추진하고 있는 제3차 상쇄전략을 미국과 중국의 군사혁신 경쟁이 초래하는 글로벌 안보, 국방, 군사질서상의 구조적 맥락의 관점에서 분석하고 그 과정에서 미 육군의 인식과 대응을 살펴보았다. 미중 양국의 군사혁신 경쟁은 향후 상당 기간 동안 지속될 것으로 전망된다. 양국이 전략적 경쟁을 본격화하고 있는 이상 양국 대외정책 일반에 군사력 균형에 대한 고려가 투영되는 일이 보다 빈번하게 발생하게 될 것이다.

혁신의 속성상 향후 양국의 군사력 균형 및 이에 대한 인식이 매우 불안정해질 가능성도 배제할 수 없다. 첨단 과학기술 및 4차 산업혁명의 신기술이 군사분야에 적용되면서 군사력 균형을 일시에 무너뜨릴 수 있는 소위 '게임체인저(Game Changer)'가 지속적으로 나타날 가능성이 적지 않기 때문이다. 양국 간 군사적 긴장 고조가 지속되고 군사적 불확실성이 증대되어 상호 간의 억제력이 약화될 경우 실제 군사충돌이 발생할 가능성도 배제하기 어렵다. 이 경우 한국은 어려운 선택을 해야 하는 상황에 처하게 될 것이다.

한편, 미래의 국제질서는 기술역량을 중심으로 재편될 가능성이 높다. 미국이 중국의 도전의 본질을 기술 확산의 결과로 보고 있는 이상 미국은 제3차 상쇄전략의 추진과정에서 핵심 군사기술의 보안 및 관리에 많은 노력을 기울이려 할 것이다. 미국이 동맹국을 등급화하여 기술 공여 및 첨단무기체계 판매에 차별을 가할 가능성도 충분히 존재한다.

미국이 중국의 군사적 부상을 최대의 안보·군사위협으로 상정하고 공해전을 중심으로 안보 및 국방태세를 재편해나가는 과정에서 나타났던 미 육군의 현실 인식 및 대응과정은 한국의 육군에게 특별한 시사점을 제공하고 있다. 전 세계 각지에서 수행되었던 지역분쟁관리 및 국가재건 임무를 급격히 축소하고 제공권 및 제해권 확보를 둘러싼 지역패권 도전국과의 경쟁이 군사력의 핵심 역할로 대두되는 과정에서 미 육군은 큰 상실감을 경험하지 않을 수 없었다. 이는 여러 가지 점에서 비핵화와 평화체제 전환 이후 새로운 한반도 안보환경하에 한국 육군이 처하게 될 상황을 상기시킨다.

그동안 한국 육군이 북한의 군사위협에 맞서 한국의 영토와 주권을 수호하는 데 중심적 역할을 수행해왔다면 북핵문제 해결과 남북관계 개선으로 지상전 위협이 크게 축소될 새로운 환경하에서는 그 역할의 축소 역시 불가피해 보일 수 있다. 바다와 하늘을 통해 가해질 주변국의 잠재적 위협이 가장 큰 안보·군사위협으로 대두될 경우 해공군의 역할이 부각될 수밖에 없기 때문이다. 남북 간 평화공존이 장기적으로 지속될 경우 역설적으로 북한은 지상을 통한 적의 침투를 막는 보호막 역할을 해 대규모 육군의 필요성을 더욱 감소시키는 요인이 된다.

이러한 상황에서 미 육군의 다영역전투 개념은 많은 시사점을 제공하고 있다. 주변국과의 현격한 국력 및 군사력 격차를 고려할 때 주변국의 군사력에 해공군력으로만 상대하는 것에는 엄연한 한계가 있다. 한국은 비교적 한국에 가까운 영역에서 지상군의 적극적 기여를 통해 다영역전투를 시연해야만 한다. 해공군과 지상군의 고도의 합동작전을 통한 시너지 창출 없이 주변 강대국을 상대로 한 효과적인 군사작전은 성공을 거두기 어렵다.

한편, 지상을 기반으로 한 군사작전은 해공군 작전에 비해 상대적으로 덜 공세적이라는 장점이 있다. 군사력 투사를 본질로 하는 해공군력과 달리 지상군이 실시하는 작전은 비교적 사거리가 짧고 아측에 접근하는 적에 대한 공격에 집중된다. 이는 중국이 시행하는 A2/AD 전략을 그대로 적용한 '역 A2/AD'에 해당한다. 본래 반접근/지역거부 전략 자체가 재래식 열세에 있는 측이 우세에 있는 측을 공격하기보다 접근만을 거부하기 위해 창안된 전략이었다. 한국은 궁극적으로 한반도 통일을 지향해가는 과정에서 공세적이고 공격적인 국가로 인식되어서는 안 되는 전략적 요구조건을 가지고 있다. 지상군의 지상작전이 주가 되는 '한국형 A2/AD 전략'은 이런 요구에 잘 부합된다.

미국 역시 인도·태평양 지역 내에서 동맹 및 우호국과 이와 같은 형태의 작전 수행을 원하고 있다.[47] 그러한 점에서 한미 연합의 한반도 A2/AD 전략은 북한 위협이 소멸한 이후 한미동맹의 새로운 연합작전 형태로 발전될 여지가 크다. 지금 당장 한국 독자로 A2/AD 작전을 수행하기는 어렵다는 점에서 자주국방 역량이 확충될 때까지 한미동맹의 틀 내에서 연합전력을 통해 이를 시행해나가고 점차 미국에 대한 의존을 줄여나가는 방안을 모색할 수 있을 것이다.

---

47 Terrence K Kelly, David C. Gompert & Duncan Long, *Smarter Power, Stronger Partners Volume 1: Exploiting U.S. Advantages to Prevent Aggression* (Santa Monica, California: RAND, 2016).

JAM-GC 수행 과정에서 동맹 및 우호국과의 '역 A2/AD 작전' 수행을 원하고 있는 미국의 입장을 고려할 때 이와 같은 연합훈련 및 작전수행 능력의 발전은 미국의 한미동맹에 대한 가치 인식을 확고하게 하는 요인이 될 뿐 아니라 상술한 바와 같이 제3차 상쇄전략의 과실을 한국과 나누도록 하는 요인으로도 작용할 수 있을 것이다.[48]

---

48 다만 JAM-GC에 대한 공식적 참여 여부는 신중하게 판단할 필요가 있다. 이는 한미동맹이 중국 봉쇄 및 포위의 역할을 수행하게 된 것으로 인식될 수 있기 때문이다. 한국은 굳건한 한미동맹 아래 중국을 포함한 지역 국가들과도 원만하고 협력적인 관계를 지속해나갈 수 있기를 희망한다. 이와 같은 연합작전의 채택은 소규모 연합연습의 시행부터 단계적인 방식으로 진행해나갈 필요가 있다.

제3장

무인항공기를 50년간 개발하고 운용하면서 이스라엘이 얻은 교훈들

리란 앤테비 *Liran Antebi*

지난 50년 동안 이스라엘은 다양한 군사적인 용도를 위해 무인항공기를 운용하고 있으며, 이 과정에서 가장 간단한 시스템부터 세계에서 가장 진보하고 탁월한 시스템까지 무인항공기 운용에서 많은 경험을 축적했다. 무인항공기 기술에 있어서 이스라엘은 중요한 개발자이자 수출국일 뿐만 아니라, 무인항공기 기술의 주요 고객이자 사용자이며 동시에 군사교리의 개발자이며, 무인항공기 운용 지식의 차원에서 선도적인 역할을 수행하고 있다. 이스라엘은 비대칭 분쟁에서 무인항공기를 사용하고 있으며, 이스라엘 경제 및 세계 여러 국가들과의 전략적 관계 설정에서 무인항공기는 중요한 역할을 수행하고 있다. 최근 몇 년 동안 무인항공기 유통에는 상당한 변화가 있었고, 그 결과 무인항공기의 소비자들과 사용자들 또한 상당히 변화했다. 덕분에 이스라엘 입장에서는 새롭게 해결해야 할 몇 가지 문제가 발생했다.

이스라엘이 지금까지의 경험에서 얻은 교훈과 도전요인들을 살펴보면, 우리는 무인항공기 부분에서 다른 국가들이 마주할 문제점을 미리 파악할 수 있을 것이다. 이러한 측면에서 이 글은 지난 50년 동안 이스라엘의 무인항공기 개발·수출·발전 및 비대칭 분쟁에서의 운용 경험을 논의하고자 한다. 특히 지난 2000년 이후의 무인항공기 운용에 초점을 맞추어 이스라엘 사례를 집중 분석할 것이다.

1. 냉전 후 무인항공기 사용의 간략한 역사

무인 군사기기의 역사는 수십 년 이상이며, 엄밀히 따지면 프랑스 혁명 기간 동안에 사용되었던 19세기의 무인 열기구도 포함될 수 있다. 하지만 현재 논의에 직접적으로 연결되는 무인 군사항공기의 역사는 정보화 기술의 성장에 따라 무인항공기 기술이 비약적으로 발전했던 지난 50년 동안에 걸쳐 있으며, 특히 실질적으로는 1990년대에 시작된다.

2차 대전 후 냉전이 시작되었고, 기술발전과 함께 무인항공기 프로젝트는 많은 성과를 보여주었다. 한국전쟁 기간에 미국은 최초의 작전용 무인항공기인 QH-50을 개발했으며,[1] 베트남 전쟁에서는 매우 광범위하게 무인항공기가 사용되었다. 특히 미국은 무인표적기(Ryan Firebee)를 개량하여, "반딧불이(Lightning Bug)" 무인항공기를 개발했고, 이를 통해 중국 영토에서 정찰 작전을 수행했다.[2] "반딧불

1 John David Blom, *Unmanned Aerial Systems: A Historical Perspective* (Fort Leavenworth, Kansas: Combat Studies Institute Press, 2010), p.54.

[사진 3-1] Ryan Model 147 Lightning Bug

자료: Wikipedia.

이"의 가장 혁명적인 발전은 지상에서 조종자에 의해 통제가 가능했다는 것으로, 개량 이전의 모델은 항공기에서 발사되고 항공기에서만 조종이 가능했었다.

베트남 전쟁을 계기로 무인항공기는 훈련이나 실험에서 표적대상이 아니라 "날아다니는 감지기(flying sensor)"로 발전하면서 정찰 임무에 널리 사용되었고, 이를 계기로 무인항공기의 역사는 전환점을 맞이했다.

---

2 Tom Scheve, "How the MQ-9 Reaper Works," HowStuffWorks.com (July 22, 2008), http://science.howstuffworks.com/reaper.htm

[사진 3-2] Predator, Global Hawk, 그리고 Hunter UAV

자료: Wikipedia.

1973년 제4차 중동전쟁에서 이스라엘은 이집트의 대공미사일 방공망을 분쇄하는 과정에서 1971년 미국에서 도입한 무인표적기(Fire-bee)를 집중적으로 사용했으며, 이후 무인항공기 기술에 많은 자원을 투자했다. 1980년대에는 실시간 비디오 영상 전송이 가능한 스카우트(Scout)와 파이어니어(Pioneer)라는 현대적인 무인정찰기를 개발했다. 남레바논을 공격한 1982년에도, 이스라엘은 레바논의 방공 체계를 파괴하기 위해 무인항공기를 사용했다.[3]

1960년대에서 1980년대까지, 무인항공기에 대한 연구는 꾸준히 진행되었지만, 대부분의 연구는 여러 가지 이유로 성공하지 못했다. 당시 가장 큰 문제점은 개별 비행체가 서로 다른 규격의 데이터 링크를 가지고 있었다는 사실이다.[4] 하지만 1990년대 초 정보기술 분야의 혁신적인 발전 덕분에 상황이 급변했다.

사막의 폭풍 작전이 수행되었던 걸프전에서 무인항공기는 널리 사용되었으며, 특히 미국은 1986년 이스라엘로부터 구매한 파이어니어를 집중 사용했다. 파이어니어는 걸프전에서의 "활약" 덕분에 이후에도 보스니아, 아이티, 소말리아 분쟁에서 사용되었다. 1990년대 미국은 파이어니어, 헌터(Hunter), 포인터(Pointer) 그리고 프레데터(Predator)와 같은 무인항공기를 전투상황에서 사용하면서 많은 경험을 쌓았으며, 무인항공기는 이후에 테러와의 전쟁에서 굉장히 유용했다.

---

3 Kendra L. B. Cook, "The Silent Force Multiplier: The History and Role of UAVs in Warfare" (Garden City: IEEE, 2007), pp.1~7.

4 Grover Alexander, "Aquila Remotely Piloted Vehicle System Technology Demonstrator Program," System Description and Capabilities *Lockheed Missiles and Space Company* (April 1979).

특히 무인항공기가 "날아다니는 감지기"에서 "무기"로 변화했던 테러와의 전쟁은 무인항공기 역사에 있어서 획기적인 사건이었다. 9·11 테러 이후 2001년 미국이 아프가니스탄을 상대로 항구적 자유 작전을 시작했고, 2003년 이라크를 침공했다. 이 작전에서 미국은 무인항공기를 정찰 목적으로 사용했을 뿐 아니라, 무인항공기를 운용하여 적 병력과 지휘부를 살상하기 시작했다. 무인항공기를 무장시키는 것은 무인항공기 기술에 혁신적인 일이었으며, 여기서 무인전투기(UCAVs)가 등장했다. 당시 주로 사용되었던 무인항공기는 프레데터, 글로벌 호크 그리고 이스라엘 헌터 UAV였다. 글로벌 호크는 근실시간, 고해상의 정보/감시/정찰 영상을 제공하는 역할을 담당했다. 반면 프레데터는 감시와 목표 제거라는 두 가지 역할을 수행할 수 있었다.[5]

이와는 별도로, 이라크 전쟁에서 미국은 정보 플랫폼으로 고안된 6개의 주요 무인항공기를 운용했다. 공군은 프레데터와 글로벌 호크를, 육군은 헌터와 섀도우를, 그리고 해군은 파이어니어와 드래곤 아이를 각각 운용했다. 이와 같은 미국의 무인항공기들은 활주로에서 자체 동력원으로 이륙하는 1.2톤의 글로벌 호크부터 2kg이 간신히 넘는 중량에 병사가 손으로 날리거나 새총으로 쏴야 하는 드래곤 아이까지 크기가 다양했다.

2010년도 초반까지 미국과 이스라엘은 모두 무인항공기의 개발, 수출, 운용 경험의 측면에서 최고의 지위를 유지했다. 지난 10년 동안 무인항공기 기술이 빠른 속도로 확산되었지만, 이 두 국가의 무인항공기에 관한 경험, 그리고 1960년대 후반부터 이스라엘의 무인항

---

5 Cook, "The Silent Force Multiplier," p.5.

공기 운용 경험은 우리에게 큰 교훈을 주고 있다.

2. 무인항공기 분야에서 이스라엘의 우세

1960년대에 이스라엘은 항공사진 촬영 및 정찰을 목적으로 무인항공기를 사용했으며, 특히 1969년에는 이미 작전 차원에서 무인항공기를 운용했다. 1982년 1차 레바논 전쟁 초반의 몰 크리켓 19 작전(Operation Mole Cricket 19; ARTZAV 19)에서 이스라엘은 무인항공기를 사용하여 상대방을 기만했고 정보를 수집했다. 이 과정에서 나타난 무인항공기의 효율성 덕분에 1980년대와 1990년대에 미국은 지속적으로 무인항공기를 개발하기 위해 노력했다.

전쟁에서 무인항공기를 사용한 많은 군사작전이 있지만, 이스라엘은 비대칭 분쟁에서 정보·감시·정찰(ISR) 능력을 향상시키기 위해 무인항공기를 집중적으로 사용했다. 2000년대 초반부터 이스라엘은 가자 지구에서 하마스(Hamas)에 대항하여 많은 군사작전(2008~2009년의 Cast-lead 작전, 2012년의 Pillar of Defense 작전, 2014년의 Protective Edge 작전)을 수행했고, 이후 분쟁이 2차 레바논 전쟁으로 확대되면서 이스라엘의 무인항공기 운용은 더욱 증가했다. 그 결과 2006년 이스라엘은 비행시간의 측면에서 유인 전투기보다 무인항공기를 더욱 많이 운용했으며, 이것은 세계 최초의 기록이었다.

무인항공기에 대한 이스라엘의 경험은 다음 3개 분야로 논의할 수 있다.

a. 초기 시스템의 시대: 1960~1990년. 위험 지역에서 인간과의 거리를 둔 상태에서 전술적 임무를 수행 가능.
b. 복합 시스템의 시대: 1990~2010년. 복합적이고 다양한 임무수행이 가능했으며, 보다 긴 비행시간과 내구성을 가지고 전략적 수준의 임무수행 가능.
c. 산업적 대량생산의 시대: 2010년부터 현재까지. 다양한 시스템과 시스템 사이의 협업이 가능하고, 더 나은 정보 이미지를 생성하여 작전 간에 현장과 지휘실의 통합된 통제 가능.

무인항공기 분야에서 이스라엘이 차지하는 선도적 지위는 군사작전에만 한정되지 않는다. 소국임에도 불구하고 이스라엘은 무인항공기 수출에서 46억 2000만 달러를 달성했으며, 2005년부터 2013년 사이 무인항공기 국제 거래에서 주도권을 행사했다.[6] 이스라엘은 유럽, 아시아, 남미 국가에 무인항공기를 수출했으며,[7] 지난 몇 년 동안 미국에도 무인항공기를 수출하면서 이라크 전쟁에서 미국이 사용한 많은 무인항공기의 상당 부분을 공급했다.[8] 최근 이스라엘은 다양한 종류의 무인항공기를 대량으로 생산하여 수출하고 있다. 대표적으로 엘비트 시스템즈(Elbit Systems)[9]에서 생산한 육군용 전술 소형 무인항

---

6 Ibid.

7 Harriet Sherwood, "Israel is World's Largest Drone Exporter," *The Guardian*, May 20, 2013, https://www.theguardian.com/world/2013/may/20/israel-worlds-largest-drone-exporter

8 Amnon Barzilai, "U.S. Army Wants to Buy more Israeli Hunter Drones," *Haaretz*, July 8, 2003, https://www.haaretz.com/1.5494046

9 Skylark™ I — LEX, Elbit Systems, http://elbitsystems.com/products/usa/skylark-i-lex/

공기와, 수백 킬로미터의 항속거리를 가지고 200kg[10]의 적재가 가능한 엘비트 시스템즈의 다용도 중거리 전술 무인항공기인 헤르메스(Hermes) 450과, 470kg의 적재가 가능하며 장거리 무인항공기인 헤론(Heron) 등이 있다.[11]

일부 보도에 따르면, 이스라엘의 장거리 무인항공기의 일부는 뛰어난 공격능력 또한 탑재하고 있다.[12] 또한 이스라엘은 자동 선회 및 대기 능력(loitering)을 가진 무인항공기를 생산하고 있으며, 일부는 발사 후 자동으로 목표물에 명중하는 파이어 앤 포겟(fire-and-forget) 기능을 갖추고 있다. 이러한 무인항공기는 이륙 후 특정 지역에서 자동 선회하면서 목표물이 나타날 때까지 대기하며 표적을 추적하고, 필요하다면 미리 설치된 폭발물을 가지고 "가미카제 임무"로 그것을 파괴할 수 있는 기술적 능력을 가지고 있다. 그리고 이 과정에서 인간의 개입은 최소화되며, 필요한 경우에는 인간이 전혀 관여하지 않을 수 있다.

이와 같은 무인항공기들로는 UVISION[13]에 의해 만들어진 HERO 계열의 시스템, 오비터(Orbiter) 1K MUAS 시스템,[14] 그리고 그린 드래

---

10 Hermes™ 450, Elbit Systems, https://elbitsystems.com/products/usa/hermes-450/

11 Heron™, Israel AEROSPACE Industries, https://www.iai.co.il/2013/18900-16382-en/BusinessAreas_UnmannedAirSystems_HeronFamily.aspx

12 Ron Ben-Yishai, "Uncertainty about UAV Attacks Unnecessary," *Ynet News*, July 11, 2016 [in Hebrew], https://www.ynet.co.il/articles/0,7340,L-4826915,00.html

13 Loitering Munitions Technology, UVision Air, https://uvisionuav.com/our-technology/

14 Orbiter 1K, Aeronautics, https://aeronautics-sys.com/home-page/page-systems/page-systems-orbiter-1k-muas /

곤(Green Dragon),[15] 하롭(IAI Harop), 그리고 이스라엘 항공우주산업에 의해 만들어진 하피(Harpy) 시스템 등이 있다. 이러한 무인항공기의 대부분은 주로 표적을 선택할 때와 공격에 대한 실행 결심을 할 때 최소한의 인간의 관여를 필요로 한다. 하지만 하롭·하피 계열의 시스템은 레이더 신호에 기초하여 비행하고 선회하면서 자율적으로 목표물을 찾고, 궁극적으로는 목표물에 '자살'하여 파괴한다.

해외 보도에 따르면, 한국, 독일, 중국, 인도, 터키, 우즈베키스탄, 아제르바이잔 등이 이스라엘에서 해당 무인항공기를 도입했으며, 특히 아제르바이잔은 하롭 시스템을 나고르노-카라바흐(Nagorno-Karabakh)에서 공식적으로는 "아르메니아 자원봉사자(Armenian volunteers)" 7명을 살해하는 데 사용한 것으로 추정된다.

상업적 부분에서도 무인항공기 수출은 이스라엘의 중요한 산업으로, 무기 수출의 약 10%를 차지하고 있다. 무인항공기 수출은 명백한 경제적 중요성을 넘어 외교적으로나 방위협력 측면에서 이스라엘과 여러 나라와의 관계에 큰 영향을 미친다. 그런 점에서 이스라엘과 러시아 사이의 무인항공기 거래는 미국 또한 반대하지 않았다. 당초 이스라엘은 러시아에 무인항공기를 공급하는 경우에 러시아가 이란에 S-300 미사일을 판매하지 않을 것을 기대했다.[16] 지난 수년 동안 이스라엘이 무인항공기 수출에서 선두를 지켰으나, 미국은 무인

15 Green Dragon, Israel Aerospace Industries, https://bit.ly/2AvlkHg. 해당 시스템은 상공에서 자동적으로 선회하면서 대기하지만 인간이 지령하는 경우에 공격을 개시한다.

16 Anthony H. Cordesman, George Sullivan, and William D. Sullivan, "Lessons of the 2006 Israeli-Hezbollah War," *Significant Issues Series*, Vol. 29, No. 4 (Washington, D.C.: CSIS Press, 2007), p.10.

항공기 생산에 집중 투자하여 이라크와 아프가니스탄에서 이를 사용했다.

최근 미국의 무인항공기 제조업체들은 미군 납품을 넘어 세계 각국에 무인항공기를 판매하려고 시도한다. 그 결과, 이스라엘 업체들의 입장에서는 무인항공기 판매에서 경쟁이 치열해지고 있으며, 전 세계적으로도 군용 무인항공기 확산에 대해 많은 변화가 일어나고 있다. 그리고 이러한 변화는 이스라엘에도 영향을 미칠 것이다.

3. 이스라엘 작전 경험과 교훈: 비국가 테러집단과의 비대칭 분쟁에서 나타난 무인항공기의 이점들

1973년 4차 중동전쟁 이후 이스라엘은 전투에서 '대칭적' 군사력과 맞서거나, 전쟁터에서 조직된 군대 또는 무장한 군을 상대로 작전을 수행하지 않았다. 하지만 이스라엘에 대한 안보위협은 사라지지 않았으며, 최근 수십 년간 이스라엘이 개입한 분쟁은 테러조직인 하마스와 헤즈볼라 등의 비국가단체와의 비대칭적 갈등이다.

제2차 레바논 전쟁은 무인항공기의 군사적 이용에서 분기점이었으며, 특히 비대칭 전쟁에서 무인항공기가 수행하는 역할을 새롭게 규정했던 순간이었다. 전쟁의 양 교전당사자는 이러한 변화를 명확하게 인식했지만, 기술 영역에서의 비대칭성 자체는 변화하지 않았다. 제2차 레바논 전쟁에서 이스라엘은 무인항공기로 총 1만 6000시간을 작전했으며,[17] 전쟁 역사에서 전장 위에서 무인항공기가 지속

17 Isaac Ben-Israel, "The First Israel-Hizbollah Missile War (Summer 2006)," a

적으로 배치되었던 것은 처음이었다.[18]

이스라엘군의 무인항공기 개발 및 활용이 증가했던 만큼, 다른 국가에서도 무인항공기 사용은 확대되었다. 무인항공기를 사용하는 국가의 숫자는 점차 늘어나고 있으며, 무인항공기 생산에서도 혁명적인 변화가 일어나면서 방위산업에만 국한되었던 무인항공기 생산이 일반 영역까지 확대되었다. 그 결과 테러조직과 같은 비국가 행위자를 포함하여 거의 모든 국가 및 행위자들이 무인항공기를 사용할 수 있게 되었으며, 구매 능력이 있는 개인들까지 무인항공기를 활용하는 데 장애가 없는 상황이다. 물론 민간용 무인항공기는 첨단 군용기에 비교하면 덜 정교하지만, 운용이 쉽고 저렴하게 이용할 수 있다. 연구자들은 10년 이내에 사실상 어떤 나라도 공격 능력을 갖춘, 비교적 진보된 무인정찰기를 구입하여 사용할 수 있을 것으로 추정하고 있지만, 지금 현재 공격능력이 탑재되고 상대적으로 진보된 무인항공기를 만들고 운용할 수 있는 능력은 일부 국가들에만 제한되어 있다.[19]

결국 국가뿐만 아니라, 비국가 행위자나 군대도 무인항공기를 획득하고 사용할 수 있다.[20] 이러한 측면에서 이란의 군사기술에 의존

---

position paper by the College of Policy and Government (Tel Aviv University, May 2007), p.46.

18 Anshel Pfeffer, "Israel to Sell UAVs in Exchange for Canceling Deal with Iran," *Haaretz*, June 25, 2009 [in Hebrew], https://www.haaretz.co.il/news/politics/1.267820

19 Lynn E. Davis, Michael J. McNerney, James S. Chow, Thomas Hamilton, Sarah Harting and Daniel Byman, *Armed and Dangerous? UAVs and U.S. Security* (Santa Monica, CA: RAND Corporation, 2014), http://www.rand.org/pubs/research_reports/RR449.html

하고 있는 헤즈볼라는 이란에서 개발한 무인항공기 기술을 활용할 가능성이 높으며, 만약 이러한 가능성이 실현된다면 이스라엘군은 상당한 도전에 직면할 것이다. 또한 헤즈볼라는 군사적 목적을 위해 민간 무인항공기 기술을 재구성하여, 단순하면서도 "즉각 사용 가능한 기술"을 이란 외부에서도 구매할 수 있다. 역사적으로 볼 때, 기술은 국가 간 그리고 상위국가와 하위국가 간의 힘의 역학관계를 보여주는 주된 지표이다. 지난 수십 년 동안, 군사기술에서의 우위 덕분에 국가들은 비국가 행위자들에 비하여 엄청난 우위를 유지했다. 비국가 행위자들이 단검과 기관단총에서 출발하여 더욱 발전된 군사기술을 확보했지만, 미국과 이스라엘과 같은 국가들은 테러조직은 확보할 수 없고 활용할 수 없을 정도의 군사기술을 사용하여 우위를 유지했다. 하지만 이런 비국가 행위자들에 대한 국가 행위자의 기술적 우위는 점차 사라지고 있으며, 테러조직의 무인항공기 사용은 – 특히 헤즈볼라의 무인항공기 사용 가능성은 – 이 같은 추세를 잘 보여주는 사례이다. 현재 헤즈볼라는 많은 국가에서 첨단 군사기술을 도입하고 있으며, 무엇보다 이란의 막강한 지원을 받고 있다.[21]

모든 비대칭 분쟁에서, 테러조직과 같은 약자는 국가 행위자와 같은 강자의 기술적 우위를 무력화하고 강자의 군사적 우위를 활용할 수 없는 정치적 환경을 조성하려고 한다.[22] 이스라엘이 헤즈볼라

---

20 Liran Antebi, "Changing Trends in Unmanned Aerial Vehicles: New Challenges for States, Armies and Security Industries," *Military and Strategic Affairs*, Vol. 6, No. 2 (2014), p.21~36, http://www.inss.org.il/uploadImages/systemFiles/LiranAntebi.pdf

21 Milton Hoenig, "Hezbollah and the Use of Drone as a Weapon of Terrorism," *Public Interest Report*, Vol. 67, No. 2 (2014), https://fas.org/wp-content/uploads/2014/06/Hezbollah-Drones-Spring-2014-pdf

와 대결했던 제2차 레바논 전쟁과 이스라엘이 가자 지구에서 하마스와 대결했던 다양한 전투 또는 미국의 이라크와 아프가니스탄 전쟁에서 나타나듯이, 첨단기술로 무장한 국가의 정규군 군사력은 무력화될 수 있다. 즉, 비대칭 분쟁에서 핵심은 국가 행위자가 자신의 정치적 상황을 성공적으로 관리하면서 정치적 난관을 극복하는 것으로, 이러한 문제점은 민주주의 국가에서는 더욱 강력하게 드러나며 비대칭 분쟁이 장기화되는 경우에 더욱 심각하게 나타난다.

대표적인 문제점은 다음과 같다.

a. 민간인에 대한 피해를 줄이고 부수적인 피해와 비전투 사상자를 피하기 위해 모든 노력을 기울여야 한다.
b. 그러한 노력이 실제로 이루어졌다는 설득력 있는 증거를 만들어야 한다.
c. 민간인 사상자와 불균형적인 무력 사용에 대한 적의 거짓 주장을 반박하기 위해 최대한 실시간으로 증거를 확보해야 한다.[23]

민주주의 국가와 비국가 행위자인 테러조직 사이의 전쟁에서 가장 절박한 것은 테러조직의 정보조작 능력을 약화시키고 테러조직이 승리했다거나 성과를 달성했다는 선전을 무력화할 수 있는 정보와 증거를 생산하고 확보하는 것이다.

이러한 측면에서 무인항공기는 큰 도움이 된다. 무인항공기를 다

---

22 Cordesman, Sullivan and Sullivan, "Lessons of the 2006 Israeli-Hezbollah War," p.105.

23 Cordesman, Sullivan and Sullivan, "Lessons of the 2006 Israeli-Hezbollah War," p.48.

른 수단들과 함께 사용한다면, 앞에서 언급한 제약 조건에서도 군사 및 정치적 목표를 달성할 수 있다. 무인항공기를 통해 국가 행위자들은 정보 우위를 달성하고 해당 지역을 보다 잘 지휘할 수 있으며, 상황인식을 제고할 수 있게 된다. 국가 행위자들은 무인항공기를 사용하여 보다 정확하게 목표물을 타격할 수 있게 되며, 전투원과 비전투원을 구분하여 부수적인 피해를 감소시키고, 실시간으로 최신 정보를 확보 및 제공할 수 있게 되면서, 홍보 및 여론 조성에서 상당한 성과를 거둘 수 있다. 즉, 무인항공기를 효과적으로 활용한다면, 해당 국가는 테러 또는 게릴라 조직과의 비대칭 분쟁에서 군사작전의 정당성을 유지할 수 있다. 또한 무인항공기를 통해 해당 국가의 전투원에 대한 신체 위험을 줄이고 유인시스템이 직면하는 장애물을 극복하는 데 큰 도움이 된다. 이러한 측면에서 무인항공기 등은 전쟁 그 자체에서 수행하는 단순히 중요한 전술적 역할을 넘어, 전략적 또는 정치적으로 중요한 부가가치를 제공한다.[24]

무인항공기는 현재 미국, 이스라엘, 그리고 영국을 포함한 세계 주요 강대국들의 테러와의 전쟁에서 핵심적인 역할을 수행하고 있으며, 중국, 러시아, 이란, 인도, 대만, 터키, 아랍에미리트도 현재 자체 무인정찰기를 개발하고 있다.[25] 따라서 무인항공기는 군사적인 목적으로 무인항공기 시스템을 이용하는 모든 국가들과 연관이 있다. 하지만 무인항공기 시스템은 컴퓨터 및 통신 기술에 기반을 두고 있기

---

24 Liran Antebi, "Unmanned Aerial Vehicles in Asymmetric Warfare: Maintaining the Advantage of the State Actor," *Memorandum* No. 167 (Tel Aviv: Institute for National Security Studies, July 2017).

25 Sarah Kreps, *Drones: What Everyone Needs to Know* (Oxford: Oxford University Press, 2016), p.60.

때문에 여전히 해킹이나 조작에 취약하다.[26]

오늘날 군대 내에서 무인항공기 시스템이 점점 더 확고히 자리 잡아감에 따라, 무인항공기 시스템에 대한 사이버 위협 또한 증가하고 있으며 더 많은 수의 적들로부터 위협 또한 더욱 빈번해졌다. 모든 행위자들이 무인항공기 시스템에 사이버 공격을 수행할 수는 없지만, 무인항공기를 사용하는 모든 국가는 사이버 공격 가능성에 주의해야 한다. 위협을 완화하는 과정에서의 핵심은 위협의 존재 자체를 인식하는 것에서 시작하지만, 이것으로는 충분하지 않으며 무인항공기가 사이버 공격에서 입을 수 있는 피해를 최소화하기 위한 추가 예방조치가 필요하다.

4. 군용 무인항공기 확산의 급격한 변화

무인항공기 시장은 매년 크게 성장하고 있다. 2015년 59억 3000만 달러로 추정되었던 세계 무인항공기 시장은 2022년 221억 5000만 달러라는 어마어마한 규모로 뛸 것으로 예상된다. 군용 무인항공기 분야가 상당히 성장할 것이지만, 시장 확대의 대부분은 민간용 무인항공기 부문에서 이루어질 것이다.[27] 여러 가지 변화에도 불구하고,

---

26 Gabriel Boulianne Gobeil and Liran Antebi, "The Vulnerable Architecture of Unmanned Aerial Systems: Mapping and Mitigating Cyberattack Threats," *Cyber, Intelligence and Security*, Vol. 1, No. 3 (December 2017), pp.122~123.

27 Christopher Diamond, "Global Drone Market Expected to Surpass $22B by 2022," *Defense News* (May 3, 2017), https://www.defensenews.com/air/2017/05/03/global-drone-market-expected-to-surpass-22b-by-2022/

지금 현재까지도 미국과 이스라엘은 군용 무인항공기 부분에서 세계 최고의 선두주자이다. 하지만 기술혁신과 세계화 그리고 모호한 규제 덕분에 세계 무인항공기 시장에는 새로운 생산자들이 등장하고 있으며, 새로운 제품이 개발되고 새로운 시장이 개척되고 있다.[28]

이 때문에 이전까지는 무인항공기를 운용하지 않았던 국가 및 행위자들 또한 이제는 무인항공기를 사용할 수 있게 되었고, 일반적인 무인항공기뿐 아니라 군용 무인항공기 기술 또한 빠르게 확산되고 있으며 무인항공기 사용에서도 새로운 유형이 점차 나타나고 있다.[29] 몇 년 전 랜드연구소(RAND)는 10년 이내에 사실상 모든 국가가 군용 무인항공기를 구입하고 운용할 것이라고 예측했고, 현재 추세라면 이러한 예측은 매우 정확하게 실현될 것이다. 단, 최근 무인항공기 부분에서 가장 중요한 변화는 군용 무인항공기 분야에서 나타나고 있다는 사실에 주목해야 한다.

여기서 중요한 변수는 중국이다. 지난 10년 동안 중국은 무인항공기 수출 부분에서 매우 빠르게 성장하고 있으며, 그 결과 중국에서도 몇 가지 근본적인 변화가 발생했다. 미 국방부의 2015년 보고서에 따르면, 중국은 2023년까지 4만 2000대의 다양한 종류의 무인정

---

28 Liran Antebi, "Changing Trends in Unmanned Aerial Vehicles: New Challenges for States, Armies and Security Industries," *Military and Strategic Affairs*, Vol. 6, No. 2 (August 2014), http://www.inss.org.il/publication/ changing-trends-in-unmanned-aerial-vehicles-new-challenges-for-states-armies-and-security-industries/

29 Davis, McNerney, Chow, Hamilton, Harting and Byman, *Armed and Dangerous?*; Patrick Tucker, "Every Country Will Have Armed Drones Within 10 Years," *Defense One*, May 6, 2014, https://www.defenseone.com/technology/2014/05/every-country-will-have-armed-drones-within-ten-years/83878/

[사진 3-3] 중국의 CH-5 무인항공기

자료: http://eng.mod.gov.cn/news/2017-07/15/content_4785846_3.htm

찰기를 생산할 계획이다.[30] 최대 비행거리 6500km에 연속 60시간으로 최대 1000kg의 화물과 무기를 운반할 수 있는 CH-5가 대표적인 상품이며,[31] 이러한 측면에서 중국은 무인항공기 분야에서 꾸준한 경험을 가진 국가들과 직접적으로 경쟁하고 있다.

중국은 기술 개발과 생산에서 매우 빨리 성장하고 있으며, 동시에 무인항공기 기술을 보수적으로 판매하는 미국과 이스라엘과는 달

---

30 Zachary Keck, "China Is Building 42,000 Military Drones: Should America Worry?," *National Interest*, May 10, 2015, https://nationalinterest.org/blog/the-buzz/china-building-42000-military-drones-should-america-worry-12856

31 Ben Brimelow, "Chinese Drones May Soon Swarm the Market — and That Could Be Very Bad for the US," *Business Insider*, November 16, 2017, https://www.businessinsider.com/chinese-drones-swarm-market-2017-11

리 매우 적극적으로 무인항공기를 수출하고 있다. 우선 중국은 과거 미사일 기술의 확산을 통제했던 미사일기술통제체제(MTCR)와 같은 국제합의를 통해 무인항공기 수출을 제한해야 한다는 견해에 반대하고 있다. 또한 중국은 다양한 종류의 무인항공기를 미국보다 훨씬 더 저렴한 가격에 제공하고, 이를 통해 무인항공기 시장에서의 점유율을 확대하고 있다. 예를 들어, 중국의 CH-5는 미국의 MQ-1 프레데터의 거의 절반의 가격이다.[32] 이에 따라 나이지리아, 이라크, 파키스탄 등은 이미 중국이 판매하거나 협조해 제조한 무장 무인정찰기를 이용하고 있다. 2018년 기준으로, 중국 정부는 요르단, 아랍에미리트, 사우디아라비아 등 10개국에 대한 무인항공기 수출을 승인했다.[33] 따라서 중국의 수출정책은 안보와 무역 측면에서 이스라엘에 영향을 미친다.

세계 무인항공기 시장에 중대한 변화를 일으키는 또 다른 국가는 이란이다. 지금까지 이란 정부는 자신이 개발한 무인항공기를 여러 차례 공개했지만, 일부 기종은 군용으로 운용될 수 없는 모형에 지나지 않는다. 최근까지 이란 무인항공기는 주로 헤즈볼라가 사용했으나,[34] 지난 몇 년 동안 이란은 내전을 경험하고 있는 시리아에 무인항공기를 공급하고 있다.

무인항공기 분야에서 두각을 나타내려는 또 다른 국가는 러시아

---

32 Robert Farley, "The Five Most Deadly Drone Powers in the World," *National Interest*, February 16, 2015, https://nationalinterest.org/print/feature/the-five-most-deadly-drone-powers-the-world-12255

33 "World of Drones," *New America*, https://www.newamerica.org/in-depth/world-of-drones/1-introduction-how-we-became-world-drones/

34 Roi Kais, "Hezbollah Has Fleet of 200 Iranian-made UAVs," *Ynet*, November 25, 2013, https://www.ynetnews.com/articles/0,7340,L- 4457653,00.html

이다. 군사력 및 재래식 무기 수출에서의 비중에 비해, 러시아의 무인항공기 기술은 상대적으로 뒤처져 있다. 하지만 러시아는 일반적으로 무인항공기 분야의 5개 주요 국가에 속하며,[35] 최근 러시아 정부는 수십억 달러를 투자하여 국가 무인항공기 개발 프로그램을 적극 지원하고 있다.[36] 현재 러시아는 무인항공기 생산에서도 무기 수출 부분에서 협력했던 여러 국가들과 접촉하면서 시장을 개척하고 있다.[37]

비록 러시아가 지금 현재는 무인항공기 분야에서 기술 및 생산 측면에서 뒤처져 있지만, 특히 시리아 등에 무기를 공급한다는 점을 감안할 때, 러시아의 행보에 대해서는 관심을 기울일 필요가 있다. 최근 들어 무인항공기 기술 자체가 확산되면서, 많은 국가들은 내수용 무인항공기를 직접 개발하고 생산하고 있다. 이와 같이 생산되는 무인항공기는 군용 무인항공기가 아니지만, 이러한 변화가 안보·무역 등에 미칠 영향을 무시해서는 안 된다. 특히 인도, 파키스탄, 남아프리카공화국, 베네수엘라, 우크라이나 등이 새롭게 무인항공기를 생산하고 있지만, 앞으로 더욱 많은 국가들이 무인항공기를 직접 생산할 것이다.[38]

---

35 Michael C. Horowitz and Joshua A. Schwartz, "A New U.S. Policy Makes It (Somewhat) Easier to Export Drones," *Washington Post*, April 20, 2018.

36 Jaroslaw Adamowski, "Russian Defense Ministry Unveils $9B UAV Program," Defense News, February 19, 2014.

37 Yaakov Lappin, "Report: Moscow Purchased 10 Israeli Drones," *Jerusalem Post*, September 8, 2015, https://www.jpost.com/Israel-News/Politics-And-Diplomacy/Report-Russia-purchased-ten-Israeli-drones-415575

38 Wim Zwijnenburg and Foeke Postma, "Unmanned Ambitions: Security Implications of Growing Proliferation in Emerging Military Drone Markets,"

무인항공기 기술이 확산되고 새로운 생산자들이 등장하면서, 미국은 무인항공기 수출, 특히 군사용 무인항공기 수출에 있어서 이전과는 다른 정책을 추진할 가능성이 높아지고 있다. 그리고 미국의 정책 변화는 다른 국가들에게도 영향을 미쳐 추가적인 정책 변화로 이어질 가능성이 높다. 오바마 행정부와는 달리, 트럼프 대통령은 무인항공기 시스템에 대한 수출 방침을 변경하려고 시도했다고 한다. 만약 미국이 정책을 변경했다면, 타격이 가능한 기술을 갖춘 소형 무인정찰기의 판매를 막는 장벽을 허물었을 것이고, 더 발전된 모델인 베테랑 MQ-1 프레데터 무인정찰기[39]나 MQ-9A 리퍼(Reaper)에 비해 더 우수한 사거리와 무기탑재 능력을 갖춘 소형 무인항공기가 시장에 등장했을 것이다. 미국 방위산업은 자신들의 고객 기반을 확대하고 궁극적으로 매출과 수익을 증가시키려고 하기 때문에, 수출장벽을 낮추는 데 찬성하고 있다. 반면 미국 정부 내부의 일각에서는 공격형 무인항공기 판매가 늘어나면 주변국 및 자국 국민에 대한 무책임한 행동을 하기 쉬운 정부들까지 무인항공기를 구입할 것이며, 무기로 사용될 것이라고 우려하면서 정책 변경에 반대했다.[40]

무인항공기 분야에서 일어나고 있는 세계적인 변화를 감안하여,

(Utrecht: Pax for Peace, 2018), pp.18~35, https://www.paxforpeace.nl/publications/all-publications/ unmanned-ambitions

39 Horowitz and Schwartz, "A New U.S. Policy Makes It (Somewhat) Easier to Export Drones."

40 Mike Stone and Matt Spetalnick, "Exclusive: Trump to Boost Exports of LethalDrones to More U.S. Allies — Sources," *Reuters*, March 18, 2018, https://www.reuters.com/article/us-usa-arms-drones-exclusive/exclusive-trump-to-boost-exports-of-lethal-drones-to-more-u-s-allies-sources-idUSKBN1GW12D

기존의 질서를 제한하거나 변경하기 위한 몇 가지 방안이 구상되고 있다. 국제연합 군축 연구소(UNIDIR)는 무장 무인항공기에 대한 투명성, 감시, 법적 책임의 확대를 강조한다.[41] 미국은 2016년에 UAV 수출을 규제하기 위한 일련의 원칙을 담은 문서의 초안을 작성하고 주요 국가들에게 회람했다. 지금까지 40개국이 이 문서에 서명했지만, 무인항공기 주요 생산국가에 속하는 프랑스, 러시아, 중국, 브라질은 이 문서에 서명하기를 거부했다. 이스라엘 또한 이 문서에 의해 무인항공기 분야에서 세계적인 사업 활동이 제한될 것을 우려하고 있다.[42]

시스템의 확산과 변화를 살펴본다면, 우리는 한때 무인항공기 분야에서 최고였던 나라들이라도 자신들의 우위를 유지하기 위해 더 열심히 노력해야 하며, 그렇지 않으면 무인항공기 기술에서의 우위를 상실할 수 있다는 교훈을 얻을 수 있다. 게다가 우리는 또한 모든 국가가 비국가 행위자의 무인항공기 사용에 대응하기 위해 더 열심히 노력해야 한다는 교훈 또한 도출할 수 있다. 그리고 최근에는 무인항공기 분야에서, 특히 일반적인 기술 영역에서도 마찬가지로 국가 행위자의 이점을 유지하기 위해서는 더 많은 노력이 요구되고 있다.

---

41 UNIDIR, "Increasing Transparency, Oversight and Accountability of Armed Unmanned Aerial Vehicles," (2017), http://www.unidir.org/files/publications/pdfs/increasing-transparency-oversightand-accountability-of-armed-unmanned-aerial-vehicles-en-692.pdf

42 Gili Cohen, "Israel Refuses to Sign US Document Regulating Attack Drones," *Haaretz*, October 23, 2016. https://www.haaretz.com/israel-news/premium-israel-won-t-sign-u-s-document-regulating-attack-drones-1.5452346

5. 결론

이스라엘은 세계 유수의 무인항공기 사용자 및 수출업체 중 하나이며, 50년 동안 무인항공기를 운영해온 경험을 갖고 있다. 최근 몇 년 사이 새로운 행위자들이 무인항공기 시장에 진출하고 이전까지 무인항공기를 개발하고 생산했던 베테랑 국가들이 기존 정책을 변경하면서, 무인항공기의 세계적 확산이라는 새로운 도전요인이 등장하고 있다. 이러한 발전에 의해 무인항공기 수출 측면에서 이스라엘은 새로운 도전에 직면하고 있다. 게다가 무인항공기의 확산으로 – 특히 무인항공기 기술이 적대 세력, 국가 및 비국가 행위자들의 손에 들어감으로써 – 이스라엘을 비롯한 많은 국가들은 군사적 분야에서 새로운 공중 위협에 직면하게 되었다.

그럼에도 불구하고, 이스라엘은 여전히 개발 분야와 작전 경험, 특히 비대칭 분쟁에서 세계 최고의 경험을 축적했다. 국가 내에서나 국제적으로나 여론의 영향을 많이 받는 자유민주주의 국가인 이스라엘은 테러조직과의 비대칭 분쟁에서 많은 제약요인 및 도전요인에 직면하고 있다. 무인항공기를 사용하면서, 이스라엘은 군사분쟁에서 더욱 효과적으로 전술 목표를 달성할 수 있게 되었고, 동시에 군과 정책입안자들이 분쟁의 또 다른 핵심 사항을 다룰 수 있는 전략적 이점을 확보했다. 오늘날 첨단 무인항공기 덕분에 국가는 ISR 능력을 획기적으로 강화하고 잠재적인 부수 피해와 비전투적 사상자 수를 감소시킬 수 있게 되었다. 특히 운영자가 최소한의 위험으로 군사력을 사용할 수 있게 되었다. 이러한 측면에서 무인항공기는 어떤 국가, 특히 격렬한 갈등에 직면한 민주국가가 사용할 수 있는 최고의 군사도구라고 평가할 수 있다.

제2부

한국 육군의 군사혁신

Military Innovation of the ROK Army

현재 한국 육군은 비전 2030을 발표하고 군사혁신을 통하여 한국 육군을 "한계를 넘어서는 초일류 육군"으로 탈바꿈하겠다고 선언했다. 병력자원의 감소, 전력 노후화, 국민의 군에 대한 신뢰 약화, 그리고 동아시아/한반도 전략환경 급변 등으로 요약되는 위기를 인식하고, 이에 육군이 "첨단과학기술군"으로 도약해야 한다는 것이다. 이러한 변화 자체에 대해서는 모두가 그 필요성을 인정하지만, 과연 그 변화의 실현가능성과 방향이 어떠할지에 대해서는 의구심이 존재할 수 있다. 그렇다면 한국 육군의 군사혁신은 과거에 어떻게 이루어졌고 현재의 논의에 대해서는 어떠한 평가를 할 수 있는가? 이와 같은 질문은 한국 육군의 군사혁신을 평가하는 데 핵심적인 사안이다.

첫 번째로 검토해야 하는 사항은 과거의 경험이다. 즉, 지금까지 한국 육군은 군사혁신을 어떻게 추진했고 어떠한 태도를 취했는가? 군사혁신은 단순히 새로운 무기를 지급하고 새로운 군사기술을 도입하는 것을 넘어서며, 혁신 과정에서 기존의 조직과 훈련 등까지 변화되어야 한다. 그렇다면 지금까지 한국 육군의 조직 및 문화, 그리고 작전운용 개념의 혁신 노력은 어떠했는가? 육군 내부의 변화에 대한 연구가 많지 않고 내부 자료에 대한 접근이 쉽지 않은 상황에서, 해당 주제는 거의 연구되지 않았다. 신무기 도입에 국한되지 않고 진정한 군사혁신을 성공시키기 위한 조직 및 문화의 변화 그리고 작전운용 개념의 혁신에 대한 질문은 항상 등장해야 하며 등장할 수밖에 없다. 그리고 이와 관련된 한국 육군의 경험은 매우 소중하다.

두 번째 사항은 비전 2030이다. 한국 육군의 군사혁신 계획인 비전 2030은 한국군의 첨단과학기술군으로 변혁을 제시하고 있다. 그렇다면 2019/2020년 시점에서 비전 2030을 어떻게 평가할 수 있을까? 한국 육군이 제시한 최종 목표와 방법은 적절한가? 군사기술은 계속 발전하고 그 기술을 사용하게 되는 정치적 환경 또한 유동적이기 때문에, 군사혁신의 핵심은 이러한 외부 환경의 도전요인에 응전하는 것이다. 특히 군사적 적용 가능성이 풍부한 민간 기술은 이미 확산되어 있기 때문에, 군사혁신은 결국 절대적으로 뛰고 있는가의 문제가 아니라 상대적으로 누가 더 빨리 뛰는가의 문제이다. 특히 군사기술적 환경인 "전쟁의 미래"가 변화하고 있기 때문에, 현재 시점에서 그대로 있기 위해서라도 항상 뛰어야 하며 앞으로 나아가기 위해서는 더욱 빨리 뛰어야 한다. 그렇다면 어떻게 더 빨리 뛰고 동시에 어디를 향해 뛰어야 하는가? 이에 대한 명확한 이해가 필요하다.

세 번째 사안은 비전 2030 이후의 변화이다. 군사혁신의 핵심인 군사기술의 발전은 정체되지 않으며, 따라서 군사기술의 발전과 변화하는 정치적 상황에 대한 응전으로 정의할 수 있는 군사혁신 또한 종착역 없이 끝없이 지속된다. 이것은 절망적인 상황이며, 종착역이 없는 초장거리 달리기이다. 즉, 비전 2030 이후에는 비전 2050이 필요하며, 그다음에 비전 2070과 2090이 필요할 것이다. 그렇다면 비전 2050은 어떠한 형태일 것인가? 즉, 2050년을 상정하는 경우에 사용하게 될 군사기술은 — 즉, "전쟁의 미래"는 — 어떠하며, 동시에 그 군사력을 사용하게 되는 정치적 환경은 — 즉, "미래의 전쟁"은 — 어떠할 것인가? 미래를 예측하는 것은 쉽지 않지만, 군사혁신을 위해서는 반드시 수행해야 하는 과제이다.

제4장

한국 육군 군사혁신의 특성

1983년 '군사이론의 대국화 운동', 2004·2007년 '육군 문화혁신 운동' 사례 분석을 중심으로

남보람

1. 들어가며

군사혁신은 군사력 강화를 목적으로 한다. 혁신 대상으로서 군사력은 대개 작전과 훈련, 조직과 편제, 무기와 장비로 대별한다. 작전과 훈련의 혁신을 꾀하는 것을 '작전운용 혁신(Operational Innovation)'이라고 한다. 작전운용 혁신은 교리·교범 개발에 역점을 둔다. 미 육군교육사령부는 교리·교범 개발이 나머지 분야의 혁신을 추동한다는 신념을 갖고 있다. 조직과 편제의 혁신을 꾀하는 것은 '조직편제 혁신(Organizational Innovation)'이다. 조직편제 혁신은 군 구조 개혁, 편제 개편에 집중한다. 군대는 신교리나 신무기에 의한 급격한 변화보다는 군 구조 개혁과 편제 개편을 통한 단계적 변화를 추구하는 경향이 있다. 무기와 장비의 혁신을 꾀하는 것은 '군사기술 혁명(Military Technical Revolution: MTR)'이다. 군사기술 혁명은 과학 발전에 역점을 둔다. 어떤 이들은 군사과학기술의 발전이 작전과 훈련, 조직과 편제의 그것을 추동한다고 주장한다.[1] 미 국방부에서는 작전운용 혁신, 조직편제 혁신, 군사기술 혁명을 합쳐서 '군사분야 혁명(RMA: Revolution in Military Affairs)'이라고 부른다.[2] 군사력 강화의 과학과 기술을 국가 수준에서 정립한 것이다.

그런데 위와 같은 이론적 일반화를 한국군에 적용하는 것은 쉽지 않다. 한국도 군사력 강화를 추구해왔지만 그 속의 사건, 현상들은 단편적이고 분절적이다. 한국군의 군사분야 혁명 노력 속에는 작전운용 혁신, 조직편제 혁신, 군사기술 혁명 등의 요소가 흩뿌려져 있다. 시간적인 전후관계는 있는데 논리적 인과관계는 보이지 않는다. 혁신과 혁명에서 사건, 우연, 열정과 같은 요소가 큰 역할을 한다는 것을 감안하더라도 한국군 군사분야 혁명의 과거는 추적하기 어렵다.

그래도 연구자는 일관된 설명을 만들고 싶어 한다. 의도적인 방법론적 단순화를 시도한다. 추상적 집단으로 사람을 대체하고 구조 속에 사건을 묻는다. 변수를 추출하고 결정적 요소를 찾는다. 그러나 안타깝게도 한국군 군사분야 혁명에는 그러한 변수, 결정적 요소가 보이지 않는다. (성공했든 실패했든) 시도한 혁신·혁명에 장기 지속과 국면을 가진 주체가 없고 구조라 부를 만한 것이 없다. 무엇보다 군사분야 혁명의 내용을 분석할 만한 자료가 남아 있지 않다. 그렇기에 선행 연구도 없다. 이런 상황에서 유용한 것은 '상황'을 중심으로 접

---

1 Thomas A. Keaney and Eliot A. Cohen, *Gulf War Air Power Survey: Summary Report* (Washington D.C.: The Air Force Historical Research Agency, 1993), p.238.

2 James R. Fitzsimonds and Jan M. Van Tol, "Revolutions in Military Affairs," *Joint Forces Quarterly* (Spring 1994), pp.30~31.

근하는 것이다. 특정 사건을 6하 원칙에 의해서 서술하고 먼저 일어난 사건과 나중에 일어난 사건 사이의 관계를 추론하는 것이다. 이것이 잘 된다면 후속 연구에 유용한 출발점이 생긴다.[3]

이 글은 한국 육군에서 '군사분야 혁명'이라고 부를 만한 (거의 유일한) 세 사건을 구체적으로 살핀다. 1983년의 '군사이론의 대국화 운동', 2004년과 2007년 두 번에 걸친 '문화혁신 운동'이다. 각각 작전운용 혁신과 조직편제 혁신의 일종으로 분류할 수 있다. 모두 육군본부 차원에서 육군 혁신을 위한 핵심 사업으로 추진했다. '군사이론의 대국화 운동'은 혁신의 내용을 중심으로 분석하고, '문화혁신 운동'은 혁신의 구조를 중심으로 분석하겠다.

2. 한국 육군의 작전운용 혁신 사례: 1983년 '군사이론의 대국화(大國化) 운동'

1) 추진 배경

1983년 10월 17일 육군본부에서 『군사이론의 대국화 추진방향』(이하 "군사이론의 대국화")을 발간했다. 책자의 성격은 지침서(guidebook)였다. 서두에 연구발간 배경을 밝혔다. "육군은 창군 초기에 대외 의존적 성장을 했고 그 과정에서 독창적·포괄적인 군사이론을 발전시키지 못했다. 군사이론의 부재는 오늘날 육군 발전 저해의 구조적·근본적 문제점이 되어 장차전 승리를 장담할 수 없는 지경이 되었다.

3 에릭 홉스봄, 『역사론』, 강성호 옮김(민음사, 2002), 304~307쪽.

따라서 현재 육군이 강군이 되기 위해 가장 긴요한 것이 간부들의 군사이론 연구"라는 것이다. 작전운용, 조직편제, 군사기술 등의 발전을 논할 형편이 안 되니 우선 토대를 마련하자는 문제의식을 갖고 있었다. 그리고 기왕 추진하는 바에 주변 4강국의 각축, 3차 대전에서 생존할 수 있도록 세계 일류 수준 군사이론을 연구·창안하여 '군사이론 대국'이 되자고 했다.[4] 이런 인식 전환, 연구 붐을 '군사이론 대국화 운동'이라고 불렀다.

'군사이론 대국화 운동'의 핵심은 "군사이론의 대국화" 책자이다. '말로만 떠들고 행정적으로 보이기 식이 되지 않게 책을 내서 내실있게 진행하자'고 하여 군 내 각 분야 전문가를 모아 연구를 시작했다.[5] 결과물인 책자는 총 6개 장으로 구성되어 있으며 결언부에는 각 장의 핵심을 짧게 요약하고 인용 인물, 참고 서지, 용어 설명 등을 추가했다.

"군사이론의 대국화"는 육군 모든 간부를 위한 지침서인 만큼 모두가 공감할 수 있으면서도 계급 고하를 막론하고 이해 가능한 수준으로 작성해야 했다. 그래서 제1장 '군사이론 대국화의 의의'는 공감대 형성을, 제2장 '군사이론의 일반적 개념'은 내용 이해를 중심으로 집필했다. 제3장과 제4장은 '군사사상 및 이론의 발전경향', '군사이론 발전을 위한 각국의 노력'으로 군사이론 발전의 과거와 현재를 간략히 서술한 것이다. 제5장과 제6장이 "군사이론의 대국화"의 핵심인데 각각 현 실태 및 문제점, 발전방향 및 향후추진을 제시했다. 각

---

4 육군본부, 『군사이론의 대국화 추진방향: 새 시대 육군 발전방향』(육군본부, 1983), 황영시 육군참모총장의 서언 중에서.

5 김○○ 예) 장군 인터뷰, 2019. 3. 26. 서울 마포.

장 내용을 요약·정리하고 비판적으로 분석하면 다음과 같다.

2) 내용 분석 및 평가

(1) 서언

가. 내용

"군사이론의 대국화"란 "군사이론을 고도로 발전시키고 그 역할과 기능을 완벽하게 발휘토록 함으로써 주어진 여건상에서 그 국가의 군사적 역량을 극대화할 수 있는 상태를 말하는 것"으로 "전쟁철학, 전략사상, 군사관리기법, 그리고 군사과학기술 등에 관한 최첨단의 창조적 군사이론을 연구·정립하여 군사이론 분야에서 세계 최고의 기반을 확립하는 동시에 이러한 군사이론을 군관민의 관계 요원이 공통된 의식구조로 내면화시켜 국가나 군이 진취적 군사사상으로 철저히 무장하여 일단 유사시 상상을 초월하는 역량을 발휘할 수 있도록 하는 것"이다.[6] 그러면서 "이스라엘과 같은 최고 최선의 막강한 군사력을 건설·유지하고, 이스라엘 군대와 같은 수준의 군사사상 내지는 군사이론"을 추구해야 한다고 했다.[7]

이를 현실화할 수 있는 개략 방안으로는 "독창적이고도 최선진 첨단 군사이론을 연구·창출하여 최고 최강의 군사력을 건설·유지"하고, "군사력 운용능력을 고도화함으로써 어떠한 도발도 억지할 수 있을 만큼의 종합전력을 확보"하며, "한국군의 군사사상 및 이론과 군사적 잠재역량을 북괴는 물론 미, 소, 중, 일 등 모든 관계국들로

6 육군본부, 『군사이론의 대국화 추진방향: 새 시대 육군 발전방향』, 9~10쪽.

7 같은 책, 10쪽.

하여금 깊이 인식케 하여 우리의 국가의지 관철을 뒷받침"할 수 있게 하고, "배가된 한국군의 우수 인재들 가운데서 세계적 군사과학 이론가를 배출시켜 노벨상 수상은 물론, 전쟁이론, 군사전략, 전투기술, 과학무기 장비 등 군사에 관계되는 모든 분야에서 세계 정상을 차지" 하는 것을 내세웠다.[8]

나. 평가: 모든 것에 대비하는 프로그램

군대에 "모든 것에 대비하는 것은 아무것도 대비하지 않는 것과 같다"는 금언이 있다. 군대의 대비는 현실적으로 달성 가능한 것부터 하는 것이 원칙이다. 야전 기준교범인 『작전』에 명시된 '전쟁의 원칙' 중 '목표의 원칙'에서 중요한 요소는 '달성 가능성'이다. 즉, 군대가 계획을 세워 무언가를 추진할 때 항상 되물어야 하는 것은 "과연 이게 가능한 계획인가?" 하는 점이다. 그런데 "군사이론의 대국화"는 모든 것에 대비하고자 했다. 가능한 계획이 아니다. 제시한 각 목표도 비현실적이다. 이것이 당시 실현 가능한 것이었는지 예비역 장군, 국방대 교수, 교육사 연구장교, 군사연구소 연구원에게 문의했으나 가능하다고 대답한 이가 없었다.[9]

프러시아군 총참모장 슐리펜(Alfred Count von Schlieffen)은 유럽 북서부에 주공을 집중하는 '슐리펜 메모'를 남긴 바 있다. 메모에서 확

8 같은 책, 10~11쪽.

9 주○ ○ 예) 장군, 노○ ○ 교수 인터뷰, 2019. 3. 5. 서울 용산; 박○ ○ 중령, 김○ 소령 인터뷰, 2009. 3. 29. 충남 계룡. 단적으로 36년이 지난 지금도 우리 군에는 이스라엘 군대 수준의 군사사상이 없고 1983년 군사이론의 대국화 계획에서 목표를 삼았던 군사과학 이론 부분의 노벨상이라는 것은 처음부터 존재하지 않는다.

인할 수 있는 일관된 전승 원칙은 '선택과 집중'이다.[10] 1983년 '군사이론의 대국화 운동' 추진 주체도 선택과 집중이 필요했다. 한 교육사령부 근무경험자는 "전쟁철학, 전략사상, 군사관리기법, 그리고 군사과학기술 등에 관한 최첨단의 창조적 군사이론을 연구·정립하여 군사이론 분야에서 세계 최고의 기반을 확립하자"라고 할 것이 아니라, "군사이론 중에서도 기준이 되는 『작전』 교범 등 5~10권을 제대로 성안하자는 정도의 목표를 제시했다면 좋았을 것"이라고 말했다.[11] 일단 교범이 나와야 이를 토대로 교육훈련 체계, 육군운용 개념 등을 개선하고 관련 제도와 예산을 확보할 수 있기 때문이다.[12]

그렇다면 왜 이처럼 비현실적 목표를 상정했던 것일까. 2000년대 초반 '군사학 학문체계 정립'과 관련하여 "군사이론의 대국화"를 분석했던 한 군사학과 교수는 "참모총장은 지시만 하고 부장급 장군들은 중간 보고만 받는 방식으로 일을 처리했는데 그렇게 하다 보니 책을 쓰고 보고서를 만들어서 보고하는 모든 일이 실무자에게 맡겨졌다"라면서, "맨 꼭대기에서도 '군사이론의 대국화를 해야 한다', 그 다음 부장도 처장도 과장도 '군사이론의 대국화를 해야 한다'고 하니까 실무자들이 군사이론을 뭘 얼마나 알아서 그걸 다 썼겠느냐"라고 했다. 결국 분야를 구분해서 실무자들이 분량을 나눈 다음 써온 것을 종합하는 방식으로 "군사이론의 대국화"를 만들었는데 '그 와중에 현실성이니 뭐니 고심할 여유가 있었겠느냐'고도 했다.[13]

---

10 Alfred Count von Schlieffen, "The Schlieffen Plan(1905)" in Gerhard Ritter, *Der Schlieffenplan: Kritik eines Mythos* (München: Oldenbourg, 1956) pp.145~160.

11 김○○ 대령 전화 인터뷰, 2019. 3. 8.

12 주○○ 예) 장군 인터뷰, 2019. 3. 26.

'군사이론 대국화 운동'은 실천 단계로 나아가지 못했다. 『군사이론의 대국화 추진방향: 새 시대 육군 발전방향』이 1983년 10월 발간, 11월 중순 배부된 이후 육군에는 별다른 움직임이 없었다. 관련 세부 지침, 연구문, 논문, 교리, 교범 등이 후속하지 않았다. 야전에서는 하달된 공문에 따라 '군사이론의 대국이 되도록 다 함께 노력하자'는 취지의 선서, 시범식 강의, 실태 점검이 잠시 있다가 사라졌다.

(2) 제1장 '군사이론 대국화의 의의'

가. 내용

어떻게 해야 '군사이론 대국'이 되느냐에 대해 육군은 이렇게 정리했다. 첫째, 한국적 주체성에 입각한 실용적 이론화가 되어야 한다. 둘째, 학문적 체계 정립 일반화·사상화를 추진해야 한다. 셋째, 일반 민간 학문과 연계·강화하여 이론화해야 한다. 넷째, 본질 탐구를 위한 군사이론의 상부 구조를 연구해야 한다.[14]

위 네 가지를 추구함으로써 "우리 민족의 군사적 뿌리 발굴작업을 통한 군사적 전통 확립을 기본 바탕으로 삼고 그 위에 범세계적인 군사사상적 흐름과 군사문제만이 아니라 군사의 제 문제에 관련되는 인문과학, 사회과학, 자연과학 등에 관한 본질적 이론과 학문적 지식 등을 우리의 특수조건에 투영시켜 모든 연구요원들의 군사적 천재성을 통해 하나의 학문적 재창조 과정을 거쳐야만 독창적 이론으로 체계화"한다고 했다.[15]

---

13 노○○ 예) 대령 전화 인터뷰, 2019. 3. 15.

14 육군본부, 『군사이론의 대국화 추진방향: 새 시대 육군 발전방향』, 15~17쪽.

15 같은 책, 17쪽.

나. 평가: 문제와 원인의 동어반복

'군사이론 대국화'를 위해 제시한 방안들은 추상적이고 모호했다. "한국적 주체성에 입각한 실용적 이론화가 되어야 한다"라고 했는데 여기서 '한국적'이란 것은 무엇인지, '한국적 주체성'이란 또 무엇인지 알 수 없다. 이론이 왜 실용적이어야 하는지도 또 그것이 왜 한국적 주체성에 입각해야만 하는지도 명확히 설명하지 못했다. 이와 같은 문제가 "군사이론의 대국화" 전체에서 반복된다. 문제만 꺼내놓고 해법을 제시하지 못하는 것이다. 해법이라고 주장한 것들은 실은 해법이 아니라 제기한 문제를 동어반복한 것이다. "학문적 체계 정립 일반화·사상화를 추진해야 한다"라고 했으면 누가, 무엇을, 어떻게 해야 체계가 정립이 되는지 주장하고 주장을 뒷받침할 예증, 논리를 내놓아야 하는데 다시 "학문적 체계 정립이 되지 않았기 때문에 이제부터라도 학문적 체계 정립을 해야 한다"라고 쓰고 있다.[16]

이렇게 된 원인에 대해 당시 "군사이론 대국화" 성안에 간여한 예비역 장군은 집필자가 중·소령들이었기 때문이라고 했다.[17] 중·소령이라도 '지금까지 군사이론 연구는 사실상 소외되어왔다' 혹은 '우리 군에 고유의 군사이론이 부재하다'는 문제의식은 가질 수 있었을 것이다. 그러나 학문을 체계적으로 공부한 학자가 아니고 전쟁을 경험

16 "군사이론의 대국화"의 서술은 통상 다음과 같이 쳇바퀴를 돈다. '현재 군사이론의 문제가 무엇인가?' → '과거에 군사이론을 연구하지 않은 것이 문제이다' → '이 문제를 해결하려면 어떻게 해야 하는가' → '앞으로 군사이론을 연구해야 한다' → '앞으로 군사이론을 연구하려면 어떻게 해야 하는가?' → '과거의 문제가 반복되지 않게 최선을 다해 군사이론을 연구해야 한다'. "지금부터라도 군사이론의 출발점인 군사이론 개념을 연구하지 않으면 주변국과의 군사경쟁에 뒤처질 것이다" 같은 부분이 대표적이다. 같은 책, 7~9쪽.

17 김○○ 예) 장군, 주○○ 예) 장군 인터뷰, 2019. 3. 26. 서울 마포.

한 참전자도 아닌 실무자급 장교가 군사이론 대국화를 위한 구체적 해법을 내놓기는 어려웠을 것이다.

(3) 제2장 '군사이론의 일반적 개념', 제3장 '군사사상 및 이론의 발전 경향', 제4장 '군사이론 발전을 위한 각국의 노력'

가. 내용

제2, 3, 4장의 성격은 장교들을 위한 군사이론 교과서이다. 군사이론의 현재적 정의를 설명하고, 지금까지 발전한 역사적 과정을 기술했다. 제2장의 핵심은 '군사의 문제를 탐구하는 것은 학문적 활동이며, 군사학은 사상과 이론을 갖춘 독립적 학문 분과'라고 주장하는 것이다. 그러기 위해 군사이론, 군사학, 군사사상의 정의, 관계를 설명했다. 군사이론은 "사실상 일종의 논리학적 동일체로서 군사라는 사상적 본체를 그 존재양식, 역할 수행 및 연구발전 수단이라는 세 가지 차원에서 설명한 것"이라고 했다. 그러면서 군사이론은 "군사학의 학문적 연구대상인 동시에 결과이며, 연구를 통하여 형성된 사상의 이론적 체계"라고 했다. 군사학은 "군사이론과 군사사상을 연구하고 발전시키는 수단", 군사사상은 "궁극적으로 군사이론에 생명을 불어넣어 어떠한 역할 능력을 부여해주는 것"이라고 했다.[18]

제3장은 군사학이 고래로 어떻게 발전하여 지금에 이르렀는지 기술했다. 군사학의 역사성·정통성을 뒷받침하기 위한 장인데 마지막 절에서는 '한국의 군사적 전통'을 기술하면서 삼국시대 이래 '선각자들에 의해 위대한 노력이 있었으나 이조(李朝)의 일반적 경향이 군사발전에 무관심하여 망국의 치욕을 겪었다'고 결론지었다.[19]

---

18 육군본부, 『군사이론의 대국화 추진방향 : 새 시대 육군 발전방향』, 22~23쪽.

제4장은 미국, 소련, 독일, 일본, 이스라엘 등 소위 군사강국의 군사이론 발전 노력을 분석하고 공통점을 추출했다. 이를 마지막 절에서 '군사이론 대국화의 일반적 요인'으로 정리했는데 첫째, 확고한 민족적 전통과 범민족적 상무정신, 둘째, 민간 기관과 대학에서 군사학을 연구하면서 민과 군이 합동으로 군사이론을 연구·발전시키는 것, 셋째, 군 내 핵심인재 육성과 연구풍토를 정착시키기 위한 제도와 예산 뒷받침 등이다.[20]

나. 평가: 제목 위주의 과도한 요약

제2, 3, 4장은 "군사학은 이론적·사상적으로 탐구할 만한 학문 분과이며 군사강국은 군사이론을 중심으로 군사력을 발전시켜왔다"라는 주장으로 시작한다. 그런데 군사학이 왜 탐구할 만한가에 대한 고찰이 없다. '이론적·사상적으로 탐구할 만한 학문 분과'라고 주장만 하고 왜 그런지 설명하지 않았다. 당연한 것이어서 굳이 설명할 필요가 없었다고 볼 수도 있지만 그렇지는 않다. 1980년대에 군사학은 독립된 학문 분과로 인정받지 못했고 지금처럼 학위 과정도 없었다.[21]

19 같은 책, 44~45쪽.

20 같은 책, 155~158쪽.

21 이런 이유로 군사학의 학문체계 정립에 관한 본격적 논의는 시간이 한참 흐른 1999년에서야 가능해진다. 이종학, "한국 군사학의 발전방향", 『군사학 학문체계 및 교육체계』, 세미나 발표집 (육군사관학교 화랑대연구소, 1999); 군사학 학문체계 연구위원회, "군사학 학문체계와 교육체계 연구", 정책 보고서 (육군사관학교 화랑대연구소, 2000); 윤종호, "군사학 학문체계 정립 및 군사학 학위 수여 방안", 정책연구과제 (국방부 인사관리과, 2002); 이승희 외, "일반대학 군사학 교육개선 및 확산 방안", 정책연구과제 (국방대학교 안보문제연구소, 2003) 참조.

'군사학은 탐구할 만하다'는 논지를 펴지 못한 이유는 시간과 능력의 부족이다. 1983년 당시 집필자는 기존에 출간된 일반 서적, 육사 교재, 군 내 발간물, 내부 보고서의 핵심을 정리하여 군사이론이 왜 탐구할 만한지 보이려고 했던 것 같다. 그러나 여러 서적을 읽고 요약하는 것으로는 그런 목적을 달성할 수 없었다. 요약에 참고한 원전, 데이터, 출처 등을 제대로 밝히지 않은 것도 아쉽다. 출처 불명의 요약문은 신뢰도가 낮고 후속 연구를 진행하기 어렵게 만든다. 참모총장이 지시하여 육군본부에서 추진한 프로그램인데도 불구하고 후속 정책이나 연구가 없는 것은 이 때문이다.

(4) 제5장 '한국의 군사이론 발전풍토'

가. 내용

제5장의 주요 내용은 한국군 군사이론 현실을 분석하여 스스로 비판한 것이다. 절별로 한국군 문제를 지적했는데 그 내용은 각각 독자적 군사사상 부재, 인재육성 노력 부족, 군사이론 연구풍토 미비, 시책 및 제도 결함 등이다. 그리고 이를 마지막 절에 '군사이론 대국화 추진의 저해요인'으로 정리했다.

제5장의 비판 강도는 매우 강하다. 이를테면 "한국 군복을 입고 있는 한국인은 있되, 한국군다운 한국 특유의 군사적 사고방식을 가진 참된 한국 군인은 존재하지 않는다"라는 표현이 대표적이다.[22] 다른 절도 이와 같이 한국군 군사이론 현실을 강하게 비판하고 있다.

---

22 육군본부, 『군사이론의 대국화 추진방향: 새 시대 육군 발전방향』, 165쪽.

나. 평가: 비판을 위한 비판

문제의식을 갖고 스스로 비판하는 것은 좋은데 방법이 비논리적·비학문적이다. 권위 있는 기준이나 체계적인 분석은 보이지 않는다. 이를테면 "한국 군복을 입고 있는 한국인", "참된 한국 군인"이란 누구인지, "한국군다운", "한국 특유"의 것은 어떤 요소로 구성되어 있는지, "군사적 사고방식"이란 무엇을 지칭하는지 알 수 없다. 주장의 근거를 찾아볼 각주도 없다. 이렇게 된 원인에 대해 유사한 업무를 했던 한 실무자는 "분석에 의해서 학문적인 연구를 수행하지 않고, 여러 사람에게 각자 안을 하나씩 내라고 한 다음 종합한다. 그리고 그것을 다시 회람시키면서 '마음에 드는 안에 표시하라'고 한 뒤 가장 표를 많이 받은 것을 선정한다. 이렇게 업무를 하는 경우 통상 그와 같은 결과가 나온다"라고 의견을 제시했다.[23]

비판을 하기 위해서 비판하는 듯한 뉘앙스의 문장도 많다. "군사이론의 발전을 위해서는 일반 국민들, 특히 민간학계의 관심과 연구 노력이 뒷받침되어야 하는데 한국의 경우에는 이런 면에서 결코 만족스러운 실정이 아니다" 같은 경우가 대표적이다.[24] 대안이 없는 비판인데, 대안이 없는 이유는 현실적으로 가능치 않은 일을 언급했기 때문이다. 1980년대의 국민과 일반 학자는 군사이론에 관심을 가질 수 없었다. 국방정책과 야전교범이 비밀로 묶여 있어 물리적으로 접

---

23 육군 연구부서에서 비전 수립을 담당했던 한 장교는 "비전을 무엇으로 할 것인지 구성원 모두 생각이 달라서 토론이 거듭되고 제자리걸음을 하다가 결국 끝에 가서는 지금까지 나온 안을 다 모아놓고 부서장들이 모여 거수로 비전을 정했다. 그런 것은 비전이 아니라고 생각한다"라고 토로했다. 남○○ 중령 전화 인터뷰, 2019. 3. 7.

24 육군본부, 『군사이론의 대국화 추진방향: 새 시대 육군 발전방향』, 183쪽.

근 자체가 불가능했다. 이는 지금도 마찬가지이다.

(5) 제6장 '발전방향'

가. 내용 및 평가

제6장은 "군사이론의 대국화"의 핵심이라고 할 수 있다. 제5장까지의 내용은 결국 제6장의 '발전방향'을 도출하기 위한 과정이었다고 볼 수 있다. 그러나 제6장은 무엇을 어떻게 해야 하는지에 대해 말하지 않고 있다. 내용을 간단히 소개하고 문제점 위주로 비판하면 다음과 같다.

제1절은 '한국 고유의 군사사상 및 이론의 정립'이다. "한국의 전통적 군사사상 및 이론을 현대에 재정리·조명해보고 현존하는 모든 세계 군사이론을 두루 섭렵하여 이것을 우리의 특수여건과 조화시키면서 일반 학문적 지혜를 빌려 이를 재창조·정립함으로써 우리의 특성에 부합되는 독자적 군사사상 및 이론을 창출할 수 있다"라고 했다.[25] 앞선 제5장에서는 '한국 특유의 군사적 사고방식이 정립되어 있지 않고 따라서 한국의 여건에 부합한 군사이론적 토대가 전혀 없다'고 했는데, 토대조차 없는 상황에서 어떻게 독자적 사상과 이론을 창출할 수 있다고 주장하는지 논리가 부실하다.

제2절은 '군사이론 발전을 위한 핵심 연구기관 설립'이다. 이는 "육군의 군사 사상 및 이론 연구를 주도하는 핵심 기구를 창설·상설기구화"하자는 것인데[26] 이미 그러한 취지하에 설립되어 제 기능을 하고 있는 교육사령부가 있는데 어떤 기구를 더 창설해야 한다는 것

25 같은 책, 196쪽.

26 같은 책, 196~197쪽.

인지 명확하지 않다. 이를 의식한 듯 "교육사의 기능과 중복되지 않는 범위 내에서 육군의 모든 연구업무를 통합적으로 관리"하는 것이 핵심 기구의 임무라고 했는데, 그렇게 하면 교육사령부를 관리하는 육군본부 밑에 또 다른 옥상옥(屋上屋)을 두는 역효과가 날 뿐이다.

제3절은 '군내 군사학 연구회 활동 장려'이다. "제5공화국의 창조, 개혁, 발전 의지의 정신으로 군사이론의 대국화를 추진하게 된 만큼 하향식의 지시가 아니라 스스로 군사학 연구에 관심을 가진 모든 간부들로 하여금 상호 학문적인 협력하에서 서로의 군사 지식을 기르고 나아가, 고도 전문이론의 발전에 기여할 수 있도록 군사학 연구회 활동을 시도해야 하겠다"라고 했다.[27] '하향식 지시가 아닌 자발적 활동을 해야 한다'는 당위는 '간부들이 군사학 연구에 관심이 없다'는 현실 진단과 상충한다. '제5공화국의 정신으로 추진하게 되었다'는 표현이 왜 들어갔는지 알 수 없다. '군사학 연구에 관심을 가진 모든 간부들의 학문적 협력'이 어떻게 '고도 전문이론의 발전에 기여'할 수 있다는 것인지 의문이다.

제4절은 '군사문제 연구소의 창설 도입 유도'이다. 일본의 '육전학회'를 예로 들어 인력은 예비역 장교들로 편성하고 육군본부 내에 위치시켰다가 후일 독립시키자고 했다.[28] 앞 장에서는 군사이론을 전문적으로 연구한 장교가 없어 문제라고 해놓고 전역한 장교를 그 연구원으로 편성하자는 것이 앞뒤가 맞지 않는다. 국방개혁 업무를 진행했던 한 교수는 "군사문제 연구 발전의 관건이 민간 학계와의 공동 연구라고 했으면 과감히 민간 연구자를 군 내 연구 핵심 직위에

27 같은 책, 202~203쪽.

28 같은 책, 204~205쪽.

보직하는 등의 제안을 하는 것이 차라리 나았을 것"이라고 했다.[29]

제5절은 '핵심인재의 육성'이다. '군사이론 발전을 위해 가장 중요한 요소는 사람'이라고 하면서 "군사이론을 창출할 수 있는 쓸모 있는 인재"를 육성해야 한다고 했다.[30] 장교단을 과학기술 전문인재, 군사이론 전문인재, 정책 관리형 인재, 군사 지휘형 인재로 구분하여 각기 쓸모대로 육성하자면서 그 모델을 "노벨상까지도 수상할 수 있는 고도의 과학기술을 창출"할 수 있는 과학기술 전문인재, "마키아벨리, 클라우제비쯔, 마한, 두헤, 리델하트 등과 같은 시대를 선도하는 순수 군사이론을 창출"할 수 있는 군사이론 전문인재로 선정했다.[31] '노벨상을 수상할 수 있는 인재'나 '클라우제비쯔 같은 인재'는 육군 정책 목표로 제시할 만한 핵심 혹은 쓸모 있는 인재가 아니라 백 년, 천 년에 한 번 나올 만한 인재이다. 내용의 완전성이 부족하여 장기적 미래 비전을 제시한 것이라 보기도 어렵다.

제6절은 '전문 군사이론 교육의 확충'이다. '미국, 독일, 일본의 영관급 장교 교육 과정처럼 군사이론 교육을 강화해야 한다'고 주장하면서 '기존 육군대학 외에 군사학을 전문적으로 가르치는 정규 2년 학위 과정의 설립이 필요하다'고 했다.[32] 이러한 주장은 당시 추진되고 있던 '국방대학원'의 석사과정 추가 신설 및 '국방대학교' 설립 노력과 맞물려 있었는데, 이미 별도의 정책으로 추진되고 있는 내용을 옮긴 것이어서 큰 의미는 없다.

제7절은 '연구풍토의 조성'이다. 이 풍토란 "최선을 다하여 연구

---

29 노○○ 교수 인터뷰, 2019. 3. 5. 서울 용산.

30 육군본부, 『군사이론의 대국화 추진방향: 새 시대 육군 발전방향』, 206~208쪽.

31 같은 책, 209~213쪽.

32 같은 책, 217쪽.

노력하지 않으면 군에 발을 붙일 수 없도록 만드는 것"이라고 하면서 이것이 '군사이론의 대국화 운동'에 매우 중요한 요소라고 강조했다.[33] 그러면서 육군본부 및 학교 기관의 도서관과 자료실을 야전 각 부대로 분산하고, 번역 역량을 확충하여 외국의 최신 군사자료를 최단시간 내에 간부들이 활용할 수 있도록 지원해야 한다고 했다. 군 간부들에게 일정 기간 내 한 편씩 학술 논문을 제출케 하고, 연구 성과를 게재할 수 있는 다차원의 군사연구지를 발행하고 활성화해야 한다고도 했다.[34] 그러나 위의 모든 제안은 단 하나도 추진되지 않았다.

제8절은 '군-학계 학문적 유대의 강화'이다. 군 출신 학자들을 중심으로 군사학회를 창설하여 범국가적 학술단체로 키우고, 동시에 민간 교수들의 연구를 유도하기 위해 자료 획득에 장애가 되는 보안 규정을 재검토하는 등 정책적 고려를 해야 한다고 했다. 마지막에는 민간 학계를 군사이론 연구에 유입시키고 범국민적인 군사학 연구붐을 조성해야 한다고 다시 강조했다.[35] 이 절은 제5장과 제6장 내용을 반복한 것이다.[36] 이에 대해 관련 업무를 수행 중인 한 연구실무

---

33 그런데 어떤 풍토, 조류, 문화를 조성하는 것은 제도, 예산, 인력을 확충하는 것보다 훨씬 어렵고 오래 걸리는 일이다. 그러나 군은 이를 반대로 생각하는 경향이 있다. 심지어 '군사이론 연구풍토 조성'이 군사이론 연구의 활성화에 필요한 제도, 예산, 인력을 절감하는 하나의 방안이라고 여기기도 한다.

34 육군본부, 『군사이론의 대국화 추진방향: 새 시대 육군 발전방향』, 221~223쪽.

35 같은 책, 225~226쪽.

36 이 외에도 전반에 걸쳐 중언부언이 반복되는데 그 원인은 '군사이론 대국화' 추진의 배경에서 찾을 수 있을 듯하다. '군사이론 대국화'는 1983년 당시 육군참모총장의 지시에 의해 진행되었다. 당시 참모총장은 1983년 12월에 임기 만료 예정이어서 "군사이론의 대국화" 집필·발간이 몇 개월 만에 급히 추진되었다고 한다. "군사이론의 대국화"는 1983년 10월 17일에 발간되었다. 그런데 참모총장은 바람대로 유임되지 못하고 1983년 12월 15일에 교체되었다. 이로 인해

자는 "군사학회가 범국가적 학술단체가 되도록 한다는 것이 무슨 의미이며 그것이 군사이론 발전에 필요한 일인지 모르겠다. 그리고 국민들 사이에 범국민적 군사학 연구 붐을 조성한다는 게 구체적으로 무엇인지 나와 있지도 않고 현실적으로 가능한 일도 아니다"라고 의견을 냈다.[37]

제9절은 '국제교류 및 문호의 확대'이다. 유능한 인재들이 언제든지 해외 군사학술 세미나에 참여할 수 있도록 하고 세계적 권위의 연구소와 교류를 확대하여 우리의 군사지식 수준을 높이자고 했다. 1983년 당시 군의 내부 상황은 장교가 군사학술 세미나 등의 사유로 해외에 출국할 수 있지 않았다.[38] 법과 규정으로 제한되어 있는 불가능한 안을 제시한 것은 부적절하다고 본다.

3) 소결론

"군사이론의 대국화"의 최초 성격은 실천 지침서였다. 그러나 연구가 진행되면서 정책 보고서 성격의 내용이 많이 추가되었다. 제6장 '발전방향'은 정책 보고서이면서 실천 지침서이다. 그러다 보니 보고서로서의 결정성·지속성, 지침서로서의 유용성·만족감 같은 것이 뒤섞여 있다. 또한 각 절이 사용하는 분석 단위와 수준이 다르다.

'군사이론 대국화'는 추동력을 잃고 발간과 동시에 사장되다시피 했다.

37 ○○○ 중령 전화 인터뷰, 2019. 3. 20.

38 이를 의식했는지 본문에서는 "(군인의 군사학술활동 자체가) 제한과 억제의 대상이 되어온 감이 없지 않은데 장차는 경제 여건이 허용하는 한은 우수 실무요원 위주로 해외 연수를 추진"하자고 덧붙였다. 육군본부, 『군사이론의 대국화 추진방향: 새 시대 육군 발전방향』, 227~228쪽.

각 절을 과업을 맡은 부서의 실무자가 나눠서 쓰고 거의 그대로 종합했기 때문이다.

주변 4강 각축에 힘없이 휘말리고 있는 현실, 3차 대전 발발 가능성을 전제한 절박한 고민을 앞세웠지만 내용이 고민을 따라가지 못했다. 제8절을 다시 예로 들면, '군 출신 학자로 군사학회를 창설하자', '그 군사학회를 범국가적 단체로 키우자', '군사학 연구에 장애가 되는 보안 규정을 재검토하자', '민간 학계를 군사이론 연구에 유입시키자', '그리하여 범국민적 군사학 연구 붐을 조성하자'고 했다. 그런데 이를 실행하기 위한 구체적인 내용은 없다. 육군본부에서도 지시사항만 내려갔을 뿐, 후속 확인작업이 따르지 않았다. 별다른 제도와 예산 마련이 필요 없어 보이는 '우수 군사이론 논문을 선정하여 포상하자'는 제안도 그냥 제안으로 끝났다.[39]

어떻게 했어야 육군의 '발전방향'에 담긴 제안이 실현될 수 있었을까? 미 육군 사례에서 힌트를 얻을 수 있다. 1993년 미 육군은 미래전에 대비하기 위한 '육군 현대화 사업'의 하나로 '전장 디지털화(Digitization of the Battlefield)'를 추진하면서 '육군 디지털처'를 신설하고, 디지털 정보를 무기체계에 운용하기 위한 연구개발을 시작했으며, 디지털 부대 야전 실험을 시작했다. 또한 기존 교리와 교범에 디지털 분야 연구 성과를 추가하고, 전장 운용 개념-교육훈련 체계를 연결하는 작업을 했다. 핵심 업무는 별도로 구성된 '전장 디지털화 연구부서'가 수행했으며 이들은 1990년대 말까지 건재했다. 육군 참모차장이 직접 이들의 과업을 후원했고 그의 지시에 의해 '전장 디지털화'에 필요한 제도와 예산을 담당하는 부서, 대외 정보 입수와 협

---

39 육군본부 기록정보단 '기록정보관리시스템' 확인 결과, 2019. 3. 6.

력을 담당하는 부서가 추가로 편성되었다.[40]

미 육군은 닥쳐올 위협을 극복할 수 있는 실현 가능한 방안을 선정했다. 미 육군의 능력으로 다룰 수 있는 구체적 수단과 도구를 염두에 두었다. 기본 연구에 2년, 후속 연구와 과업 추진에 3~5년을 투자했다. 참모차장이 제도와 예산 지원을 직접 챙겼다. 육군협회, 전쟁대학, 지휘참모대학, 교육사 등 다양한 연구 주체들이 '전장 디지털화'를 전장에 실현하기 위해 끊임없이 정책, 교범, 논문을 쏟아냈다. 막대한 예산을 들여 민간의 전문가들을 연구에 참여시켰다.

노력의 결과로 나온 것 중 하나를 예를 들면 *Force XXI Operations*(1994)이다.[41] 다가올 21세기 미 육군의 전략적 대응을 다룬 개념서이다. 유연성, 민첩성, 적응성, 합동성, 모듈화 등 시대를 30년 가까이 앞서간 개념을 담았다.[42] 상기 개념은 2000년대 초반까지 계승·발전되면서 하나하나 교리화·야전교범화되었다. 지금도 미군은 물론 나토 소속 군대들이 *Force XXI Operations*에서 다루었던 개념을 전장에서 쓰고 있다. 핵심 개념은 '총영역작전(Full Dimension Operations)'이었는데 이는 지금까지도 미 육군의 작전 개념을 관통한다. 1990년대 후반까지 '전영역작전(Full Spectrum Operations)', 2018년부터는 '다영역작전(Multi Domain Operations)'으로 응용되고 있다.

---

40 L. Martin Kaplan, *Department of the Army Historical Summary, Fiscal Year 1994* (Center of Military History, U. S. Army, 2000), pp.13~14.

41 TRADOC, *Force XXI Operations*, Pamphlet 525-5 (TRADOC, U.S. Army, 1994). 필요에 따라 제도·예산을 먼저 마련하고 그에 따라 엘리트 전문가를 대거 투입하여 연구·실험을 진행한 결과로 정책 보고서, 실천 지침서를 발간한 것이다. "군사이론의 대국화" 사례와는 정반대이다.

42 TRADOC, *Force XXI Operations*, pp.3-1~3-2.

3. 한국 육군의 조직편제 혁신 사례: 2004·2007년 '문화 혁신 운동'[43]

1) 2004년 '선진정예육군 문화 운동'

(1) 추진 배경 및 내용

'선진정예육군 문화 운동'은 2004년 '한국 육군 문화의 전통을 되살려 현재와 미래에 유용한 가치 기준과 척도를 만드는 것'을 목표로 했다. 2004년 육군참모총장의 지시로 시작했다가 2005년 중반 중단되었다.

보고서에는 군대에는 고유의 '군대 문화'가 있고 그 안에는 '군의 임무 수행에 필요한 판단과 행동의 가치 기준과 척도'가 담겨 있기 때문에 군대 문화의 정립이 필요하다고 했다.[44] 구체적으로는 삼국시대 이래 군대의 문화를 기상·정신·기풍·국방정책·의지 등의 가치 문화, 정치-군사의 통합·규율·규제·주의 등의 규범 문화, 무기와 장비의 개발·전쟁물자 비축·군사교리·방어체계 등의 물질 문화로 대별했다. 그리고 각 요소가 시대별 전쟁 승리에 기여했는지, 패배에 영향을 주었는지 분석하여 승리에 기여한 문화와 패배에 영향을 미친 문화로 구분했다.

결론은 승리에 기여한 문화를 계승·발전시키자는 것이다. 그러

43 2004년의 '선진정예육군 문화 운동'과 2007년의 '육군 문화혁신 운동'은 근본적으로 '군 구성원의 인식과 군 조직 문화를 혁신하자'는 같은 취지의 운동이었다. 이에 둘을 '문화혁신 운동'으로 묶었다.

44 이하 전반적인 내용은 육군본부, "선진정예육군 문화(안)", 내부 문서(육군본부, 2004)를 참조했다.

면서 이렇게 정립된 것을 '선진정예육군 문화'라고 부르자 했다. 선진정예육군 문화를 계승·발전시키는 것은 ① 세계화·정보화·전문화를 지향하고 ② 장차전 승리를 위한 문화적 토대를 마련하며 ③ 선진병영문화 정착으로 민주시민을 육성하는 것과 궤를 같이한다고 했다.[45]

(2) 평가

육군 문화를 정의하고 중요성을 강조하는 등 여러 가지 의의에도 불구하고 '선진정예육군 문화 운동'은 다음과 같은 문제점이 있었다.
첫째, 육군 차원에서 운동을 추진할 만한 권위 있는 정책 보고서 혹은 지침서가 나오지 않았다. 육군참모총장에게 결재받기 위한 보고서와 그 보고서를 관련 근거로 한 지시 공문이 전부였다.[46] 야전에는 15분 분량의 〈선진정예육군〉 비디오가 배부되었는데 장병 정신교육용 정훈 교보재와 크게 다르지 않았다.

둘째, 보고와 지시 이원화이다. 참모총장에게는 개조식으로 요약된 것을 보고하고, 예하 부대에는 십수 장이 넘어가는 지시 문서를 하달했다. 하달된 문서에는 '육군 문화'라고 할 수 있는 모든 것을 '실천 과제'로 선정하여 담았다. 계승·발전·개선·보완시킬 사항을 다 합하면 360건이 넘었다.

셋째, 관련 지시를 받은 예하 부대가 행정 과부하에 걸렸다. 행정

45 육군본부, "육군문화의 뿌리", "육군문화의 형성과 변천", 내부 문서(육군본부, 2004), 5, 17~18쪽.

46 보고서라고 해서 분량이 적거나 내용이 가볍지는 않았다. "육군문화의 뿌리", "육군문화의 형성과 변천"은 기존에 나온 검증된 다음과 같은 연구를 참고하여 작성한 것이었다. 『한민족의 국난극복사』(휘문출판사, 1978), 『국군의 맥』(육군본부, 1992), 『한국군 군대문화의 회고와 발전적 정립』(육사화랑대연구소, 1998).

업무 때문에 실천·감독할 시간이 부족했다. 이 시기 야전에서 정훈 실무장교였던 이는 "수백 건이 넘는 실천 과제 목록에 맞춰서 예하 부대는 실시 계획, 체크리스트를, 그들을 지휘·감독할 참모부는 검검 계획, 점검표를 만드느라 눈 코 뜰 새 없이 바빴다. 정작 중요한 실천을 하려고 보니 '선진정예육군 문화 운동'이 사라지고 없었다"라고 회고했다.[47]

넷째, 운동을 총괄해야 할 육군본부가 실천 과제를 하달하는 것 이외의 다른 무언가를 하지 않은 것이다. 업무를 전담할 부서·인원이 지정되지 않았고 운동이 지속되도록 제도·예산이 마련되지도 않았다.

2) 2007년 '육군 문화혁신 운동'

(1) 추진 배경 및 내용

『육군문화혁신 지침서』(이하 "육군문화혁신")는 2007년 육군본부에서 발간한 책자이다. 표지에는 "육군문화혁신 지침서: Soft Power Up!"이라고 써 있다. 육군은 2006년 '육군 구성원의 사고와 행동에 큰 영향을 미치는 조직문화를 혁신하지 않고는 육군 혁신도 요원하다'는 결론을 내리고 1년여의 연구 끝에 "육군문화혁신"을 발간했다.[48] 그리고 이를 행동으로 확산시키는 모든 활동을 '육군문화혁신 운동'으로 불렀다.

---

47 김○○ 예) 대령 전화 인터뷰, 2019. 3. 15.

48 육군본부 문화혁신기획단, 『육군문화혁신 지침서: Soft Power Up!』(육군본부, 2007), 2~3쪽.

육군 조직문화에 문제가 있다는 지적은 전부터 있었다. 그래서 1999년 육군개혁위원회가 '선진육군문화 운동'을 2004년 육군본부가 '선진정예육군 문화 운동'을 추진했으나 별 성과가 없었다. 이에 육군 문화에 대한 체계적인 연구, 연구결과에 근거한 정책 차원의 육군 문화 개선을 하자고 구성한 것이 '육군본부 문화혁신기획단'이었다. 세 번째 '문화혁신 운동'인 셈이었다.

기획단은 육군 내 정책학·심리학·정치외교학 전문가, 미·일·러 전문가를 중심으로 꾸려졌다. 어느 정도 자리를 잡은 후부터는 육군본부 정책실장이 기획단을 이끌었고 정책처장은 아예 기획단 사무실로 출근했다. 착수보고에서 기획단은 "육군 문화를 관념, 인식의 도구로 하여 육군 구성원의 가치·신념·선호를 통합하고, 육군의 문화를 혁신함으로써 육군 발전의 토대로 삼겠다"라고 육군참모총장에게 보고했다.[49] 기획단은 보고서 말미에 "육군 문화혁신 운동은 '국방개혁2020'이 추구하는 '변화와 혁신'을 '소프트파워 증진'이라는 육군만의 독특한 아이디어로 한층 구체화한 것으로 궁극적 목적은 육군의 전투력을 극대화하는 것이다. 강한 육군의 건설을 위해서는 육군구조개편으로 대표되는 하드파워 정책 이상으로 이를 운용하는 소프트파워(구성원의 정신적 요소, 운용역량 등)가 중요하다"라고 강조했다. 이후로도 참모총장이 수시로 직접 보고를 받았다. 기획단이 요구하는 인사행정 분야 등 각종 조치는 거의 실시간으로 해결되었다.

2007년 "육군문화혁신"이 발간되었다. 육군 문화를 리더십 문화, 정신 문화, 일하는 문화, 병영 문화, 인재육성 문화, 교육훈련 문화로 나눈 후 각각의 문화를 정의한 후 현 실태 및 문제점, 발전방향, 실천

---

49 육군본부 문화혁신기획단, "주간 회의록", 내부 문건 (2006).

과제를 차례로 제시했다. "육군문화혁신"은 이 책자가 체크리스트가 되어서는 안 되며 기획단의 후속 연구와 각 제대별 창의적 아이디어에 의해 보완되어야 한다고 강조했다. "육군문화혁신"이 정책부서, 학교 기관, 야전에 배부된 이후 육군참모총장 경과보고, 전군 장군단 회의 시 발표, 전군 순회교육, 방송언론 홍보, 육군 각 교육과정에 내용 반영, 육군 문화혁신 시범교육, 육군문화혁신 독후감 경진대회 등 크고 작은 행사가 집중적으로 이루어졌다.

그러나 결국 '육군 문화혁신 운동'은 실패했다. '문화가 혁신됐다/안 됐다'를 논하기 전에, 2008년부터 중순 갑자기 모든 것이 멈췄다. 여러 차례에 걸쳐 추진되었던 '육군 문화혁신 운동'이 추동력을 잃고 멈추었던 이유는 무엇일까?

(2) 평가

'육군 문화혁신 운동'의 잘한 점 중 하나는 2004년 '선진정예육군 문화 운동' 계승을 표방하면서 정책 지속성을 강조한 것이다. 잘되면 단절된 2004년의 실패를 묻어버리고 성과를 보다 극대화할 수 있었을 것이다. 그러나 안타깝게도 2007년 '육군 문화혁신 운동'은 2004년과 마찬가지로 실패했다. 그 원인은 다음과 같다.[50]

첫째, 조직 수장이 '지시'만 했기 때문이다. 참모총장 지시에 의해 시작되었기 때문에 그가 퇴임하자 끝났다. 참모총장은 지시만 했다. 자신이 직접 연구를 하거나 글을 발표하지 않았다. 이런 혁신은 성공할 가능성이 낮다.

---

50 이 원인에 대한 추론은 '육군 문화혁신 기획단'에서 논리 개발과 지침서 내용 집필을 맡았던 경험에 근거한 것이다. 남보람, 「전략문화 접근법에 의한 군사교리 연구를 위한 시론」, ≪군사평론≫ (육군대학, 2009. 12.), 22~26쪽.

둘째, T/F라는 게 원래 그렇듯 그 안에 소집된 인사들이 그만그만했기 때문이다. 어느 부서든 핵심 인재, 주요 직위자를 T/F에 내놓지 않는다. 대개 차기 희망 보직으로 가기 전에 간이역이 필요한 사람, 이전 부대에서 있어도 그만 없어도 그만인 사람, 전역이 임박한 고참이 T/F로 가는 것이 우리 군의 현실이다. 그들이 만든 안을 조직 구성원들이 따를 것이라고 기대하기 힘들다.

셋째, T/F가 만든 혁신안에 '이득'이 보이지 않았기 때문이다. 눈에 보이는 이득이 없으면 그것을 따르고 실천할 동기가 부여되지 않는다. 꿈, 비전, 이상, 가치 등 추상적 요소와 전문성, 보직, 평정, 진급 같은 구체적 현실이 동시에 제시되어야 하는데 T/F는 그 정도 수준의 능력이 없었다.

3) 평가

2004년과 2007년에 '문화를 혁신하자'며 시작한 두 운동은 단명했다. 2004년의 것은 1년 반, 2007년의 것은 1년 정도 유지되었다. 우연히도 해당 운동을 주도한 참모총장 보직 기간과 겹친다. 지속발전 가능한 제도, 예산, 인력을 남겼더라면 운동이 이어졌을 텐데 그렇지 못하고 책자만 남았다. 운동을 추진하기까지의 관련 보고서, 책자를 발간하기까지 연구 과정에서 작성한 문서들은 거의 보존되지 않았다. 2007년 '육군 문화혁신 운동'의 경우를 확인해본 결과 관련 보고서, 공문의 이관율이 매우 저조하여 후속연구가 불가능한 지경이다.[51]

---

51 실무자 김○○ 소령 전화 인터뷰, 2019. 3. 4.

성공한 혁신의 다른 사례를 참고했을 때, '육군 문화혁신 운동'의 성공 가능성은 이렇게 했더라면 높아졌을 것이다. 첫째, 참모총장을 비롯한 주요 직위자들이 지시만 하는 것이 아니라 솔선수범하여 연구·집필·발표해야 한다. 지침서, 매뉴얼, 규정(내규), 법안 등을 자신이 직접 써야한다. 이해를 공유하기 위해 직접 구성원을 교육해야 한다. 2018년 10월 15일, 미 육군은 새로운 작전 개념인 '다영역작전' 세미나를 열었다. 발표자들은 육군참모총장, 교육사령관, 교리개발센터장 등으로 3성 장군 이상 급이었다. 환영사나 간단한 소개를 한 것이 아니라 프레젠테이션을 띄워놓고 각자 자신이 연구한 '다영역작전'의 내용을 발표했다. 이는 미군에게 낯선 광경이 아니다. 1960년대 미 국방부의 '군사 의사결정(Military Decision-Making)' 모델과 1976년 미 육군 기준 야전교범 『작전(Operations)』의 창안도 톱-다운 식으로 연구·집필되었고 조직의 수장이 구성원들과 대면하여 그 필요성을 설득했다.[52]

둘째, 혁신을 하려면 최고의 인재를 소집해서 추진해야 한다. 1960년대 미 국방 혁신을 이끈 맥나마라(Robert McNamara) 국방장관이 그렇게 했다. '포드'의 대표직을 맡고 있던 맥나마라는 국방장관직을 제의받자 자신과 함께 일하던 혁신팀을 통째로 영입했다. 1차 대전

---

52 1960년대 이전 미군에는 '군사 의사결정' 모델이 없었다. 당시 맥나마라(Robert McNamara) 국방장관이 랜드연구소(RAND)에서 데려온 두 경제학자 히치(Charles J. Hitch)와 엔토벤(Alain C. Enthoven)이 직접 이 모델을 창안했다. 둘은 모두 국방차관의 임무를 수행하고 있었다. 야전교범 『작전』은 미 육군 교육사령부의 수장 드푸이(William E. DePuy) 장군이 직접 초안을 썼다. 그리고 보병학교, 기갑학교 등 각 병과학교의 수장인 장군들을 소집하여 나머지 부분을 직접 쓰게 했다. 1991년 걸프전 승리의 원동력이 1976년판 『작전』에서 왔다는 것은 전쟁사 연구자들의 공통된 의견이다.

이후 독일군의 예도 참고할 만하다. 전쟁 패배 후 독일군은 인력, 예산, 제도를 철저히 통제당했다. 독일 육군 총참모장 젝트(Hans von Seeckt) 장군은 '군사국(Truppenamt agency)'이란 한시 조직을 만들고 최고의 인재를 끌어모았다. 장군은 이들에게 독일군 훈련, 편제, 장비 혁신을 일임했다.[53] 독일군이 다시 전쟁을 벌일 만큼 성장한 것은 '군사국'의 지적인 힘에서 비롯된 것이었다.

셋째, 내놓은 혁신안이 개인 목표 달성에 확실히 기여하는 것이어야 한다. 현실 위에 발 딛지 않은 비전은 꿈으로 끝날 가능성이 높다. 어려운 과업일수록 개인 목표와 조직 목표 간 거리가 좁아야 한다. 한국전쟁이 한창이던 1951년 9월을 들여다보자. 한국군 장교 250명이 미국으로 유학을 갔다. 미 국방부는 한국 리더의 도약적 성장 없이 승리하기 어렵다고 판단했다. 그래서 전쟁 중인 군대에서 장교 수백 명을 빼내어 유학시키는 파격을 행한 것이다. 미 국방부의 조치는 유효했다. 선진 군사학을 배우고 돌아온 한국군 장교의 지휘력은 크게 성장했다. 이후로도 유학은 계속 이어졌다. 지금도 미국에 가기 위한 한국군 장교의 경쟁률은 매우 높다. 개인과 조직의 목표가 동시에 달성되는 통로이기 때문이다.

---

53 전후 베르사유 조약에 의해 4000명으로 제한된 장교 중 무려 400명을 연구진으로 편성했다. 후기에는 130명을 더 추가 편성하여 공중전을 집중적으로 연구하기도 했다. 제임스 코럼, 『젝트장군의 군사개혁』, 육군대학 옮김 (육군대학, 1998), 15~26쪽.

4. 나가며

한국 육군의 군사분야 혁명 역사는 길지 않다. 육군 차원의 혁신 사례는 매우 적고, 있었다 해도 분석·평가할 만한 지속 기간을 가지지 못했다. 성공-실패를 논하기 전 단계에서 실행하던 모든 것이 갑자기 사라졌다. 성공 사례가 있었다면 잘된 점과 잘못된 점을 구분하여 평했을 텐데 성공 사례가 없으니 그렇게 하지 못해 아쉽다. 1983년, 2004년, 2007년 혁신 운동의 실패 원인을 제시했지만 분석의 깊이가 얕다. 관련 선행 연구가 없고 당대에 기록, 문서 등이 제대로 이관·보존되지 않아 참고할 자료가 적기 때문이다. 현직 장교들은 실패한 운동에 대해 인터뷰하기를 꺼렸다. 서두에서 밝힌 것처럼 부족하지만 후속 연구를 위한 출발점이 될 수 있기를 바랄 뿐이다.

지나간 과거는 두고서라도 지금 현재 진행되는 혁신, 운동의 기록이 잘 수집·보존·관리되도록 관심을 가져야 한다. 특히 현재 추진하고 있는 '도약적 변혁'은 육군 혁신 역사에 큰 의미가 있다. 서두에서 '군사이론의 대국화 운동'이 작전운용 혁신, '문화혁신 운동'이 조직편제 혁신에 해당한다고 했다. 남은 하나는 군사기술 혁명인데 한국군은 이것을 시도해본 적이 없다.[54] 군사기술 혁명을 전면에 내세워 시도한 군사분야 혁명은 '도약적 변혁'이 처음인 셈이다.

'도약적 변혁'이 향후에도 지속발전하기 위해서는 참모부서에서 만든 보고서의 초안과 수정안, 실무자부터 참모총장에 이르는 관계

---

54 "한국군은 재래의 전통적 교리와 산업시대의 보수적 노선을 유지해왔기 때문에 군사분야 혁명과 관련된 혁신적 시도가 없었다"라는 연구결과도 있다. Michael Raska, *Military Innovation in Small States: Creating a Reverse Asymmetry* (Routledge, 2015), pp.119~122.

자의 메모까지도 기록으로 지정하여 보존되어야 한다. 1970년대에 배태된 미 육군 '공지전(AirLand Battle) 개념'이 2019년 미 육군 '다영역 작전'으로 진화·부활할 수 있었던 배경에는 미 육군 역사유산센터(USAHEC)에 있는 육군역사 아카이브가 있다. 거기에는 공지전 개념 발전 과정에서 미 육군 참모총장과 교육사령관이 주고받은 편지, 보고서의 행간에 적은 메모, 관련 보고서, 간부 교육자료 등 모든 것이 원본으로 보존되어 있다. 지금 군사기술 혁명을 통해 도약적 변혁을 준비하는 우리 육군도 모든 관련 기록, 메모 등을 잘 수집·보존하고 있을 것으로 믿는다. 후일 '2019년 한국 육군 도약적 변혁의 실패'를 이 글의 한 장으로 추가하지 않게 되기를 바란다.

제5장

붉은 여왕과 민주주의 그리고 비전 2030

한국 육군의 도약적 발전과 미래

이근욱

"우리나라에서 이렇게 빨리 그리고 이렇게 오랜 동안 뛰면, 어디든 갈 수 있어요. 하지만 여기서는 전혀 움직이지 않고 있네요." 숨을 헐떡이며 앨리스가 말했다. "그건 너희 나라 이야기야. 자, 여기서는 같은 곳에 있으려면 쉬지 않고 최선을 다해 힘껏 달려야 해. 만약 어디 다른 곳으로 가고 싶다면, 적어도 그보다 두 배는 빨리 달려야 하고." 붉은 여왕(Red Queen)이 선언했다. 『거울 나라의 앨리스(Through the Looking-Glass, and What Alice Found There)』에서 주인공 앨리스는 이러한 가혹함을 강조하는 붉은 여왕을 거북하게 생각하지만, 어쩔 수 없이 따라가다 결국에는 헤어진다.[1]

---

1 원작자인 캐럴(Lewis Carroll)은 앨리스가 등장하는 소설 두 권을 저술했지만, 원작 소설이 영화 등으로 각색되는 과정에서 두 권의 내용이 혼합되어 『이상한 나라의 앨리스(Alice's Adventures in Wonderland)』를 중심으로 재편되었다. 덕분에 많은 사람들이 붉은 여왕을 『이상한 나라의 앨리스』에 등장하는 인물로

그렇다면 앨리스와는 달리 붉은 여왕과 헤어질 수 없다면, 어떻게 되는가? 즉, "같은 곳에 있으려면 쉬지 않고 최선을 다해 힘껏 달려"야 하고, "다른 곳으로 가고 싶다면, 적어도 그보다 두 배는 빨리 달려야" 하는 현실에서 벗어날 수 없다면, 어떻게 행동해야 하는가? 2019년 시점에서 대한민국 육군이 열심히 달리고 있고 열심히 달려야 한다는 사실 자체는 분명하지만, "다른 곳으로 갈 수 있을 정도로 충분히" 달리고 있는가? 이것이 첫 번째 질문이며, 현재 대한민국 육군이 추구하는 비전 2030을 평가하는 첫 번째 기준일 것이다.

두 번째 사안은 달리기의 목적지 문제이다. 『거울 나라의 앨리스』에서 앨리스가 붉은 여왕을 만난 장소는 말하는 꽃들이 만발한 거대한 체스판이었다. 여기서 달리기의 최종 목적지는 결정되어 있으며, 고민할 필요는 없다. 붉은 여왕은 앨리스에게 "너는 여기서는 체스판에서 가장 힘없는 폰(pawn)이지만, 앞으로 8칸을 더 가서 가장 강력한 퀸(Queen)으로 승급되어야 한다"라고 지적한다.[2] 이에 대해서 앨리스는 특별히 반론을 제기하지 않으며, 체스판 끝까지 가야 한다는 사실 자체를 받아들인다.

하지만 달려서 도달해야 하는 최종 목적지가 결정되어 있지 않다면 어떻게 할 것인가? 즉, "너는 여기서는 체스판에서 가장 힘없는 폰(pawn)이지만, 앞으로 8칸을 더 가면 가장 강력한 퀸(Queen)으로 승

알고 있다. 하지만 『이상한 나라의 앨리스』에 등장하는 인물은 하트 여왕(Queen of Hearts)이며, 붉은 여왕은 그 후속편인 『거울 나라의 앨리스』에 등장한다.

2 동양 장기와 달리 서양 체스에서 폰이 8줄을 전진하여 체스판의 반대편 끝에 도달하면, 즉시 퀸으로 승급(promotion)된다. 즉, 붉은 여왕은 앨리스가 빨리 뛰어야 하는 목표를 퀸으로의 승급이라고 규정하고 있으며, 이를 위해 다른 것을 희생할 것을 요구한다.

급"되어야 할 필요가 없다면, 어떻게 행동해야 하는가? 즉, 2019년 대한민국 육군은 "국가방위의 중심군"이며 도약적 변혁을 통해 "병력 집약적 군대에서 미래 첨단과학기술군으로 변혁"을 추구하고 있으나, 이러한 변혁의 최종 목적지는 무엇인가? 이것이 두 번째 질문이다.

『도약적 변혁을 위한 육군의 도전』에서 김용우 육군참모총장은 육군이 "국가방위의 중심군으로서 국가에 헌신하고, 국민에게 더욱 봉사해야 한다"라고 강조하면서, 이를 위해 육군 "고유의 존재목적과 가치에 대한 명확한 인식"을 바탕으로 육군의 도전과 기회를 파악하고 "변화하는 상황 속에서 육군은 무엇을 해야 하며 미래 육군이 어떤 군이 되어야 하는지에 대해 함께 생각"할 것을 요구했다. 또한 육군 고유의 존재목적과 가치를 (1) 전쟁의 종결자, (2) 합동작전의 통합자, (3) 다영역작전의 수행자 그리고 (4) 사람의 마음을 움직이는 자 등의 4개로 규정하면서, 육군이 "One Army, 무적의 전사 공동체"가 되어야 한다고 강조했다.

그렇다면 앞서 제기한 두 가지 질문의 관점에서 비전 2030을 어떻게 평가할 수 있는가? 체스판으로 구성된 거울 나라에서 앨리스는 "같은 곳에 있으려면 쉬지 않고 최선을 다해 힘껏 달려야" 하고, 만약 어디 "다른 곳으로 가고 싶다면, 적어도 그보다 두 배는 빨리 달려야 하는" 상황에서 충분히 빨리 달려 8칸을 더 전진하여 가장 힘없는 폰에서 "가장 강력한 퀸(Queen)으로 승급"한다. 즉, 속도와 목적지의 관점에서 앨리스는 합격했다. 그렇다면 대한민국 육군은 어떠한가? 앞에서 제시한 두 개의 관점에서 — 즉, 속도와 목적지의 관점에서 — 합격할 것인가? 대한민국 육군은 "두 배나 빨리 달려"서 앞으로 나아가고 "가장 강력한 퀸으로 승격"할 수 있는가? 그리고 이를 위해서는 어떻게 행동해야 하는가? 이것이 이 글의 핵심 질문이다.

1. 육군 미래전 비전 2030: "한계를 넘어서는 초일류 육군"을 위하여

2019년 시점에서 대한민국 육군은 다음과 같이 4가지 위기 징후를 포착한다. (1) 출생률 감소와 병역기간 단축으로 병력 자체가 감축되고 있으며, (2) 육군의 전력은 노후화되고 있지만 충분히 보충되지 않는 상황에서, (3) 국민들의 군에 대한 신뢰가 무너지고 있고, (4) 동아시아 및 한반도의 전력 환경이 급변하면서 불확실성이 증가하고 있다는 것이다. 이 때문에 육군에 대한 기존의 관념과 존재목적에 대한 질문이 점차 등장하고 있지만, 이에 대해 적절한 답변이 이루어지지 않고 있다. 하지만 이 4가지 위기는 단순한 위기에 그치는 것이 아닌 육군이 보다 적극적으로 활용할 수 있는 기회일 수 있으며, 기회로 만들어야 한다.

육군이 파악하는 4대 기회는 첫째, 인구구조의 변화와 병역 기간의 감소이다. 이를 계기로 육군은 기존의 병력 및 노동집약적 군사력을 기술 및 자본집약적 군대로 변모하여, 첨단과학기술군으로 발전하고 전력을 정예화하는 것이다. 둘째, 첨단과학기술군으로 변모하기 위해, AICBM 등의 4차 산업혁명 기술을 접목하여 "초연결, 초지능화"된 군사력을 건설하고 현재 추진하고 있는 미사일·기동군단·특수임무여단·드론봇전투체계·워리어플랫폼 등의 5개 게임체인저를 완료해야 한다. 셋째, 현재 육군이 직면하고 있는 소프트파워 측면의 문제점을 절박하게 인식하고 의식 혁신을 통해 근본적인 변화가 필요하다는 데 공감대가 형성되어 있다. 넷째, 전략환경의 변화를 이용하여 지금까지 집중해왔던 현행 작전 대신 미래를 준비하는 데 더욱 노력해야 한다.

이를 달성하기 위해 우선 대한민국 육군은 국가 방위의 중심군인 육군의 역할을 다음 3가지로 규정했다. 첫째, 육군은 평화와 안정의 보장자(Peace Assurer)로, 외부 위협을 거부·억제하고 외부의 침략에 대응하여 결정적 승리를 통해 국가와 국민의 최후 보루 역할을 수행한다는 것이다. 둘째, 육군은 적극적인 평화구축자(Peace Builder)이며, 한반도 평화구축 과정을 뒷받침하면서 신뢰구축과 평화구축 과정에서 보다 적극적인 역할을 수행해야 한다. 셋째, 국가·사회와의 인재육성 연결자(Connector)로서 육군은 군 복무기간을 활용하여 장병 개개인의 준비와 연결을 촉진하고 동시에 사회와 호환되는 능력을 가진 전문직업군인 육성에도 집중해야 한다. 이를 통해 육군은 변화하지 않는 고유 가치와 함께, 21세기 새로운 역할을 완수할 수 있도록 역량을 구비해야 한다.

육군의 역할을 보장자·평화구축자·연결자 등 3가지로 규정하면서, 개별 역할에서 다음과 같은 기능이 도출된다. 첫째, 평화와 안정의 보장자로의 역할을 수행하기 위해 육군은 전략적 억제 기능과 작전적 신속대응 능력, 그리고 결전방위 능력을 구비해야 한다. 둘째, 평화구축자로 역할을 수행하기 위해서 육군은 남북 신뢰형성 및 평화구축을 지원하고, 국민의 안전을 지원하며, 국제평화 유지 및 군사외교를 수행하는 기능에 집중해야 한다. 셋째, 국가와 사회의 연결자로서 육군은 의무 복무의 생산적 가치를 제고하고, 사회적 경쟁력을 겸비한 간부를 육성하며, 과학기술·산업·경제발전에 기여해야 한다.

대한민국 육군은 첨단과학기술군으로 변혁하겠다는 의지를 강조하고 있으며, 이를 실현하기 위해 육군 자체의 "근본적인 변화(Deep Change)"를 강조한다. 보다 구체적으로는 미래에 초점을 맞추고, 열린 마음으로 융합하며, 결국 사람이라는 3가지 전략에 기초하여 육군의 근본적인 변화를 실현하려고 한다. 그리고 2030년 대한민국 육군은 "한계를 넘어서는 초일류 육군"이 되어야 한다고 규정하면서 다음 4가지 비전을 제시한다.

첫 번째 비전은 육군이 첨단과학기술군으로 거듭나야 한다는 것이며, 이것이 평화보장자로의 육군이 가지는 가장 중요한 역할에 대한 비전이다. 이를 위해 육군은 "미래형 첨단 플랫폼 기반으로 모듈화되고 실시간 초연결·초지능화하여 다영역 전장을 지배"할 능력을 갖추어야 한다. 특히 육군이 집중하고 있는 것은 (1) 작전 개념에서 미래 지상작전 기본 개념을 새롭게 정립하고, (2) 장비 측면에서 워리어 플랫폼과 드론봇 전투체계를 중심으로 하는 백두산 호랑이 체계를 구축하며, (3) 미래 기술을 확보하기 위해 레이저·비살상무기 등 넥스트 게임체인저 등을 추구하며, (4) 지휘통제 측면에서 실시간 초연결 지능화된 모바일 기반체계를 구축하며, (5) 북한 위협에 대비하여 정형화된 부대구조를 보다 유연한 한국형 여단 중심 모듈형 부대구조로 개편하고, (6) 숙련도 향상을 위해 과학화 훈련체계를 집중적으로 활용하는 방안 등이다.

육군의 두 번째 비전은 가치 기반의 전사공동체이다. 이것은 육군이 헌법적 가치와 전사정신을 내면화하고 고도로 발현하는 전사기질이 충만한 가치공동체를 건설한다는 목표이며, 육군은 이를 통해 기존 리더십과 조직문화 및 지향가치에 대한 국민의 변화 요구를 반영하여 새롭게 태어나려고 한다. 이를 위해 육군은 (1) 헌법이 지향하는 가치와 시대변화를 반영하여, 헌신·전문성·용기·팀워크·존중

등을 핵심 가치로 재정립하고, (2) 군 간부의 리더십을 재정립하면서 올바르고, 유능하며, 헌신하는 전사를 육군 리더상으로 재정립하며, (3) 300 워리어를 선발하면서 전투원을 대상으로 분야별 우수 인원을 포상하고 교육훈련을 강화할 것이다.

세 번째 비전은 육군을 창의력과 리더십을 갖춘 인재의 보고로 만들겠다는 것이다. 군의 혁신을 이끌고 국가사회에 공헌하는 최고 수준의 인재가 가득한 육군을 만들기 위해서 "상상 너머의 것을 상상할 수 있는 창의적 인재"를 육성한다는 것이다. 이러한 판단은 모든 구성원이 올바르고 유능하며 헌신하는 전사가 되고 리더십을 발휘할 수 있으며, 분야별 전문가와 이를 통합하고 리드할 수 있는 통섭형 인재 육성이 필요하다는 인식에 기반하고 있다. 이러한 비전을 실현하기 위해 (1) 인재육성 비전을 통해 "올바르고 유능하며 헌신하는 통섭형 인재"를 육성하고, (2) 히말라야 프로젝트를 통해 다른 기관과의 전략적 제휴를 달성하고 선택적 유연복무제를 도입하며, (3) 부사관 종합발전 2.0을 통해 전투력 발휘의 중추인 부사관을 숙련된 전투전문가로 육성하며, (4) 장병들의 군 복무기간을 생산적 기간으로 변화시키는 청년 드림(Dream), 육군 드림 계획을 추진하며, (5) 미래혁신연구센터 등 9개 싱크탱크를 발족했다.

육군 구성원과 가족들이 가지는 자부심과 만족감을 고양하여 "삶의 질"을 향상하는 것이 육군이 추진하는 네 번째 비전이다. 육군이 유지되기 위해서는 구성원들에게 희생과 헌신만을 요구해서는 안 되고 그에 합당한 보상을 제공해야 하며, 이를 위해서는 육군 구성원과 그 가족들이 만족할 복지 수준과 사기 진작이 필요하다. 그 방안으로 육군은 (1) 대대급 체육문화센터를 통해 사회와의 문화격차를 해소하도록 노력하고, (2) 안전육군 만들기를 통해 위험과 위협으로부터 장병들을 보호하고, (3) 업무 표준화를 위해 METL(Mission Essential Task List)을 도입하여 부대 운영을 단순화한다.

이와 같은 4가지 비전을 실현하기 위해 대한민국 육군은 주요 과제를 하나로 통합·관리하는 Army Tiger 통합기획단을 창설하고, 백워드 플래닝을 통해 10년 단위의 추진과제를 발전시키며, 개별 추진과제를 지표별로 점검하며 계속 업데이트하여, 육군 내외부의 싱크탱크를 적극 활용할 것이다. 육군의 변화를 위해서는 (1) 육군 구성원들이 각자 자신부터 신념을 가지고 추진해야 하며, (2) 각자의 영역에서 외연을 확장하고, (3) 자신과 주변에서 변혁의 지속성을 담보하며, (4) 인내심을 가지고 긴 안목으로 접근하며, (5) 패러다임을 전환하여 혁신적 인재양성의 롤 모델이 되어야 한다.

그렇다면 이러한 청사진은 충분한가? 즉, 비전 2030에서 제시된 "한계를 넘어서는 초일류 육군"을 만들기 위해 추가로 고려해야 하는 사항은 없는가? 특히 앞에서 제시한 『거울 나라의 앨리스』에서와 같이 충분히 빨리 달리고 있는가? 그리고 그 달리기의 목적에 부합하는 방향으로 달리고 있는가? 아래에서는 이러한 질문에 따라 비전 2030의 내용을 조망하고자 한다.

2. 소부대 응집력 극대화: 더욱 빨리 달리기 위한 비법을 찾는다

육군의 가장 중요한 역할은 "평화와 안정의 보장자"이며, 보다 구체적으로 육군은 "외부 위협을 거부·억제하고 외부의 침략에 대응하여 결정적 승리를 통해 국가와 국민의 최후 보루"를 제공한다. 이를 위해서 가장 중요한 것은 강력한 군사력을 구축하는 것이며, 이를 통해 "더욱 빨리 달리는 방법"을 찾아내는 것이다. 그렇다면 "더욱 빨리 달리는 비법"은 무엇인가? 즉, 동일한 인력과 자원으로 동일한 기술에 기초하는 경우에도 더욱 많은 군사력을 만들어낼 수 있는가? 우리가 동일한 인력과 자원으로 더욱 많은 군사력을 만들어낼 수 있다면, 우리 육군은 "평화와 안정의 보장자" 역할을 더욱 효율적으로 할 수 있으며, 더욱 효과적으로 "외부 위협을 거부·억제하고 외부의 침략에 대응하여 결정적 승리를 통해 국가와 국민의 최후 보루"를 제공할 수 있다. 그렇다면 이러한 효율성을 달성하고 더욱 "빨리 달리는 비결"은 무엇인가?

전투효율성에 대한 가장 고전적인 설명은 — 하지만 비전 2030에서는 거의 언급되지 않는 설명은 — 소부대 응집력(unit cohesion)이다. 전투에서 개별 병사들이 목숨을 걸고 싸우는 동기는 병사들의 애국심과 전쟁의 명분 등이 아니라, 전우애(戰友愛)라고 통칭되는 "병사들이 서로에게 가지는 정서적 유대감"이다. 1940년대 초 미국은 2차 대전에 대비하면서 개별 병사들의 전투 동기(combat motivation)를 체계적으로 조사하기 시작했으며, 미군 장병들과 함께 독일군 포로들에 대한 사회학적 연구를 진행했다. 2차 대전 이후에도 미국은 병사들의 전투 동기에 대한 연구를 지속했고, 한국전쟁과 베트남 전쟁 그리고 이라크 전쟁에서도 동일한 방식으로 수집한 많은 데이터를 축적했다.

2차 대전 당시 연구에 따르면, 징집된 미군 병사들이 생명을 무릅쓰고 전투를 수행했던 동기는 "전쟁을 빨리 끝내고 고향으로 돌아가는 것"이었지만 이와 비등하게 등장했던 답변은 "위험에 빠진 동료를 구하기 위해서"라는 소부대 응집력이었다.[3] 미군 병사들에 대한 다른 연구 또한 동일한 결론을 도출했다. "개별 병사들이 전투를 수행하는 가장 중요한 이유는 동료에 대한 충성심"이며, "전쟁의 명분은 이 과정에서 별로 중요하지 않다"라고 지적했다.[4]

이러한 결과는 독일군 포로에 대한 연구에서도 동일하게 나타난다. 443명의 포로에 대한 심문 기록에 기초한 실즈(Edward A. Shils)와 자노비츠(Morris Janowitz)의 연구에 따르면, 전쟁 자체가 독일에게 불리하게 진행되고 있음에도 불구하고 독일군 병사들이 끝까지 저항하고 전투를 수행했던 동기 및 소속 부대를 탈영하여 연합군에 항복했던 동기는 자신들이 정서적으로 중요시하는 1차 집단(primary group)의 존재 여부였다.[5] 소속 부대가 생존에 필요한 물자를 제공하는 것을 넘어, 정서적으로 존중하고 동료들이 서로를 보살펴주는 과정에서 만들어지는 심리적/사회적 유대관계는 전투에서 막강한 효과를 발휘했다는 것이다.[6]

이와 같은 경향은 한국전쟁과 베트남 전쟁에서도 동일하게 나타났다. 특히 베트남 전쟁 후반부에 병력 충원이 부대 중심이 아니라 개별 병사를 기준으로 이루어지면서, 소부대 응집력이 약화되었다. 이라크 전쟁에서도 상황은 동일했다. 이라크 포로에 대한 심문 기록

---

3 Samuel A. Stouffer, et al., *The American Soldier: Combat and Its Aftermath*, Volume II (Princeton, NJ: Princeton University Press, 1949).

4 S. L. A. Marshall, *Men Against Fire: The Problem of Battle Command* (New York: William Morrow and Company, 1947).

5 Edward A. Shils and Morris Janowitz, "Cohesion and Disintegration in the Wehrmacht in World War II," *Public Opinion Quarterly*, Vol. 12, No. 2 (January 1948), pp.280~315.

6 하지만 동부전선 자료에 기초하여, 소부대 응집력이 아니라 나치 독일의 정치 이념이 더욱 중요한 변수였다는 연구가 존재한다. Omer Bartov, *The Eastern Front, 1941~45: German Troops and the Barbarization of Warfare* (New York: St. Martin's Press, 1986).

에 따르면, "바트당 독전대(督戰隊)와 비밀경찰이 전투를 강요했고, 이 때문에 일부 병력은 독전대를 사살하고 미군에 투항"했다. 특히 탈영하는 경우에는 처형한다고 협박했으며 가족을 투옥한다고 위협했지만, 정서적으로 소속감을 느끼지 못한 이라크 정규군 병력의 대부분은 기회가 주어지는 경우에 즉시 탈영하여 미군에게 항복했다.[7]

그렇다면 전투효율성을 높이기 위해, 즉 개별 병사들이 부대원들에게 가지게 되는 정서적 유대감을 강화하기 위해 어떠한 조치가 필요한가? 첨단과학기술군으로 변화된 상황에서도 과연 이와 같은 정서적 유대감이 전투력을 강화시키는 방향으로 작동할 것인가? 그리고 현재 대한민국 육군이 제시하는 여러 비전은 전투력 강화를 가져온다는 정서적 유대감에는 어떠한 영향을 미칠 것인가? 이에 대한 검토가 필요하다.

첫째, 육군을 가치 기반의 전사공동체로 발전시킨다는 비전이 중요하다. 많은 경우 첨단과학기술이 등장하면서 공동체가 무너진다고 한다. 이전까지 작동하던 공동체 의식이 약화되며 인간관계가 "삭막"해지면서, 사람들 사이에서 정서적 유대감이 감소한다는 주장이다. 이러한 주장이 모든 경우에 적용되지는 않겠지만, 첨단과학기술을 도입하면서 육군의 "공동체"적 의미를 더욱 강조할 필요가 있다. 현재 육군이 제시하고 있는 "가치 기반의 전사공동체" 개념은 헌법과 민주주의 "가치"를 강조한다는 측면이 부각되지만, 이와 함께 "공동체" 부분에 대한 보다 많은 논의가 필요하다.

둘째, 현재 육군을 첨단과학기술군으로 발전시킨다는 비전 자체

7 Leonard Wong et al. *Why They Fight: Combat Motivation in the Iraq War* (Carlisle, PA: U.S. Army War College, July 2003).

는 여러 가지 조건에서 불가피하지만, 이러한 과학기술 및 첨단화 과정에서 소부대 응집력이 약화되지 않도록 주의해야 한다. 새로운 기술이 도입되면서 부대 조직이 변화하는 것은 불가피하다. 문제는 이러한 불가피한 변화 과정에서 대한민국 육군의 소부대 응집력이 어떠한 방향으로 변화할 것인가이며, 동시에 새로운 기술 도입과 그에 따른 조직변화로 소부대 응집력이 약화된다면 이러한 영향력을 통제 또는 중화시킬 방법을 찾아내는 것이다.

셋째, 소부대 응집력에 대한 많은 연구는 응집력 자체는 정치 이념과는 무관하며, 전투효율성 측면에서 자유민주주의나 국가사회주의 등의 이념은 큰 효과가 없다는 사실을 시사한다. 대한민국 육군은 한국 민주주의의 수호자이며 따라서 민주주의와 헌법적 가치를 강조하는 것은 필수적이다. 이와 같은 가치를 강조하지 않는다면, 대한민국 육군은 민주주의와 헌법을 위협하는 세력으로 전락할 수 있다. 하지만 전투효율성을 위해서는 헌법과 민주주의 가치를 강조하는 것 이상이 필요하며, "공동체" 부분을 강조하여 소부대 효율성을 제고하는 것 또한 매우 중요하다.

즉, 더 빨리 달릴 수 있는 방법에 대해 더욱 많은 관심을 기울여야 한다. 모든 군사혁신의 핵심은 상대방보다 "더 빨리 달리는 것"이며, 따라서 동일한 기술과 자원으로 "더 빨리 달릴 수 있는 비법"을 실행해야 한다. 소부대 응집력은 이러한 측면에서 매우 중요한 사안이며, 동시에 현재 육군이 추진하고 있는 비전 2030은 소부대 응집력을 약화시킬 가능성이 있기 때문에 주의해야 하는 사안이다. 무엇보다 이에 대한 추가적인 연구가 필요하다.

3. 초연결의 딜레마: 모든 정보를 파악하는 경우 발생하는 문제점

비전 2030이 제시하는 미래 육군의 모습은 첨단과학기술군이다. 이것은 워리어 플랫폼과 드론봇으로 대표되는 백두산 호랑이 체계로 구현하고, 레이저·비살상무기에 대한 추가 연구를 통해 넥스트 게임 체인저를 실현하며, 실시간 초연결된 지휘통제 체제를 구축하고, 보다 유연한 한국형 여단 중심의 부대구조로 개편하는 계획이다. 그 최종 목표는 "미래형 첨단 플랫폼 기반으로 모듈화되고 실시간 초연결·초지능화하여 다영역 전장을 지배"할 능력을 갖추는 것이다. 이를 통해 한국 육군은 "더욱 빨리 뛸 능력"을 갖추게 된다.

하지만 모든 계획은 결국 딜레마에 봉착하며, 그러한 딜레마에서 어떠한 선택을 하는가에 따라 최종 산물의 형태가 결정된다. 현실 세계에서 최적의 선택은 유일하지 않으며, 최소 2개 이상이 존재한다. 즉, 각각의 선택은 모두 장단점을 가지며, 따라서 무엇을 선택한다고 해도 결국 딜레마에 직면한다. 각 상황에서 무엇을 선택하는가에 따라 그 최종 산물은 다른 형태를 가지며, 개별 국가는 동일한 상황에서도 각각 다른 선택을 할 수 있으며 최종 산물 또한 다를 수 있다. 군사력 구축 및 운용 부분에서도 이러한 딜레마와 선택 문제는 어김없이 나타난다.

가장 대표적인 사례는 핵무기 지휘통제 체제이다. 핵무기 지휘통제에 있어 (1) 명시적인 명령이 있는 경우에 한하여 핵무기를 사용해야 하며 명령이 없는 경우에는 핵무기를 절대 사용해서는 안 된다는 중앙집권적 방식과 (2) 명시적인 명령이 없다고 해도 사전에 위임된 권한에 기초하여 전선 지휘관이 판단하여 핵무기를 사용할 수 있다는 권한위임적 방식 등이 존재한다.[8] 여기서도 절대적으로 우위에 있는 단일한 최적 균형은 존재하지 않으며, 각각의 방식에는 나름대로의 장단점이 존재한다. 핵무기 사용권한이 중앙에 집중되어 통수권자의 명시적인 지시가 있는 경우에 한하여 핵무기를 사용하게 된다면, 핵무기를 안전하게 사용할 수 있으며 우발적인 핵전쟁 가능성과 쿠데타 등에서 핵무기가 사용될 가능성은 최소화된다. 하지만 핵무기 사용에 필요한 모든 권한이 통수권자 개인에게 집중되어 있다면, 그 개인의 사망 또는 통신망 마비 등이 발생하는 경우 핵무기는 무력화되고 핵억지력 또한 사라지게 된다. 반면 발사권한이 사전에 위임된다면, 적국의 기습 공격으로 군 통수권자가 사망하거나 통신망이 마비된다고 해도 전선 지휘관의 개별적인 판단에 의해 상당 정도의 핵무기를 사용할 수 있으며 따라서 핵억지력 자체는 강화된다. 하지만 핵무기 사용권한이 제한적이지만 사전에 위임되어 있기 때문에, 전선 지휘관의 개별적인 판단 때문에 우발적인 핵전쟁이 발생하거나 쿠데타 등에서 핵무기가 사용될 가능성이 증가한다.

이러한 핵무기 지휘통제와 관련된 두 가지 유형은 현실 세계에서 그 자체의 순수한 형태로는 나타나지 않았다. 핵억지력을 강화하기 위해서는 통수권자의 생사 여부와 무관하게 핵무기를 사용할 수 있어야 하며, 이를 위해서는 핵무기 사용권한이 제한적이지만 사전에 위임되어야 했다. 하지만 핵무기 사용권한이 사전에 위임된다면, 우

8 해당 사안에 대한 가장 기본적인 논의는 다음에서 찾을 수 있다. Peter D. Feaver, "Command and Control in Emerging Nuclear Nations," *International Security*, Vol. 17, No. 3 (Winter, 1992~1993), pp.160~187. 그리고 북한 핵전력의 지휘통제 체제에 대한 분석은 김보미, 「북한의 핵전력 지휘통제체계와 핵 안정성」, ≪국가전략≫, 제22권 3호 (2016년 가을), 37~59쪽이 있다.

발적인 핵전쟁 가능성이 증가하며 동시에 핵무기를 사용한 쿠데타 가능성 등이 증가한다. 이것은 딜레마이며, 이러한 딜레마에 직면하여 핵전력을 구축한 국가들은 자기 나름대로의 우선순위에 따라 서로 다른 선택을 했고 각각 특이한 지휘통제 체제를 건설했다. 즉, 핵무기를 보유한 모든 국가는 중앙집권적 방식과 권한위임적 방식을 어느 정도씩 융합하여 지휘통제 체제를 구축했지만, 개별 국가의 선택에 따라 특정 유형에 더욱 가까운 지휘통제 체제가 나타났다. 냉전 초기 미국의 핵무기 지휘통제 체제는 상당한 권한을 사전에 위임하는 방식으로 핵억지력을 강화하는 방식이었으며, 소련은 두 유형 가운데 우발적인 핵무기 사용과 핵무기를 사용한 쿠데타 가능성을 봉쇄할 수 있는 중앙집권적 지휘통제 체제를 선택했다.

이와 같이 초연결 기술에 기반하여 첨단과학기술군을 구축하려는 대한민국 육군은 지휘통제의 측면에서 다음과 같은 딜레마에 직면한다. 우선, 초연결은 이전과는 비교할 수 없을 정도의 많은 정보를 하급 부대에서 상급 부대로 전달할 수 있으며, 이에 따라 상급 부대는 하급 부대에 전투에 관한 많은 권한을 위임하지 않고 실시간으로 상황을 파악하고 이에 기반하여 전투 자체를 지휘할 수 있다. 이것은 매우 중요한 장점이며, 적극 활용해야 할 사항이다. 상급 지휘관이 전투 전체를 조망하고 실시간으로 병력을 지휘할 수 있다면, 전투력은 몇 배로 증가할 것이다.

반면, 초연결은 다음과 같은 문제점을 가지고 있다. 첫째, 우리의 적(敵)은 초연결 자체를 파괴하려고 시도할 것이다. 상급 지휘관이 병력 전체를 실시간으로 지휘통제할 수 있다면, 적군은 상급 지휘관이 사용하는 실시간 지휘통제체제 자체를 공격하여 작전 자체를 무력화하려고 시도할 것이다. 초연결 기술 자체는 기본적으로 명령 권한의 중앙집권화를 가져오는 기술이며, 따라서 중앙집권적 지휘통제의 단점을 초래한다. 즉, 핵무기 지휘통제에서 중앙집권적 방식이 통수권자의 사망 또는 통신 단절의 경우 핵억지력이 작동하지 않는 상황을 초래한다면, 초연결을 통해 상급 지휘관이 병력 전체를 실시간으로 지휘하는 방식 또한 상급 지휘관 개인의 사망 또는 통신망 단절 등으로 무력화될 수 있다.

둘째, 초연결을 통해 상급 지휘관에게 지휘통제 권한이 더욱 집중되고 하급 지휘관들의 재량권이 축소되면서 하급 지휘관들이 개별적인 판단이 아니라 하달된 작전명령을 보다 효과적으로 실행하는 데만 집중한다면, 하급 지휘관 및 병력은 독자적으로 판단하고 행동하는 전사(戰士)가 아니라 로봇으로 전락할 수 있다. 전투효율성 자체는 증가할 수 있지만, 이 과정에서 하급 지휘관과 개별 병력은 소모품으로 전락할 가능성이 있다. 또한 상급 지휘관의 명령을 "맹목적으로 실행"하는 과정에서 하급 지휘관들은 개별적으로 상황을 분석하고 판단할 기회를 상실하면서, 더욱 훌륭한 지휘관으로 성장할 기회를 가지지 못하게 된다. 결국 전투는 전사들의 결투가 아니라 벌떼와 같이 군집하여 목표물에 돌진하는 스워밍(swarming)으로 변화한다. 현재의 사단 중심의 병력구조를 여단 중심으로 재편한다면, 이러한 문제점은 더욱 심각한 결과를 초래할 수 있다.

셋째, 초연결 기술은 정보의 전달 및 처리 속도를 빠르게 하는 것이며, 그에 기반한 평가·판단·결정을 가능하게 하지는 않는다. 평가와 판단, 그리고 최종 결정은 인간의 몫이다. 초연결이 실현되면 이전까지는 기술적인 이유에서 가능하지 않았던 상세한 사항에 대한 정보까지 상급 지휘관에게 전달할 수 있으며, 이에 기초하여 상급 지휘관은 전장상황을 더욱 잘 파악할 수 있게 된다. 즉, "전쟁의 안개

(fog of war)" 자체가 줄어들게 된다.[9] 하지만 더욱 많은 정보 때문에 상급 지휘관은 오히려 압도될 수 있으며, 지나치게 많은 정보로 인해 평가·판단·결정 자체가 오히려 저해되고 더욱 많은 시간이 소요될 수 있다.

따라서 앞에서 언급한 문제점을 해결할 방안이 필요하다. 즉, 초연결을 실현할 수 있는 기술은 외부 공격에 대비하여 매우 공고하게 방어되어야 한다. 사이버 전쟁 가능성이 점차 높아지는 상황에서, 초연결망에 대한 사이버 방어 능력이 제고되어야 하며 상대방의 초연결망에 대한 우리의 공격 능력 또한 강화되어야 한다. 또 다른 사안은 하급 지휘관의 교육 기회이다. 현재의 임무형 지휘 체계 자체는 초연결이 실현된다면 약화될 것이며, 이것 자체는 불가피하다. 하지만 이와는 별도로 다양한 방식의 훈련을 통해, 하급 지휘관들에게 독자적인 상황 평가 및 판단 능력을 배양할 기회가 주어져야 한다. 이를 위해 미국 해병대에서 사용하는 전술결정 훈련(tactical decision game) 등의 방식이 큰 도움이 될 수 있다. 무엇보다 초연결 기술 때문에 상급 지휘관들에게 너무나 많은 정보가 집중되면서 결정 자체가 지체되는 상황을 방지해야 한다.

초연결 기술을 통해 대한민국 육군은 새로운 차원으로 도약할 수 있으며, 따라서 초연결은 반드시 달성해야 한다. 그리고 이 과정에서 더욱 많은 작전권한이 중앙의 상급 지휘관에게 집중될 것이며, 하급 지휘관의 재량권 자체는 축소된다. 이것은 불가피하며, 이를 통해 대한민국 육군은 전투효율성을 제고할 수 있다. 하지만 이에 수반되는

---

9 William Owens, *Lifting the Fog of War* (Baltimore, MD: Johns Hopkins University Press, 2000).

부작용을 보다 정확하게 파악할 필요가 있다. 초연결은 엄청난 기회이지만, 만병통치약은 아니다. 초연결 기술이 실현된다면, 통신망 단절 가능성이라는 단기적인 취약성이 초래될 수 있으며, 동시에 하급 지휘관의 경험 부족을 초래할 수 있다는 장기적인 약점 또한 등장할 수 있다.

즉, 대한민국 육군은 더 빨리 뛸 수 있다. 하지만 더 빨리 뛰어서 상대방보다 앞서 나가려면, 트랙 중간에 있는 장애물을 정확하게 파악하고 이를 잘 극복해야 한다. 초연결의 부작용 때문에 초연결 자체를 포기해서는 안 된다. 하지만 초연결의 혜택에만 집중하여, 초연결 자체의 부작용을 무시해서는 안 된다.

4. "한계를 넘어서는 초일류 육군"의 목적지: 민주주의, 문민통제, 그리고 군사력

그렇다면 대한민국 육군이 그토록 빨리 뛰어서 도달하려는 목적지는 무엇인가? 즉, 비전 2030을 통해 대한민국 육군은 "병력 집약적 군대에서 미래 첨단과학기술군으로 변혁"을 추구하고 있다. 하지만 이러한 변혁의 최종 목적은 무엇인가? 거대한 체스판에서 벌어지는 『거울 나라의 앨리스』에서 붉은 여왕은 앨리스가 뛰어야 하는 목적이 "가장 힘없는 폰에서 가장 강력한 퀸으로 승급"하는 것이라고 규정하며, 앨리스 자신은 이러한 목적을 그대로 수용한다. 그렇다면 대한민국 육군이 "병력 집약적 군대에서 미래 첨단과학기술군으로" 도약적 변혁을 달성하는 것 자체가 비전 2030의 최종 목적인가?

이 질문은 비전 2030에만 국한된 것은 아니며, 대한민국 육군의 존재 이유에 직결된다. 모든 국가는 항상 어느 정도의 군사력을 구축하며, 이를 통해 정치적 독립과 영토적 통합성을 수호한다. 군(軍)의 존재 이유는 바로 여기에 있다. 해당 국가가 정치적 독립과 영토적 통합성을 유지하는 데 필요한 핵심 수단인 군사력을 제공하는 것이다. 대한민국은 헌법에 의해 정치체는 "민주공화국"으로, 영토는 "한반도와 그 부속 도서"로 규정되어 있기 때문에, 대한민국 육군의 핵심 목적은 민주공화국으로의 정치적 독립을 유지하고 한반도와 그 부속 도서의 영토적 통합성을 유지하는 데 필요한 군사력을 구축하는 것이다. 그렇다면 이러한 육군의 존재 이유 및 목적은 비전 2030과 상충되거나 모순되는 부분은 없는가? 즉, "빨리 뛰어야 하는" 상황에서 민주공화국을 유지하고 한반도와 그 부속 도서를 수호하는 것이 장애요인으로 작용하는가?

이와 관련된 모든 논의의 출발점은 대한민국 육군이 "병력 집약적 군대에서 미래 첨단과학기술군으로" 도약적 변혁을 달성하는 것은 기본적으로 수단이며, 최종 목적은 아니라는 것이다. 앨리스가 빨리 뛰어야 하는 것은 현재 체스판에서 힘없는 폰에서 가장 강력한 퀸으로 승급하기 위해서이며, 육군이 비전 2030을 추진하는 것은 대한민국이 민주공화국으로 정치적 독립을 유지하고 한반도와 그 부속 도서라는 영토적 통합성을 수호하기 위해서이다. 군사력 건설 자체는 수단이며 그 수단을 보다 효과적으로 확보하기 위해 최종 목적 자체를 훼손해서는 안 된다며, 정치체의 핵심을 희석할 수 없으며 영토적 통합성을 약화시킬 수 없다. 이러한 측면에서 볼 때, 모순은 발생하지 않아야 하며 장애요인은 존재하지 않아야 한다. 수단은 목적을 규정하지 않는다. 목적이 수단을 결정하지, 수단이 목적을 결정하지 않는다.

여기서 다음 세 가지 사안이 등장한다. 첫째, 최종 목적인 민주주의와 군사력/군사혁신의 관계이다. 근본적으로 비전 2030은 "가치 기반의 전사공동체" 건설을 강조하고 있으며, 육군이 헌법적 가치를 내면화하겠다고 선언했다. 이러한 다짐과 선언은 매우 중요하며, 보다 명시적으로 민주주의 가치에 대한 헌신을 강조해야 한다. 문제는 이와 같은 민주주의 가치에 대한 헌신으로 인하여 군사력 강화와 군사혁신의 속도가 느려질 수 있다는 우려이다. 즉, 민주주의를 강조하는 경우에 군사력 강화와 군사혁신이 저해될 수 있다는 주장이다. 하지만 군사력 건설 자체가 정치적 독립과 영토의 통합성을 수호하기 위한 수단이며, 대한민국의 경우 민주주의 정치체의 수호는 정치적 독립의 핵심이자 최종 목적이다. 따라서 "민주주의 때문에 군사력 강화와 군사혁신이 느려진다"라고 우려하는 것은 수단과 목적을 도치시키는 행위이다. 모든 경우에, 수단이 목적을 지배해서는 안 된다. 목적이 수단을 결정한다. 목적이 수단을 제한한다면, 그러한 제한을 수용해야 한다. 이것은 당위론적으로 분명하다.

둘째, "민주주의 때문에 군사력 강화와 군사혁신이 느려진다"라는 주장이 과연 정확한가의 질문이 가능하다. 이러한 주장은 경험적으로 검증되어야 하며, 선험적으로 또는 당위론적으로는 평가하기 어렵다. 즉, 군사력 강화와 군사혁신의 속도 측면에서 민주주의 국가가 다른 형태의 국가들에 비해 장애에 직면하는지를 경험적으로 평가해야 한다. 이에 대한 많은 연구는 민주주의 국가가 유리하거나, 최소한 불리하지 않다고 지적한다. 민주주의 국가는 더욱 많은 경제력을 가지며, 따라서 군사력 건설에 더욱 많은 자원을 동원할 수 있다. 민주주의 국가는 기술 수준에서도 다른 형태의 국가들을 앞서며, 따라서 군사기술에서도 더욱 발전하며 더욱 우수한 무기를 배치한다. 결과론적으로 민주주의 국가는 대부분의 전쟁에서 승리했다.[10] 즉, 민주주의와 군사력 그리고 군사혁신은 상충되거나 모순되지 않으며, 오히려 최종 목적인 민주주의 수호가 그 수단인 군사력 건설과 군사혁신의 측면에서 더욱 빨리 달리도록 가속도를 붙이는 결과를 가져온다.

셋째, 민주주의 및 헌법 가치와 관련하여 등장하는 또 다른 문제는 초연결 및 문민통제(文民統制; civilian control)와 관련된다. 앞에서 지적한 바와 같이, 초연결로 상급 지휘관이 상황인식이 제고되고 실시간으로 하급 부대를 지휘할 수 있게 될 것이다. 하지만 이 과정에서 하급 지휘관의 재량권은 불가피하게 축소된다. 문제는 이러한 상황에서 상급 지휘관의 상황인식 능력이 강화되고 이를 기반으로 이전까지는 하급 지휘관에게 위임되었던 개별 작전에 상급 지휘관이 더욱 많이 개입할 것이라는 사실이며, 문민통제의 원칙에서 최상급 지휘관의 상급 지휘관은 정치 지도자라는 사실이다. 즉, 초연결은 정치 지도자들이 군사작전에 직접 관여할 수 있는 기술적 여건을 조성하며, 그 결과 정치 지도자의 군사작전에 대한 개입이 매우 빠른 속도로 증가할 것이다.

1962년 10월 쿠바 미사일 위기 당시, 국방장관 맥나마라(Robert S. McNamara)는 쿠바로 다가오는 소련 수송선을 어떻게 임검(臨檢; inspect)할 것인가를 두고 해군 작전에 직접 개입했다. 이 과정에서 맥나마라 장관은 해군 작전사령관 앤더슨(George Whelan Anderson Jr.) 제독과 충돌했고, 쿠바 미사일 위기를 다루는 모든 연구가 거론하는 에피

10 이러한 내용을 정리한 논문으로는 최아진, "민주주의와 국방" 그리고 공진성 "민주주의와 시민의 병역의무" 등 『민군관계와 대한민국 육군』(서울: 한울아카데미, 2018)에 수록된 연구들이 있다.

소드가 발생했다.[11] 2011년 5월 미군 특공대는 파키스탄으로 진입하여 빈라덴(Osama bin Laden)을 사살했다. 사살 작전은 백악관 상황실에서 모니터했으며, 오바마 대통령 또한 옆에서 참관했다. 하지만 이 과정에서 오바마 대통령이나 게이츠 국방장관 또는 클린턴 국무장관 등은 작전을 직접 지휘하지 않았다. 그러나 초연결이 완성되고 작전 자체가 극소수 병력으로 수행되는 특공작전이 아니라 대규모 병력이 투입되는 군사작전이라면, 과연 군 통수권자가 방관할 것인가에 대해서는 의문의 여지가 있다. 오히려 맥나마라 장관의 행동이 더욱 현실적이며, 앞으로도 반복될 가능성이 높다.

이러한 상황을 어떻게 평가할 것인가? 이에 대해서는 민군관계를 이해하는 두 가지 관점에 따라서 서로 다른 평가를 내릴 수 있다. 첫째, 헌팅턴(Samuel P. Huntington) 등은 민군관계를 상대적으로 평등하게 파악하며 군의 전문성을 강조하고 존중해야 한다고 본다.[12] 이러한 관점에서 정치 지도자들은 군사문제의 전문성을 가진 장교단을 전문가 집단으로 존중하고 가능한 한 개입하지 않아야 하며, 이를 위해서는 객관적 문민통제(objective control)가 중요하다는 결론에 도달한다. 그리고 초연결 상황에서도 정치 지도자의 개입은 가능한 한 제한되어야 하며, 장교단의 군사분야의 전문성을 존중해야만 한다. 이에 따르면, 초연결을 통해 상급 지휘관이 하급 지휘관의 작전에 관여

---

11 해당 에피소드의 구체적인 내용 자체는 기록에 따라 조금씩 다르며, 맥나마라 국방장관과 앤더슨 해군 작전사령관 또한 약간씩 다르게 회고했다. 하지만 봉쇄작전의 집행과 임검 절차를 둘러싸고, 국방장관과 작전사령관이 충돌했다는 사실 자체는 분명하다.

12 Samuel P. Huntington, *The Soldier and the State: The Theory and Politics of Civil-Military Relations* (Cambridge, MA: Harvard University Press, 1957).

하는 것은 군사적 전문성의 관점에서 정당화될 수 있지만, 초연결망을 사용해 정치 지도자가 군사작전에 관여하는 것은 비전문가가 전문가의 영역에 간섭하는 것이기 때문에 가능한 한 지양되어야 한다.

민군관계를 본인/대리인 관점에서 바라보는 두 번째 시각은 이와 같은 문제를 다르게 평가할 수 있다. 피버(Peter D. Feaver)와 코헨(Eliot A. Cohen) 등은 민군관계를 정치 지도자들이 군사문제에 대해 실시간 정보를 가지고 있지 않기 때문에 장교단을 대리인으로 고용하고 그 전문성을 활용하는 불평등한 관계로 이해한다.[13] 정치 지도자들은 본인이며 장교단은 대리인이기 때문에, 민군관계는 평등하게 진행되지 않는다. 본인과 대리인의 대화는 근본적으로 권한 자체가 평등하지 않은 행위자들 사이의 불평등한 대화(Unequal Dialogue)이며, 객관적 문민통제 등은 존재하지 않는다. 만약 초연결 기술 덕분에 군사작전에 대한 실시간 모니터링이 가능하다면, 정치 지도자들은 더욱 많이 개입할 수 있으며 정치적 고려에 따라서 더욱 많이 개입해야 한다. 상급 지휘관과 하급 지휘관의 관계 또한 본인/대리인 관계이며, 상급 지휘관은 하급 지휘관의 작전에 대해 많은 정보를 가지고 있지 않기 때문에 재량권을 인정하고 직접적인 개입을 자제했다. 하지만 실시간 정보전달이 가능해지면서, 상급 지휘관이 하급 지휘관에게 위임했던 재량권을 축소하고 하급 지휘관에게 실시간으로 작전을 지시할 수 있게 되었다. 동일한 논리에 따라, 정치 지도자들은 장교단이라는 대리인에게 위임했던 재량권을 축소할 수 있으며, 초연결망

---

13 Peter D. Feaver, *Armed Servants: Agency, Oversight, and Civil-Military Relations* (Cambridge, MA: Harvard University Press, 2003); Eliot A. Cohen, *Supreme Command: Soldiers, Statesmen, and Leadership in Wartime* (New York: Free Press, 2002).

을 통해 군사작전의 수행에 직접적으로 개입할 수 있다.

미국 남북전쟁은 이러한 측면에서 많은 것을 시사한다. 그 이전까지 근대 민주주의 국가는 국가 자체의 운명을 건 대규모 전쟁을 수행하지 않았으며, 설사 그러한 전쟁에 직면했다고 해도 기술적인 요인으로 전쟁 상황에 대한 정보를 획득하는 데 많은 시간이 소요되었다. 하지만 통신기술이 발전하고 특히 전보가 1840년대에 실용화되면서, 정치 지도자들은 전쟁 상황에 대한 정보를 매우 빨리 확보할 수 있게 되었다. 링컨(Abraham Lincoln)은 이러한 상황을 적극적으로 활용했고, 남북전쟁 과정에서 개별 군사작전과 지휘권 문제에 깊이 개입했다. 전보를 통해 지휘관들에게 보고서를 직접 요구했으며, 병력 이동과 작전을 지시하기도 했다. 대통령의 이러한 개입에 대해 지휘관들은 반발했으며, 링컨은 군 통수권자로의 권한을 적극 활용하여 "자신이 부적절하다고 판단하는" 지휘관들을 경질했다. 북부 군사력의 핵심이었던 포토맥군(Army of the Potomac) 지휘관의 평균 임기는 10개월이었으며, 링컨의 지시를 적극적으로 수행했던 그랜트(Ulysses S. Grant)가 총사령관으로 군사작전을 통제했던 마지막 18개월을 제외한다면 그 평균 재임기간은 7개월 정도이다. 하지만 이러한 개입이 없었던 남부는 1862년 6월에서 1865년 4월 패전까지 리(Robert E. Lee)가 34개월 동안 지속적으로 주력 부대인 북부 버지니아군(Army of Northern Virginia)을 지휘했다.

민주주의는 군사력 건설과 군사혁신과 관련하여 양면적이다. 기본적으로 민주주의 수호는 대한민국 육군의 가장 중요한 임무이며, 따라서 타협할 수 없는 최종 목적이다. 군사력 건설과 군사혁신은 이를 달성하기 위한 수단이며, 따라서 군사력 건설과 군사혁신을 위해서 최종 목적인 민주주의 자체를 훼손할 수 없다. 하지만 민주주의와 군사력 건설 그리고 군사혁신은 상충되지 않으며, 오히려 민주주의 국가는 군사력 건설과 군사혁신에서 더욱 효율적이기도 하다. 군사력 건설을 위해 민주주의를 희생할 필요는 없다. 군을 통한 민주주의적 가치 내면화는 한국 민주주의 발전에 기여할 수 있으며, 전투효율성을 향상시키는 소부대 응집력 강화는 정치 공동체의 가치를 제고하고 민주주의를 강화하는 결과를 가져오기도 한다.[14]

단, 군사력 통제에서 문제가 발생할 수 있다. 문민 우위를 강조하는 민주주의 원칙에 기초하여, 정치 지도자들은 초연결 기술을 활용하여 군사작전에 더욱 많이 개입할 수 있다. 하지만 이러한 개입 자체는 기술발전의 결과로 나타나는 자연스러운 현상이며, 불가피한 추세이다. 이 때문에 이와 같은 "문제를 완전히 해결"하는 것은 불가능하며, 그 문제에 익숙해지거나 그 부작용을 통제하도록 노력해야만 한다. "문제를 해결"하려는 행동은 군사력 구축 및 운용이라는 수단이 민주주의 수호라는 목적을 휘두르는 결과를 가져오며, 따라서 용납될 수 없다.

5. 붉은 여왕과 학습의 조직화: 군사조직과 교훈 그리고 개혁

붉은 여왕이 이야기를 하듯이, "같은 곳에 있으려면 쉬지 않고 최선을 다해 힘껏 달려야" 하고 "만약 어디 다른 곳으로 가고 싶다면, 적어도 그보다 두 배는 빨리 달려야 한다". 군사혁신을 실현하기 위

---

14 Dan Reiter and Allan C. Stam, *Democracies at War* (Princeton, NJ: Princeton University Press, 2002).

해서는 "두 배는 빨리 달려야" 하며, 더욱 체계적으로 다양한 교훈을 학습하고 군사력 구축에 이러한 교훈을 더욱 체계적으로 반영해야 한다. 하지만 이것은 쉽지 않다. 학습을 위해서는 많은 노력이 있어야 하며, 기존 조직과 관행 그리고 다양한 이익과 충돌하게 된다. 학습 자체를 넘어 이를 개혁에 반영하는 것은 더 많은 노력을 필요로 한다. 그렇다면 성공적인 군사혁신을 실현하기 위해서는 어떻게 행동해야 하는가? 비전 2030이 한국 육군의 군사능력을 업그레이드하는 것을 목표로 하는 상황에서, 이러한 학습과 혁신에 대한 논의는 매우 중요하다. 즉, 어떻게 학습하고 어떻게 개혁할 것인가의 질문이 핵심을 차지한다.

"바보는 경험에서 배우고 현자는 역사에서 배운다." 비스마르크가 했다는 이 유명한 말은 많은 공감을 자아내지만, 정확하지는 않다. 경험에서 배우는 것은 쉽지 않으며, 역사는 자동적으로 되풀이되지 않는다. 경험과 역사는 이해하기 어려운, 그래서 매우 비싸고 위험한 교과서이다. 많은 군사조직이 패전이라는 경험에서 학습했다. 하지만 많은 군사조직과 국가는 패전이라는 경험에서도 배우지 못했다. 군사혁신은 바로 이와 같이 "비싸고 위험한 교과서"를 가지고 진행하는 학습 과정이며, 비전 2030은 그 일부이며 계속 추구해야 하는 사실상 끝없는 경쟁의 한 부분이다. 비전 2030은 장기적 전망과 10년 단위의 과제 발굴의 중요성 등을 강조했다. 이것은 적절하다. 하지만 교훈 학습에 대한 보다 체계적인 접근이 필요하다.

일부 국가는 적절하게 학습하고 개혁을 실현하여 성공적으로 환경에 적응했다. 군사혁신의 실패 사료로 언급되는 1차 대전에서도 독일은 참호전이라는 기술환경을 적절하게 분석하여 전술적 차원에서 돌파구를 모색하는 데 성공했다.[15] 하지만 패전이라는 뼈아픈 경험에서도 학습하지 않은, 학습하지 못한, 또는 학습했지만 학습한 교훈을 개혁으로 실천하지 못한 군사조직 또한 많다. 1904/05년 러일전쟁에서 러시아군은 패배했으나, 개혁하는 데 실패했다. 1차 대전에서 이탈리아는 효율적인 전투력을 보여주지 못했으나, 2차 대전에서도 사실상 동일한 문제점을 그대로 노출했다.[16] 지난 70년 동안 아랍국가들은 경제력 증가 등과 같은 많은 변화에도 불구하고, 적절한 군사력을 구축하는 데 실패했다. 이스라엘과의 대결에서 거듭 패배했지만, 아랍국가들의 군사력에서는 큰 개선이 없는 상황이다.[17] 군사혁신에서 성공하기 위해서는 흔히 이야기되는 "절박한 자기부정과 상황인식" 이상의 무엇인가가 필요하다. 전쟁에서 패배한 대부분의 국가와 군사조직은 패배의 충격 때문에 내분에 빠지며, 책임 추궁을 통해 변화에 적응하지 못하고 혁신에 실패한다.

그렇다면 이러한 성공과 실패 사례의 차이는 무엇인가? 즉, 적절하게 학습하고 그 교훈을 행동으로 옮기는 국가 및 군사조직과 학습하지 못하거나 학습하지 않으며, 학습한다고 해도 그 교훈을 정책에

15 Timothy T. Lupfer, *The Dynamics of Doctrine: The Changes in German Tactical Doctrine During the First World War* (Fort Leavenworth, KS: U.S. Army Combat Studies Institute, 1981).

16 John Gooch et al., "Italian Military Efficiency: A Debate," *Journal of Strategic Studies*, Vol. 5, No. 2 (June 1982), pp.248~277. 이를 확장한 최근 연구로는 John Gooch, *The Italian Army and the First World War* (Cambridge: Cambridge University Press, 2014)가 있다.

17 아랍국가들의 군사적 효율성에 대한 매우 비판적인 입장을 견지하는 연구로는 Kenneth M. Pollack, *Arabs at War: The Past, Present, and Future of Arab Military Effectiveness* (Lincoln, NE: University of Nebraska Press, 2002); Kenneth M. Pollack, *Armies of Sand: The Past, Present, and Future of Arab Military Effectiveness* (New York: Oxford University Press, 2019) 등이 있다.

반영하여 실행하지 못하는 국가 및 군사조직의 차이는 무엇인가? 이에 대한 보다 체계적인 분석이 필요하다. 즉, 단순하게 성공 사례에 대한 연구가 아니라 성공 사례와 실패 사례를 동시에 비교·분석함으로써 성공의 진정한 비결을 파악할 필요가 있다.

이와 함께 과학화훈련장(KCTC)을 보다 적극적으로 활용하여, 훈련과 함께 전투실험 및 군사혁신을 실행하는 데 필요한 데이터를 수집할 필요가 있다. 예를 들어, 소부대 응집력에 대한 기존 연구들은 실제 전투에서 사후 수집된 데이터를 사용한 결과이며, 따라서 전투 과정에서의 역동성을 정확하게 반영하지 못하는 문제점이 있다. 하지만 KCTC 시스템을 적극 활용한다면, 이와 같은 데이터의 문제점을 극복하여 전투효율성과 소부대 응집력에 대해 더욱 많은 사항을 알 수 있다. 또한 드론봇 시스템과의 융합이 더욱 큰 효과를 발휘하기 위해 필요한 다양한 실험 등을 진행할 수 있다. 향후 더욱 많은 시스템이 육군에 포함될 것이기 때문에, 이와 같은 시스템 실험 등은 군사혁신을 달성하기 위해 매우 중요하다.

6. 결론: 대한민국 육군의 도약적 발전과 변화하는 미래

대한민국 육군의 도약적 발전은 반드시 필요하다. 이에 대해 거부할 사람은 없다. 하지만 "도약적 발전" 자체를 강조한다면, 이러한 "도약"이 일회성에 그친다는 인상을 주며 따라서 "도약"의 지속성이 잊힐 수 있다. 이것은 문제이다. 변화는 한 번에 그칠 수 없으며 그쳐서도 안 된다. 변화는 지속되어야 한다. 비전 2030이 이루어진다면, 이후에는 2050이 있을 것이며 다시 2070과 2090이 필요할 것이다.

2030년 이후에도 세계는 존재하며, 때문에 군사혁신과 육군력의 발전은 필수적이다. 이러한 측면에서 "도약"이라는 표현은 적절하지 않다. 즉, 필요한 것은 Deep Change 이상이며, Deep and Permanent Change라고 할 수 있다. 한 번 잘 "도약"한다면 바로 목적지에 도달하는 것이 아니라, 근본적인 차원에서 그리고 항구적으로 변화하겠다는 의지와 능력을 보여주어야 한다. 한국 육군의 도약은 시작도 아니고 끝도 아니다. 영원한 과정이다. 한계를 뛰어넘는 것이 적절하지만 보다 중요한 것은 끝없이 변화할 수 있는 능력, 달리기로 비유하자면 지구력이다.

서두에서 언급한 『거울 나라의 앨리스』의 결말에서 주인공 앨리스는 우여곡절 끝에 8칸을 전진하자, 머리에 왕관이 생겨나고 폰에서 퀸으로 승급한다. 이어 붉은 여왕이 다시 나타나 퀸으로의 의무와 행동거지에 대해 가르치면서 만찬을 개최하지만, 만찬장에서는 엄청난 혼란이 발생한다. 이에 앨리스는 "당신이 만악(萬惡)의 근원"이라고 붉은 여왕을 비난하면서, "내가 당신을 흔들어서 아기 고양이로 만들어버리고 말겠어!"라고 외친다. 작은 인형 크기로 줄어든 붉은 여왕을 쥐고 흔들자, 여왕은 진짜 아기 고양이로 변하고 앨리스는 꿈에서 깨어난다. 어리둥절한 앨리스는 잠에서 깨어나고, 소설은 시(詩) 구절로 끝맺음한다. 그 시의 마지막 행은 다음과 같다: "삶이란, 한낱 꿈에 지나지 않은 것일까?(Life, what is it but a dream?)"

소설에서 주인공 앨리스는 꿈에서 깨어나고, 아무런 상처 없이 현실로 돌아온다. 하지만 이것은 소설 속 이야기이다. 진정한 현실에서는 "같은 곳에 있으려면 쉬지 않고 최선을 다해 힘껏 달려야 해. 만약 어디 다른 곳으로 가고 싶다면, 적어도 그보다 두 배는 빨리 달려야 한다"라는 붉은 여왕을 쥐고 흔든다고 해서 붉은 여왕이 아기 고양이로 변해서 사라지지 않는다. 현실에서 작용하는 것은 "같은 곳에 있으려면 쉬지 않고 최선을 다해 힘껏 달려야 해. 만약 어디 다른 곳으로 가고 싶다면, 적어도 그보다 두 배는 빨리 달려야 한다"라는 붉은 여왕의 가르침이다. 이것이 만악의 근원이기는 하지만, 우리는 이러한 힘이 작용하는 현실을 사라지게 만들 수는 없으며 지금 꾸고 있는 꿈에서 깨어날 수 없다. 결국 붉은 여왕은 우리의 현실을 규정하며, 우리는 "같은 곳에 있으려면 쉬지 않고 최선을 다해 힘껏 달려야 해. 만약 어디 다른 곳으로 가고 싶다면, 적어도 그보다 두 배는 빨리 달려야 한다". 다른 것은 가능하지 않다.

또 다른 문제는 목적의 명확성이다. 『거울 나라의 앨리스』에서 주인공은 퀸으로 승급하지만 앨리스는 승급 이후의 상황을 거부하며 붉은 여왕을 사라지게 만들고, 꿈에서 깨어난다. 하지만 육군은 "퀸으로 승급"하면서 최종 목적을 포기할 수 없다. 대한민국 육군의 목적은 정치적 독립과 영토적 통일성의 수호이며, 대한민국 민주주의의 수호와 한반도와 그 부속 영토의 방어가 최종 목적이다. 따라서 육군은 군사력 측면에서도 계속 변화해야 하지만, 그와 함께 최종 목적인 대한민국 민주주의의 수호에 초점을 맞추면서 사회의 나머지 부분과 교류해야 한다.

"같은 곳에 있으려면 쉬지 않고 최선을 다해 힘껏 달려야 해. 만약 어디 다른 곳으로 가고 싶다면, 적어도 그보다 두 배는 빨리 달려야 한다"는 것은 군사력 건설에만 적용되지 않는다. 대한민국 육군이 수호해야 하는 대한민국 민주주의와 그 바탕인 대한민국 사회는 끊임없이 변화한다. 따라서 육군 자체도 민주주의와 사회에 적응하기 위해 계속 변화하고 진화해야 한다. 그리고 이러한 변화와 진화에는 시한이 있을 수 없으며, 장기적 투자와 노력으로 문제를 해결할 수 없다. 이 경우에는 "두 배는 빨리 달릴 필요"는 없지만, 최소한 "같은 곳에 있으려면 쉬지 않고 최선을 다해 힘껏 달려야 한다". 다른 방법은 없다.

하지만 군이 사회를 따라잡지 못하고 따라잡을 수도 없다. 대한민국 육군이 대한민국 민주주의 수호를 위해 노력하지만, 군 조직과 일반 사회에는 분명히 간극이 존재한다. 그리고 이와 같은 간극은 군 조직의 특성 때문에 필요하다. 군대는 사회와 완벽하게 격리된 섬이 아니며, 섬이 되어서도 안 된다. 하지만 어느 정도의 격리와 간극 자체는 필요하다. 문제는 불가피하게 존재하는 간극을 어떻게 건설적인 방향으로 발전시키는가이다. 이를 위해서는 사회와 교류하고 대화하는 것이 필요하다. 즉, 사회와 격리되면서 사회를 보호하고 동시에 사회 발전에 긍정적 효과를 가져오도록 노력해야 한다. 이것이 쉽지는 않으며, 이것 때문에 군사혁신 자체를 포기해서도 안 된다. 하지만 군사혁신과 그 필요성을 사회 전체가 수용하도록 노력해야 한다. 이것이 민주주의 국가의 육군이 직면한 숙명이다.

제6장

비전 2050을 위하여

미래 비정규전에 대비한 육군의 군사혁신

최현진

1. 서론

8년째 계속되는 시리아 내전으로 어린이 2만 8000명을 포함해 민간인 약 22만 3000명이 사망했다. 개전 이후 시리아 정부군과 수니파 반군은 사린이나 염소가스를 이용하여 최소 100차례 이상 화학무기 공격을 감행해왔다.[1] 미얀마 군부는 미얀마 서부 라카인주(州)에서 '로힝야' 소수민족에 대한 토벌 작전을 벌이고 있으며, 이 과정에서 1만 명 이상의 민간인들이 사망하고, 70만 명 이상의 난민이 발생했다. 4년째 내전을 겪고 있는 예멘에서는 2018년 한 해 매주 평균 100명 내외의 민간인들이 죽거나 다쳤다. 이 사례들은 오늘날 신문

1 연합뉴스, "시리아 내전 5년간 화학무기 공격 최소 106회: BBC 탐사보도," 2018년 10월 15일.

의 국제 면에 자주 등장하는 크고 작은 비정규전의 폭력성과 참상을 보여준다.

비대칭·비정규전은 오늘날 가장 전형적인 전쟁의 형태이다. 비정규전은 국가들 사이의 정규전보다 더 자주 발생할 뿐만 아니라 더 많은 인명피해를 일으킨다. 스웨덴 소재 웁살라대학교의 분쟁데이터(Uppsala Conflict Data Program)에 따르면, 1989년부터 2017년 사이 122만 명 이상의 군인들(반군 및 민병대원 포함)이 비정규전으로 인해 사망했으며, 이는 같은 기간 국가 간 전면전에 의한 사망자 수보다 약 9배나 많은 수치이다.[2] 미 육군 미래학 연구팀(U.S. Army Future Studies Group)의 보고서 「2030~2050 미래전장의 모습」은 첨단 대량살상무기의 확산, 무인전투체계의 실전 배치와 더불어 지구온난화, 청년실업, 저출산, 저성장, 독재체제의 붕괴 및 빈부격차 확대로 인한 '실패국가(failed state)'의 증가를 미래 위협요인으로 꼽으며, 2030~2050년의 전쟁은 첨단기술과 자본을 가진 비정부단체 또는 개인이 국가에 도전하는 비정규전이 될 것이라고 예측한다.[3] 따라서 지금은 미래 비정규전의 전투양상과 그 성격에 대한 보다 많은 관심과 연구가 필요한 때이다.

비대칭·비정규전은 정치권력이나 경제적 자원의 획득을 둘러싸고 나라 안에서 일어나는 비정부 무장단체와 국가 간의 무력충돌로서, 군사적 열세에 처한 비국가단체가 정부군과 다른 무기체계와 작

---

2 Therese Pettersson and Kristine Eck, "Organized Violence, 1989~2017," *Journal of Peace Research*, Vol. 55, No. 4 (June 2018), pp.535~547.

3 Benjamin Jensen and John T. Watts, "The Character of Warfare 2030 to 2050: Technological Change, the International System, and the State," U.S. Army Future Studies Group (2017).

전방식을 사용하는 전쟁이다.[4] 비정규전은 다음과 같은 몇 가지 특징을 지닌다. 가장 대표적인 비정규전의 특징으로 민간인에 대한 폭력을 들 수 있다. 군복을 착용한 정규군 사이의 전쟁과 달리 비정규전 상황에서는 적군과 아군을 구분하기 어렵다. 대부분의 게릴라 병사들은 군복을 착용하지 않으며, 민간인들로부터 전쟁물자와 식량, 의복 등을 직접 공급받는다. 따라서 반군의 소탕과정에서 민간인에 대한 무차별적 공격이 이루어지는 경우가 많다. 예를 들어, 1994년 르완다 내전에서 강경 집권세력과 폭도들에 의해 약 50만 명의 민간인들이(주로 소수 투치족 계열) 학살되었으며, 2003~2004년에는 수단 정부에 의해 고용된 잔자위드(Janjaweed) 민병대가 다르푸르 지역의 반군을 소탕하는 과정에서 약 8만 명의 민간인을 학살했다. 시에라리온 내전에서는 반군 지도자 산코(Foday Sankoh)에 고용된 소년 병사들이 친정부 성향 민간인들의 팔과 다리를 잘랐으며, 현재 시리아에서도 알-아사드(al-Assad) 정부의 지원을 받는 시아파 민병대에 의해 수많은 수니파 시민들이 희생되고 있다.

두 번째 비정규전의 특징으로 분쟁행위자들의 분화 및 다양화를 들 수 있다. 전통적 방식의 내전이 정부군과 반군 사이의 전쟁이었다면, 오늘날 일어나는 분쟁에는 반군, 민병대, 자경단원, 군벌, 조직폭력배, 폭도 등 다양한 무장단체들이 함께 참여하고 있다. [그림 6-1]은 1997년에서 2014년 사이 아프리카에서 발생한 폭력사건 발생빈도의 연도별 추이를 다섯 가지 무장단체들 – 반군(Rebel), 민병대(Political

---

4 Andrew Mack, "Why Big Nations Lose Small Wars: The Politics of Asymmetric Conflict," *World Politics*, Vol. 27, No. 2 (January 1975), pp.175~200; Ivan Arreguín-Toft, "How the Weak Win Wars: A Theory of Asymmetric Conflict," *International Security*, Vol. 26, No. 1 (Summer 2001), pp.93~128.

[그림 6-1] 아프리카 내전 행위자의 연도별 추이(1997~2014)

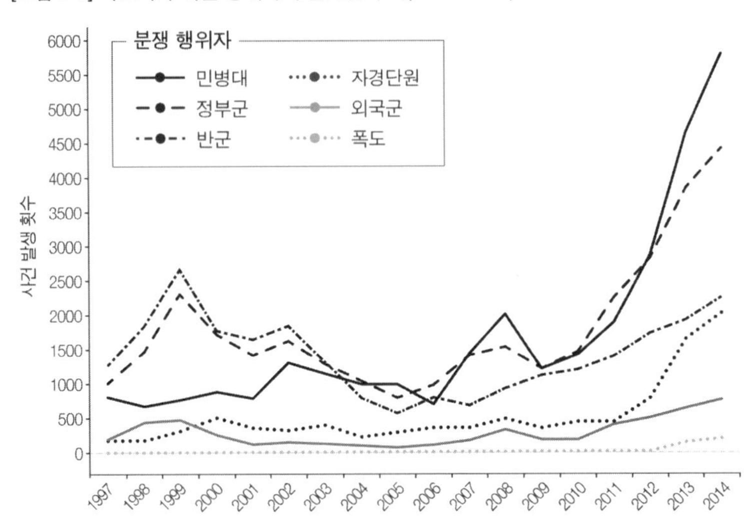

자료: Armed Conflict Location and Event Dataset (www.acleddata.com).

militia), 자경단원(Communal militia), 폭도(Rioter), 정부군(Government force) ─을 중심으로 나타내고 있다.[5] 그림에서 볼 수 있듯이 2006년 이후 이들 단체들이 참여한 폭력사태의 횟수가 복합적으로 증가하고 있다. 아프리카 국가들이 민주화 과정을 거침에 따라 정치엘리트와 결탁한 민병대 등의 새로운 행위자가 등장했기 때문이다. 따라서 미래의 비정규전에 대비하기 위해서는 '주적(主敵)' 중심의 전통적 시각에서 벗어나 다양한 무장단체들의 비대칭 위협에 능동적으로 대응할 수 있는 능력과 무기체계를 발전시켜야 한다.

---

5 Clionadh Raleigh, Andrew Linke, Håvard Hegre and Joakim Karlsen, "Introducing ACLED: An Armed Conflict Location and Event Dataset," *Journal of Peace Research*, Vol. 47, No. 5 (September 2010), pp.651~660.

비정규전의 세 번째 특징은 불확실성이다. 비정규전에서는 평화협정이 불과 며칠 만에 깨어지거나 어제의 동맹세력이 오늘의 적이 되어 싸우는 경우가 매우 빈번하게 발생한다. 2007년 팔레스타인 자치정부는 파타(Fatah)와 하마스(Hamas) 정당으로 갈라져 같은 민족끼리 내전을 치렀으며, 남수단의 경우 2011년 내전의 종식과 더불어 독립 국가를 건설한 직후 권력엘리트의 분열로 또다시 내전이 시작되었다. 이를 예상하지 못했던 남수단 주둔 한빛부대가 2013년 12월 일본의 육상 자위대로부터 실탄 1만 발을 지원받기도 했다.[6] 리비아도 2011년 카다피 정권의 붕괴와 함께 내전이 종식되었지만, 현재도 정부군과 민병대 사이의 전투가 계속되고 있다. 2003년 미군의 개입과 사담 후세인(Saddam Hussein)의 몰락 후 민주선거와 정치개혁을 추진하던 이라크에서는 새로운 수니파 무장단체인 이슬람국가(IS)가 등장하며 또 다른 전쟁이 시작되었다. 이처럼 복잡하고 불확실한 상황 가운데 치안을 확보하고, 질서를 유지하며, 주민의 동조를 이끌어내기 위해서는 육군 주도의 특수작전 및 '안정화 작전' 수행능력이 절실히 요구된다.

이 글의 목적은 2030~2050년에 한반도, 동아시아 및 해외의 한국군 임무지역에서 일어날 수 있는 비대칭·비정규전의 성격을 예측하고 육군의 대응방안을 제시함에 있다. 다음 절에서는 과학기술의 발전, 소득격차 확대, 인구분포상의 문제, 취약/실패국가 증가 등에 따른 전쟁양상의 변화를 설명하고, 미래 비정규전의 모습을 예측한다. 제3절에서는 미래의 불특정 위협에 대비하고 비정규전에서 승리

---

6 ≪중앙일보≫, "남수단 파견 한빛부대, 日자위대서 실탄 1만발 구입," 2013년 12월 23일.

하기 위한 육군의 능력과 전투체계를 빅데이터 수집, 민간인보호, 민관군 협력과 정신전력 분야를 중심으로 분석하고 정책을 제안한다. 마지막 결론에서는 인공지능과 무인전투체계가 실용화되는 2050년에도 전쟁의 본질은 '영토의 지배'에 있음을 지적하고, 전쟁의 종결자로서 지상군의 역할과 중요성을 강조한다.

2. 미래 전쟁양상의 변화: 새로운 비정규전의 시대

> 강한 자는 약한 자가 가져다줄 고통이 두려워할 수 있는 일을 하지 못할 것이다(The strong will not do what they can for fear the weak will make them suffer). _ 미 육군 「2030~2050 미래전장의 모습」 중

이 장에서는 빅데이터 기반 인공지능, 양자컴퓨터(Quantum computing) 등 첨단과학기술의 지구적 확산과 드론봇 무인전투체계의 실전배치 및 거버넌스의 위기를 중심으로 미래 전쟁의 변화양상을 분석한다. 이를 바탕으로 2030~2050년 대한민국이 마주하게 될 분쟁은 대량응징보복과 인명살상이 동반된 정규전이 아닌, 첨단기술과 비대칭 무기로 무장한 비국가단체가 국가에 도전하는 비정규전이 될 것이라고 예측한다.

1) 첨단과학기술의 확산

미래 전쟁양상은 거대자본과 첨단과학기술이 주도할 것으로 전망된다. 빅데이터 기술이 적용된 인공지능이 지상, 공중 및 해상에서

적의 활동과 도발 징후 관련 정보를 실시간으로 탐지·분석해 최적의 방어와 공격 수단을 초연결 네트워크와 연결된 전장의 지휘관에게 전달할 것이다. 재래식 무기의 파괴력이 높아질 뿐만 아니라, 인공지능이 수행하는 빅데이터 기반 표적탐지 기술은 화포, 미사일과 각종 유도무기의 정밀타격 능력을 극대화할 것이다. 더욱이 신미국안보센터(CNAS: Center for a New American Security)의 보고서 「양자 헤게모니: 중국의 야심과 미국의 혁신리더십에 대한 도전」에 따르면 향후 중국의 양자 기술발전이 군사 및 전략 균형에 영향을 미치며 미국의 군사적 우위를 상쇄할 수도 있다.[7] 특히 중국과 캐나다가 개발 중인 양자 레이더가 완성될 경우 위성에 탑재하여 비행 중인 스텔스기와 잠항 중인 잠수함의 위치를 조기에 탐지하게 된다.[8]

요컨대 미래에는 양자레이더가 적의 활동 및 자원에 대한 정보를 수집하고, 인공지능이 적의 도발징후를 사전에 탐지하며, 자율형 재밍(jamming·전파방해) 등의 전자기술이 적의 레이더와 통신 장비를 무력화함에 따라 군사력의 효율적인 전방전개 및 전력투사(force projection)가 더욱 어려워질 것이다. 레일건(전자가속포), 소형 전술핵 등 신무기의 가공할 파괴력과 정확성을 함께 감안할 때 2030~2050년은 다수의 강대국들이 공존하는 '방어 우위'의 시대가 될 것이라 예상된다.[9]

따라서 미래의 전쟁은 대규모 인명살상을 각오해야 하는 강대국

---

7 Elsa Kania and John Costello, "Quantum Hegemony? China's Ambitions and the Challenge to U.S. Innovation Leadership," Center for a New American Security (2018).

8 Ibid.

9 Benjamin Jensen and John T. Watts, "The Character of Warfare 2030 to 2050: Technological Change, the International System, and the State," U.S. Army Future Studies Group (2017), p.56.

사이의 정규전보다 테러·사이버전 등 다양한 종류의 비정규전이 될 가능성이 높다. 무엇보다 첨단과학기술의 이면에는 새로운 기술이 초래하는 위험과 불확실성이 노정되어 있다. 예를 들어, 일상생활과 산업현장이 정보통신기술로 연결된 초연결시대에는 원자력발전소, 한국전력과 같은 국가기간시설이나 금융기관에 대한 사이버테러가 국가 재난에 준하는 피해를 일으킬 수 있다. 사이버보안 전문가들은 "해커가 기반시설 제어시스템을 마비시키고 장악하면 수천 명을 태운 지하철이 정면충돌을 일으키거나 원자력발전소가 동시다발적으로 고장을 일으켜 국가적 대정전이 일어날 수도 있다"라고 경고한다.[10] 향후 인공지능을 활용해 전산시스템의 취약점을 찾아내는 등 사이버 공격은 과학기술의 발전과 함께 한층 더 고도화될 것으로 전망된다.

정밀무기와 탐지기술의 발전도 예상치 못한 위험을 초래할 수 있다. 실시간 탐지에 노출된 무장단체와 테러리스트는 산악지대를 벗어나 인구밀도가 높은 대도시의 민간인 속으로 섞여들게 될 것이다.[11] 민간인을 방패막이 삼아 자신들을 보호하는 한편, 첨단기술과 접목된 비대칭 무기 – 예를 들어, 더러운 폭탄(dirty bomb), 화학 및 생물학 무기 – 를 사용해 학교와 병원 등 소프트 타깃(Soft target)을 겨냥한 무차별 테러를 감행할 수 있다. 실제로 시리아에서는 수니파 반군이 점령지역의 병원을 거점으로 활용하자 정부와 러시아군이 병원을 폭격하는 일이 발생하기도 했다. 아무리 첨단무기시스템을 갖추고 있는 국

---

10 뉴스1, "활짝 열리는 5G 초연결시대: 안전·보안이 최우선," 2019년 1월 3일.

11 Benjamin Sutherland, "Military Technology: Wizardry And Asymmetry," in Daniel Franklin(ed.) *Megatech: Technology In 2050* (London: Economist Books, 2017).

가라 할지라도 민간인을 인질로 삼은 무장세력과의 전투에서 승리하기란 쉽지 않다. 시민의 생명과 인권을 중요시하는 민주주의국가라면 더더욱 그렇다.[12] 이처럼 시민의 안전을 지키기 위해 개발된 첨단기술이 오히려 더 많은 사람들을 위험에 빠뜨릴 수도 있다. 따라서 미래 안보상황에 대비함에 있어 새로운 군사기술의 측면에만 집중하기보다는 기술혁신이 초래하는 전쟁의 성격과 전투수행 방식의 변화에 더 많은 관심을 가져야 한다.

2) 무인전투체계의 실전배치

2030~2050년에는 첨단화된 무인전투체계가 실전 배치되어 전장환경과 전투수행 방법의 패러다임이 변화할 것이다.[13] 미래 전장에서는 고고도 상공의 드론의 적의 위치와 좌표를 획득하고, 이 데이터를 실시간으로 전송받은 무인폭격기나 무인전차가 적진의 목표물을 정밀 타격하는 방식이 보편화될 것이다.[14] 무인전투체계의 장점으로 다음과 같은 세 가지를 꼽을 수 있다. 첫째, 전투 병력이 위험한 환경에 노출되지 않은 상태에서 정보를 획득하고 주요 표적을 타격하는 임무를 빠르고 정확하게 수행할 수 있다.[15] 둘째, 초소형 무인기가

---

12 Gil Merom, *How Democracies Lose Small Wars* (Cambridge: Cambridge University Press, 2003).

13 김민혁, 「자율형 무인전투체계의 법적·윤리적 의사결정 프로세스 모델링」, ≪국방정책연구≫, 제34권 3호 (2018), 135~154쪽.

14 육군본부, 『도약적 변혁을 위한 육군의 도전』(대한민국 육군, 2019).

15 설현주, 『2035년 한국 미래 공군 작전개념 및 핵심임무 연구』(충남대학교, 2017).

일반 레이더나 유인정찰기로는 관찰할 수 없는 사각지대를 정밀 탐지하는 등 감시정찰능력이 크게 향상될 것이다.[16] 마지막으로, 전투요원을 보호하기 위한 방호력 개선에 들어가는 막대한 연구개발비용과 시간을 절약할 수 있다.[17] 이에 육군은 무인전투체계의 조기전력화를 목표로 2030년까지 모든 부대에 드론봇 전투단을 만들어 운용할 계획이다.[18]

그렇다면 앞으로 무인전투체계에 의해 전쟁과 전투수행 방식이 어떻게 변화할 것인가? 지난 2017년 신미국안보센터(CNAS)는 전투용 드론이 선제공격과 보복공격 그리고 확전의 가능성에 미치는 영향에 대해 259명의 전문가와 일반인들을 대상으로 설문조사를 실시하고 그 결과를 발표했다.[19] 설문지 질문은 다음과 같다.

1. 현재 당신의 나라는 다른 나라와 영토분쟁을 치르고 있습니다. 국방부는 분쟁지역에서 전투용 드론을 사용할 계획을 가지고 있고, 작전 중 아군의 드론이 적에게 격추될 가능성은 50%입니다. 당신은 분쟁지역에 전투용 드론을 전개하는 데 찬성하십니까?
2. 현재 당신의 나라는 다른 나라와 영토분쟁을 치르고 있습니다. 지금 적의 전투용 드론이 분쟁지역에서 임무를 수행하고 있고,

---

16 ≪문화일보≫, "美·中 '벌떼 드론'부대 구체화 … 미래戰 대표 무기로," 2018년 8월 10일.

17 설현주,『2035년 한국 미래 공군 작전개념 및 핵심임무 연구』.

18 육군본부,『도약적 변혁을 위한 육군의 도전』.

19 Michael Horowitz, Paul Scharre and Ben FitzGerald, "Drone Proliferation and the Use of Force: An Experimental Approach," Center for a New American Security (2017).

아군은 이를 격추하려고 합니다. 적의 전투용 드론을 격추하는 방안에 대해 어떻게 생각하십니까?

3. 현재 당신의 나라는 다른 나라와 영토분쟁을 치르고 있습니다. 분쟁지역에서 아군의 전투용 드론이 임무를 수행하던 중 적의 공격에 의해 격추되었습니다. 이에 대한 대응으로 적의 유·무인 전투기에 대해 보복공격을 감행하시겠습니까?

유·무인 전투수단의 차이점을 분석하기 위해, 위 질문과 동일한 상황에서 '전투용 드론'을 '유인전투기'로 바꿔 설문을 반복했다.

첫 번째 설문 결과 52%의 응답자가 분쟁지역에 전투용 드론을 전개하는 방안에 찬성했다. 반면, 유인전투기를 전개하는 방안에 대해서는 불과 10%만이 찬성했다. 두 번째 설문 결과 무려 72%의 응답자가 적의 드론을 격추하는 방안에 찬성했다. 그러나 격추대상이 유인전투기일 경우 찬성률이 45%로 떨어진다. 아군 드론의 격추에 대한 대응을 물어보는 마지막 질문에 불과 23%의 응답자가 보복공격을 지지했다. 반면, 아군의 유인전투기가 격추될 경우 보복공격 찬성률이 64%로 높아진다. 이 결과를 통해 전투용 드론이 실전에 사용되는 2030~2050년에 중소 규모의 정규전(저강도분쟁)이 빈번하게 발생할 수 있음을 예상할 수 있다.[20] 남중국해, 동중국해, 대만해협, 한반도 등의 분쟁지역에서 드론에 의한 정찰 및 선제공격, 격추와 같은 우발적 충돌이 발생할 수 있겠지만 이것이 대규모 전쟁으로 확전될 가능성은 그리 크지 않아 보인다. 요컨대, 기계가 전투를 수행하는 시대에는 더 많은 갈등과 충돌이 생길 수 있지만 '전쟁을 불사하는

20 Ibid.

확전의지'는 약화될 것으로 전망된다.

무인전투체계의 사용이 초래할 수 있는 또 다른 현상으로 '군인 정신과 전투의지의 약화'를 들 수 있다. 무인전투체계가 보편화된 미래 전장에서는 더럽고, 힘들고, 위험한 임무를 사람 대신 기계가 수행하게 될 것이다. 사람이 하던 위험한 수색정찰 임무를 드론이 대신하고, 사람이 타격하던 표적을 드론이 타격한다.[21] 목숨을 걸고 전투에 임하는 용기보다 모바일 시스템을 능숙히 다루는 능력과 기술이 전투의 승패를 좌우한다. 이 같은 변화는 장기적으로 육군의 정신전력 약화로 이어질 수 있다. 이런 추세가 계속 이어진다면 2030~2050년의 전장에서는 죽기를 각오하고 싸우는 병사를 점점 찾아보기 어려워질 것이다. 따라서 육군은 조직의 정체성과 존재목적을 명확히 함과 아울러 장병들이 젊음과 목숨을 바쳐 지킬 만한 가치체계를 새롭게 정립해야 한다.

3) 거버넌스 위기와 실패국가의 증가

국가 간 갈등에 따른 지역분쟁과 핵확산 등 전통적 위협이 지속되는 가운데, 난민, 기후변화, 테러, 전염병 확산 등 과거에는 예상하지 못했던 수준으로 글로벌 이슈가 심화·확대되며 복합 이슈들이 등장했다. 가령 시리아, 예멘, 남수단, 소말리아, 리비아, 이라크, 아프가니스탄, 우크라이나 등지에서 벌어지고 있는 분쟁들이 장기화되면서 2018년 현재 난민 수가 6500만 명을 넘어섰을 뿐만 아니라, 인접국들로 유입되면서 인접국 내의 빈부격차와 사회갈등을 증폭시키고

---

21 육군본부, 『도약적 변혁을 위한 육군의 도전』, 65쪽.

있다.[22]

2030~2050년의 세계는 격차와 불평등의 확대, 급진적인 도시화, 환경 및 지속가능성의 위기, 사회 거버넌스의 위기 등의 리스크가 복합적으로 발생하며 오늘날 리비아, 베네수엘라, 시리아와 같은 실패국가의 수가 더욱 증가할 것으로 예상된다.[23] 프랑스 경제학자 피케티(Thomas Piketty)를 비롯해 전 세계 100여 명의 전문가가 집필에 참여한 『2018년 세계불평등보고서』는 세계적 차원의 소득 불평등이 갈수록 심화되고 있음을 지적한다.[24] 보고서는 지금과 같은 추세가 계속된다면 세계 부에서 하위 50%가 차지하는 몫이 현재 10%에서 2050년 8%로 줄어들게 될 것이라고 분석했다.[25] 그중에서도 빠르게 인구가 증가하는 아프리카의 불평등이 가장 심화될 것으로 보인다. 거대도시로의 인구집중도 갈수록 심화되어 2050년에는 세계 인구의 68%가 도시에 거주할 것이며, 특히 한국, 중국, 일본 등 아시아권에 집중될 것으로 전망된다.[26]

불평등의 확대, 인구의 증가 및 대도시로의 인구밀집에 따라 에

---

22 UNHCR, "Global Trends: Forced Displacement in 2017," United Nations High Commissioner for Refugees (2018).

23 Kimberly Amerson and Spencer Meredith, "The Future Operating Environment 2050: Chaos, Complexity and Competition," *Small Wars Journal* (July 2016); Jensen and Watts, "The Character of Warfare 2030 to 2050."

24 Facundo Alvaredo, Lucas Chancel, Thomas Piketty, Emmanuel Saez, and Gabriel Zucman, *World Inequality Report 2017* (Paris School of Economics, 2018).

25 Ibid.

26 United Nations, "68% of the World Population Projected to Live in Urban Areas by 2050, Says UN," UN Department of Economic and Social Affairs (2018).

너지·식량·수자원 등을 둘러싼 경쟁이 가속화될 것이며, 이는 경제 및 사회발전을 저해하는 분쟁을 야기할 수 있다.[27] 특히 지구 온난화로 인한 가뭄과 농작물 피해는 상황을 더욱 악화시킬 것이다. 그 결과 미래에는 중동-아시아-아프리카에 위치한 실패국가를 중심으로 전시·평시의 구분이 없이 비군사적·준군사적 수단이 사용되는 대도시 집중전이 잦아질 것으로 전망된다.

그렇다면 내전과 같은 비정규전은 무엇 때문에 일어나는가? 내전 연구의 권위자인 취리히 공과대학교의 시더맨(Lars-Erik Cederman)은 '정치적 차별과 경제적 불평등'에서 그 원인을 찾는다.[28] 특정 민족이나 정치집단을 정책결정과정에서 배제하는 정치 지도자와 그로 인한 정치적·경제적 불평등이 반란의 주된 원인이라는 것이다. 만약 이 주장이 사실이라면 정치적 포용과 시민의 복지 향상이 내전의 해결책이 될 수 있을까? 불행히도 현실은 그렇게 간단하지 않다. 공정하고 자유로운 선거가 없는 비민주국가에서는 차별과 불평등이 내전의 위험을 증가시킴에도 불구하고 독재자의 권력 유지에 큰 도움을 준다.[29] 반대로 사회통합과 불평등 해소는 내전의 가능성을 감소시키

---

27 박창권 외, 『한국의 중장기 안보전략과 국방정책』(한국국방연구원, 2011); Clionadh Raleigh, Hyun Jin Choi and Dominic Kniveton, "The Devil is in the Details: An Investigation of the Relationships between Conflict, Food Price and Climate across Africa," *Global Environmental Change*, Vol. 32 (May 2015), pp.187~199.

28 Lars-Erik Cederman, Andreas Wimmer and Brian Min, "Why Do Ethnic Groups Rebel? New Data and Analysis," *World Politics*, Vol. 62, No. 1 (2010), pp.87~119.

29 Bruce Bueno de Mesquita et al., *The Logic of Political Survival* (Cambridge: MIT Press, 2003); Hyun Jin Choi, "Ethnic Exclusion, Armed Conflict and Leader Survival," *Korean Journal of International Studies*, Vol. 15, No. 3

지만 쿠데타의 위험을 증가시킨다.[30] 독재자의 입장에서 볼 때 차별과 불평등이 좋은 정치가 되고, 통합과 균형발전이 나쁜 정치가 되는 것이다.

많은 언론과 전문가들은 북한의 김정은 정권이 핵을 포기하고 미국과의 관계 개선을 통해 베트남식 개혁·개방 정책을 추진하면 급속한 경제성장을 이루고 빈곤과 고립에서 탈피할 수 있다고 주장한다. 하지만 인민의 복지 향상을 우선시하는 정책과 섣부른 개혁은 군부엘리트의 반란을 불러올 것이다. 군부엘리트의 이권 보장이나 중국의 개입을 통한 쿠데타 예방조치가 없는 한 북한의 개혁·개방은 김정은 정권의 붕괴와 대규모 탈북 사태와 같은 심각한 상황을 초래할 수 있다. 실제로 1946년 이후 대통령이나 수상을 지낸 세계 모든 지도자들을 대상으로 연구한 결과, 독재국가의 지도자가 개혁정책을 추진하게 되면 쿠데타로 축출될 가능성이 약 두 배 이상 높아진다.[31]

이 밖에도 국제적 고립의 심화, 김정은 승계 문제를 둘러싼 권력투쟁, 경제난 및 인권 침해, 한류 유입 등으로 인한 민심의 이반, 대량 탈북 등과 같은 현상이 복합적으로 작용하여 북한 내부에 소요사태가 발생할 수도 있다. 이 경우 중국은 북한의 적성국가화를 막고 혼란을 방지한다는 명분을 내걸고 군대를 파견하는 등 적극적으로 개입할 가능성이 높다. 최근 미국의 랜드연구소(RAND)는 북한 급변사태 발생 시 "통일을 이룩하고 중국군의 완전 철군을 유도하려면 한국군이 북한 전역을 장악하고 안정화할 만한 독자 작전능력을 시급

(2017), pp.327~358.

30 Choi, "Ethnic Exclusion, Armed Conflict and Leader Survival."

31 Ibid.

히 향상시켜야 한다"라고 주장했다.[32] 즉, 비정규전에 대비한 우리의 전력증강과 준비태세는 한반도 유사시에 중국의 개입을 억지하며 북한 지도부에 대한 중국의 영향력을 차단하고 한국 주도의 통일을 달성하기 위한 공세적 성격도 가지고 있다. 따라서 혹여 북한의 핵문제가 해결된다 하더라도 우리 군은 북한 내 급변사태 후 발생할 가능성이 큰 비정규전에 대한 대비태세를 갖춰야 한다.

4) 새로운 비정규전의 시대

이상과 같은 변화를 감안할 때 미래 전쟁에서 비정규전이 차지하는 비중과 중요성은 더욱 커질 전망이다. 프린스턴대학교 정치학과의 샤피로(Jacob Shapiro) 교수는 미래의 불확실성에 대처하기 위해 비대칭·비정규전에 대비해야 한다고 주장한다.[33] 비정규전은 비단 미국이나 러시아와 같은 강대국만의 일이 아니다. 인도 정부는 차티스가르, 자르칸드 주를 비롯한 10여 개 주에서 낙살라이트(Naxalite) 무장단체와 전쟁을 치르고 있으며, 파키스탄은 아프가니스탄과의 국경지대에서 이슬람 극단주의 세력과 대치하고 있다. 아프리카연합군은 소말리아에 주둔하며 무장 군벌과 해적을 대상으로 군사작전을 수행 중이다. 알카에다, 탈레반 등 무장 세력들의 확산과 북한 내 급변사태 시 중국군의 개입 가능성 등을 고려할 때 2030~2050년의 한국은

---

32 ≪중앙일보≫, "北 급변사태시 중국이 핵시설 접수? '한반도 분할안' 보니," 2018년 1월 9일.

33 Eli Berman, Joseph H. Felter and Jacob N. Shapiro, *Small Wars, Big Data: The Informational Revolution in Modern Conflict* (Princeton: Princeton University Press, 2018).

[그림 6-2] 정규전 변화추이 및 예측(1900~2040)

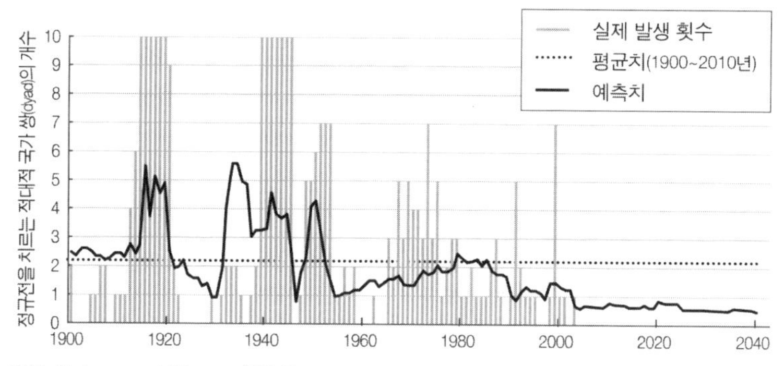

자료: Sarkees and Wayman(2010).

더 이상 안전지대가 아니다.

미국의 랜드연구소는 「미래 전쟁의 추세와 미국 국방정책에 대한 함의」라는 보고서에서 1900년 이후 발생한 모든 분쟁 사례에 대한 시계열 분석을 바탕으로 2040년까지 정규전과 비정규전의 발생 빈도를 예측했다.[34] 그 결과 [그림 6-2]에서 보는 바와 같이 2020년에서 2040년 사이 연평균 1건 미만의 정규전이 발생할 것으로 예측되었다. 그러나 여기서 말하는 국가 간 정규전은 오늘날의 인도-파키스탄 분쟁, 러시아-우크라이나 전쟁처럼 대규모 인명살상을 동반하지 않는 저강도 분쟁을 가리킨다. 2020년 이후 동아시아에서 발생할 미중 간 세력전이와 양안관계 문제로 인해 갈등이 증가할 수 있겠지만 이것이 대규모 전쟁으로 확전될 가능성은 그리 크지 않다고 밝히고 있다.[35] 비정규전의 경우도 – [그림 6-3] 참조 – 경제성장과 민주주의 확

34 Thomas Szayna, Stephen Watts, Angela O'Mahony, Bryan Frederick and Jennifer Kavanagh, "What Are the Trends in Armed Conflicts, and What Do They Mean for U.S. Defense Policy?" (RAND Corporation, 2017).

[그림 6-3] 비정규전 변화추이 및 예측(1964~2040)

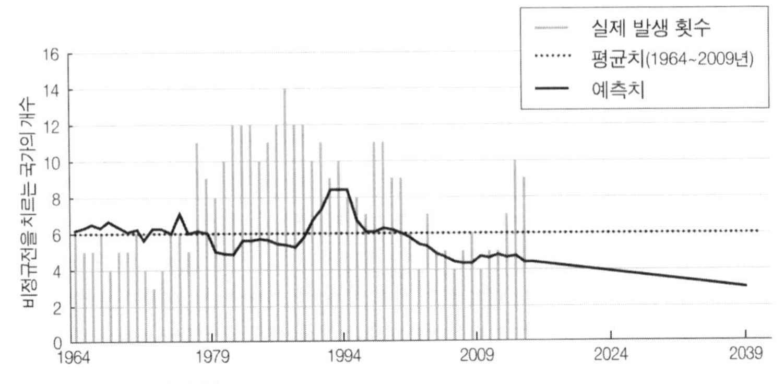

자료: Szayna et al.(2017).

산에 의해 2020년 이후 완만한 감소 추세를 보일 것이라고 전망했다. 그러나 향후 20년 동안 연평균 4건 정도의 분쟁이 일어날 것이며, 전 세계적인 금융위기가 발생할 경우에는 두 배 이상 많은 지역에서 비정규전이 발발할 것이라고 예측했다.[36]

요컨대 2030~2050년의 대한민국은 국가 및 비국가 행위자들을 포함한 불특정 다수에 의한 비대칭적 위협에 직면하게 될 것이다. 글로벌 공유재(global commons)와 자원을 둘러싼 경쟁과 취약하고 실패한 국가들로부터의 위협이 증가하는 한편, 과학기술의 확산으로 인해 비국가 행위자가 비대칭 무기를 개발하고 사용하는 데 있어서의 진입장벽이 낮아질 것이다.[37] 따라서 대량응징보복 중심의 전통적 작전 개념과 무기체계만으로는 미래의 전장에서 승리할 수 없다. 북

35 Ibid.

36 Ibid., p.5.

37 이상현, 『한국의 중장기 안보전략과 국방정책』(세종연구소, 2014), 10쪽.

한 내 급변사태와 비정규전의 위협이 상존하는 상황에서 불특정 위협에 신속히 대응할 수 있는 비정규전 및 안정화 작전 수행역량을 확보해야 한다.

3. 미래 비정규전 수행능력 강화를 위한 정책 제언

> 인공지능 운용의 가장 중요한 부분은 인공지능 소프트웨어 자체가 아니라 그 배후를 형성하는 빅데이터입니다. 누가 더 양질의 데이터를 많이 확보하고 있는지가 인공지능의 품질을 결정하게 됩니다.
> _ 육군본부, 『도약적 변혁을 위한 육군의 도전』 중

이 글은 위와 같은 분석을 바탕으로 미래의 비정규 전장에서 최대의 전투력을 발휘하기 위한 육군의 역량 강화를 목적으로 다음과 같은 네 가지 정책을 제안한다.

1) 비정규전에 특화된 빅데이터 수집 및 분석

인공지능의 경쟁력은 양질의 빅데이터에 달려 있고, 빅데이터의 수집과 활용은 육군의 정책에 따라 좌우된다. 아무리 뛰어난 인공지능 기술과 무인전투체계가 있어도 목적에 맞는 데이터가 없으면 아무 의미가 없다. 따라서 육군은 전투를 수행하는 지휘관의 전략적 판단을 돕고, 무인전투체계의 효율성을 극대화할 수 있는 데이터를 수집하는 데 더 많은 노력을 기울여야 한다. 특히 지리정보시스템(GIS)에 기반을 둔 분쟁 관련 데이터베이스를 구축하여 각종 사건과 전장

[그림 6-4] ACLED 데이터 프로젝트

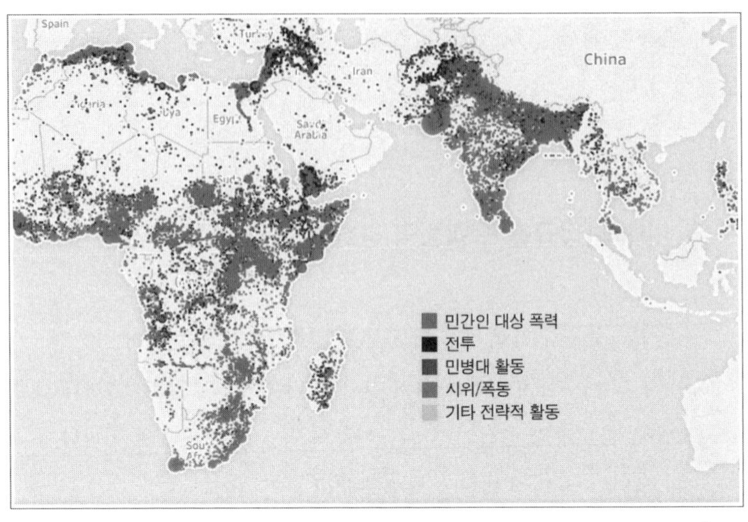

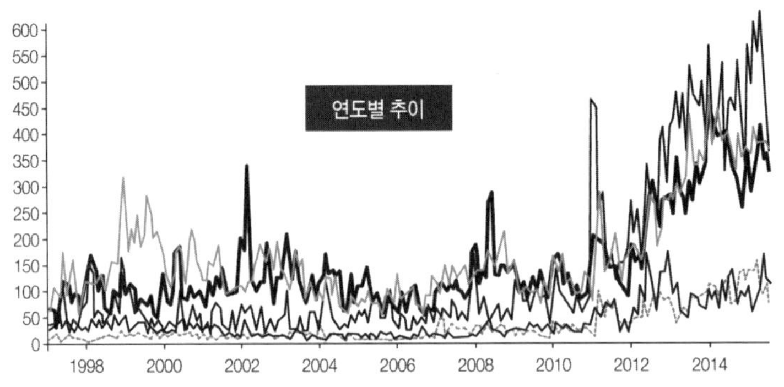

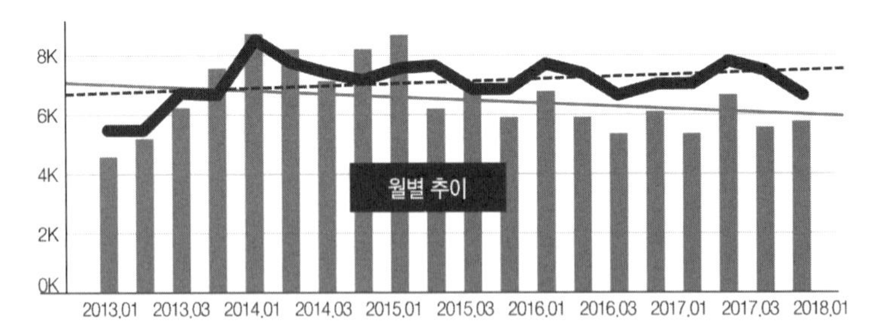

자료: Armed Conflict Location and Event Dataset(www.acleddata.com).

상황의 변화를 실시간으로 추적하고 분석할 필요가 있다.

그런 데이터의 예로 영국 서식스대학교의 ACLED(Armed Conflict Location and Event Dataset)와 리타루(Kalev Leetaru) 박사의 GDELT(Global Database of Events, Language, and Tone) 프로젝트를 들 수 있다. GDELT는 1980년 1월에서 현재까지 전 세계 모든 국가에서 발생하고 있는 폭력사건에 대한 지리적 정보를 실시간으로 제공한다. 구체적으로 하나의 폭력사건에 대하여 사건의 형태, 행위자, 사망자 수, 지리적 좌표, 사건일시 등의 정보를 제공한다. 사건의 형태는 정부군과 반군 간의 전투, 폭동, 시위로 구분하며, 행위자는 정부군, 반군, 민병대, 자경단원, 폭도, 시위대로 구별한다. 모든 사건에 정확한 좌표와 날짜가 있어서 사건의 형태별로 지도에 표시할 수 있다. 이에 더하여 [그림 6-4]의 ACLED는 전투나 사건 전개에 따른 영토 지배의 변화와 민간인에 대한 일방적 폭력에 대한 정보를 아프리카, 중동, 동남아시아 지역을 중심으로 제공한다. 이 프로젝트는 현재 미 국무부의 재정 지원을 받아 중국과 한반도로 분석범위를 확장할 예정이다.

분쟁데이터는 각종 사건의 실시간 정보를 제공해줄 뿐만 아니라 미래의 위험지역을 예측하기 위한 용도로도 사용된다. 분쟁을 완벽히 예측하기란 불가능하다. 하지만 불확실성이 높고 변화가 극심한 비정규전 상황에서 빅데이터 분석과 기계학습(machine learning)에 기반을 둔 예측은 전투원의 생존율을 향상시키고 적의 공격에 대비할 수 있는 기회를 제공한다. 기존 연구에 따르면 비정규전 과정에서 일어나는 실제 전투의 절반 정도는 미리 예측이 가능한 시간과 장소에서 발생한다.[38]

---

38 Nils Weidmann and Michael Ward, "Predicting Conflict in Space and Time,"

따라서 우리 군은 북한군의 국지도발 및 비대칭 위협에 철저한 대비태세를 유지하는 한편, 북한 내에서 비정규전이 일어날 경우 실시간으로 올바른 정보를 제공할 수 있도록 다양한 분야의 소셜 빅데이터를 수집해나가야 한다. 예를 들어, 공개총살이나 숙청, 그리고 김정은 정권을 비판하는 군인과 인민들의 대화 내용, 장마당에서 발생하는 상인과 단속원/군인 사이의 싸움이나 말다툼, 군인들의 마약 복용과 거래내역, 인도적 원조에 대한 북한 주민들의 인식과 반응 등 여러 사건의 발생 시간과 위치를 형태별로 분류해 저장해야 한다. 이 데이터는 유사시 북한 내부에서 우호적인 분위기를 조성하고 주민의 협력과 동조세력을 활용하는 안정화 작전에 유용하게 사용될 수 있을 것이다.

2) 민간인 보호를 위한 새로운 작전개념 수립

지난 2015년 12월 이라크 서부 라마디 탈환 작전에 나선 미국과 영국의 특수부대와 이라크 정부군은 시내 중심부에 있는 수니파 무장조직 이슬람국가(IS)를 포위했다. 당시 수백 명의 이슬람국가 전투원들은 시내 중심부에 방어벽을 치고 20여 명의 민간인들을 인간방패로 사용하며 최후의 저항을 했다. 만약 미국이 IS의 지휘소를 공중에서 폭격할 경우 아무리 정밀하게 타격을 한다고 해도 민간인들의 피해가 클 것이 분명했다. 그래서 연합군은 정밀폭격 대신 영국 특수부대 SAS(Special Air Service)의 저격수를 투입했다.[39] 저격수는 IS의 은

Journal of Conflict Resolution, Vol. 54, No. 6 (December 2010), pp.884~901.

39 이장훈, "IS에 맞서는 미국-러시아의 각기 다른 그림자전쟁," 펍(pub)조선,

거지로부터 1km 떨어진 곳에서 IS 간부 3명을 사살하는 전과를 올렸다. 당시 저격수가 발사한 50구경 총탄은 25cm의 벽을 뚫고 들어가 숨어 있던 IS 간부들을 관통했고, 그 결과 인질로 잡혀 있던 민간인들이 무사히 풀려났다.[40] 이 사례는 비정규전에서 민간인 보호의 중요성을 잘 보여준다. 전투에서 민간인 희생자들이 발생할 경우 현지 민심과 국내 여론이 악화되고 이는 결국 패전으로 이어질 수 있다.

무인·자동화무기체계가 실전에 배치되는 2030~2050년에는 민간인 보호 임무의 중요성이 더욱 부각될 것이다. 기계는 머지않아 사람을 대신해 대부분의 정찰과 감시임무를 수행할 것이다. 인공지능을 장착한 전투체계는 반군의 위치를 자동으로 탐지하고, 타격 우선순위를 정한 뒤 지휘관의 OK 사인과 동시에 목표물을 파괴할 것이다. 인공지능, 빅데이터와 무인전투체계가 미래 비정규전의 핵심전력이 될 것임은 분명하다. 그러나 효율적인 탐지와 격퇴가 전쟁의 승리를 보장하지 않는다. 그 이유는 다음과 같다. 첫째, 인공지능과 기계는 그 자체만으로 영토를 지배할 수 없기에 비정규전 과정에서 민간인을 보호할 수 없다. 오히려 잘못된 정보나 기계학습 오류는 무고한 사람들을 위험에 빠뜨린다.[41] 둘째, 무인전투체계는 주민들의 신뢰와 협조(hearts and minds)를 얻는 정치적 활동을 수행하지 못한다. 비정규전과 안정화 작전의 성패가 현지 주민들의 자발적인 정보제공(collaboration)에 달려 있음을 감안할 때, 기계만으로는 결코 전투에서 승리할 수 없다. 셋째, 전술한 바와 같이 무장단체와 테러리스트는

2016년 2월 26일.

40 같은 글.

41 Berman, Felter and Shapiro, *Small Wars, Big Data: The Informational Revolution in Modern Conflict*.

그들의 활동이 노출될수록 사람을 방패막이로 삼아 민간인 속으로 숨어들 것이다. 탐지와 정밀타격 기술이 발전할수록 오히려 더 많은 사람들이 위험에 처하는 역설적인 상황이 발생할 수 있다.

이에 무인전투체계가 실용화되는 미래 전장에서도 지상군은 여전히 핵심적인 역할을 담당할 것이다. 주민의 협조를 얻어 적을 진압하고 테러리스트의 위협으로부터 시민의 생명과 재산을 보호하는 일은 여전히 사람의 몫이다. 따라서 우리 군은 미래 비정규전의 중요성을 인식하고, 첨단무기를 활용해 전투원과 민간인의 피해를 최소화할 수 있는 방안을 마련해야 한다. 예를 들어, 2030~2050년의 전장에서는 파리 크기의 초소형 정찰용 드론이 대도시에 숨겨진 적 지휘소의 위치와 상황을 적에게 들키지 않고 손쉽게 파악할 수 있다. 전장네트워크를 통해 실시간 정보를 전달받은 저격수가 원거리에서 발사한 '정밀 유도 스마트 총알'은 표적을 따라 궤적을 바꿔가며 날아가 적을 명중시킬 것이다.

3) 비정규전 수행을 위한 민관군 협력체계 구축

비정규전의 성공은 막강한 화력과 전투력보다 현지 주민들의 자발적 협력 여하에 달려 있다. 비정규전에서 필연적으로 발생하는 전투원과 민간인의 식별문제(identification problem)는 주민들의 협조와 정보제공이 없이는 해결될 수 없다.[42] 주민들의 협력을 이끌어내는 방법은 크게 무력에 의한 위협과 인센티브의 제공이 있는데, 인권을

---

42 Stathis Kalyvas, *The Logic of Violence in Civil War* (Cambridge: Cambridge University Press, 2006).

중시하는 민주주의 국가의 군대는 주로 후자에 의존한다. 따라서 현지 주민들이 정부군에 협조하도록 인센티브를 제공하기 위해서는 민관군의 협력이 필요하다. 예를 들어, 무장 반군이 장악한 지역의 민간인은 정부군의 군사작전에 도움을 줄 수 있는 다양한 정보를 가지고 있으며, 군과 정부는 '조건부' 경제 원조를 통해 민간인의 자발적 정보제공을 유도할 수 있다.[43]

성공적인 원조활동의 예로는 이라크와 아프가니스탄 전쟁 당시 미국의 Commander's Emergency Response Program(CERP)을 꼽을 수 있다. CERP는 분쟁지역에서 활동하는 미국 지휘관들이 현장에서의 판단에 근거하여 인도주의적 구호 및 소규모 재건사업에 필요한 자금을 즉각 지원하도록 하는 사업이다. 미국은 CERP를 통해 이라크와 아프가니스탄 민간인 지원에 28억 달러를 지출했다. 국무부와 국제개발처(USAID)가 함께 참여했던 CERP 사업은 이라크와 아프가니스탄 주민들의 복지 향상에 기여했을 뿐 아니라, 정부군에 대한 저항세력의 폭력을 감소시켰다는 평가를 받았다. 실제로 CERP를 통한 10달러의 지출이 주민 10만 명당 16건의 폭력 사건의 감소에 기여했다는 연구결과가 발표되었다.[44]

대한민국도 지난 2010년 7월부터 2014년 6월까지 오쉬노 부대, 외교부, 경찰, 한국국제협력단(KOICA) 요원 등으로 구성된 지방재건팀(PRT)을 아프가니스탄에 파견했다. 2011년 1월에는 파르반 주 차

43 Eli Berman, Jacob N. Shapiro and Joseph H. Felter, "Can Hearts and Minds Be Bought? The Economics of Counterinsurgency in Iraq," *Journal of Political Economy*, Vol. 119, No. 4 (2011), pp.766~819.

44 Berman, Felter, and Shapiro, *Small Wars, Big Data: The Informational Revolution in Modern Conflict*, p.124.

리카 시에 독자적인 PRT 기지를 건설하여 경찰훈련센터 및 교육문화센터 운영, 병원 건립, 시범농장·학교·인도교 건설 등 다양한 지방재건 사업들을 수행했다.[45] 특히 지방재건팀을 탈레반의 공격으로부터 보호하는 임무를 부여받은 오쉬노 부대는 해외파병 최초로 헬기부대를 파견하여 PRT 요원 호송 및 경호 그리고 기지 외곽 경계 임무를 성공적으로 수행했다.[46] 향후 우리 군은 이 같은 경험과 미군의 성공 사례를 바탕으로 민관군의 협력체계를 구축하여 현지 주민들의 협조와 정보제공을 유도해 전투에서 승리할 수 있는 역량을 갖춰야 한다.

4) 첨단과학기술군의 정신전력 제고

우리 군은 무인전투체계를 미래의 핵심전력으로 지정하고 드론봇의 개발과 운용에 막대한 투자를 하고 있다.[47] 무인전투체계가 미래의 전투수행 개념을 근본적으로 변화시킬 잠재력이 있다는 데는 의심의 여지가 없지만 그에 따른 부정적 영향도 고려할 필요가 있다. 현재 육군에서 무인전투체계의 기술적 잠재력과 활용에 대한 논의가 활발히 이루어지는 반면, 전투로봇에 의한 정신전력의 약화 및 윤리적 문제에 대한 논의는 아직 많지 않은 상황이다. 2030~2050년에 전

---

45 외교통상부 보도자료, "아프간인들에게 미래의 희망을 심고, 글로벌 파트너쉽에 기여한 대한민국 아프간 지방재건팀(PRT)의 공식 임무 종료," 2014년 6월 24일.

46 조현용, "아프가니스탄 오쉬노 부대 파병 소감문," ≪PKO저널≫, 제8권 0호(2014), 32~33쪽.

47 육군본부, 『도약적 변혁을 위한 육군의 도전』, 65쪽.

투로봇의 사용이 일상화되어 사람의 역할을 대신하게 되면 장병들의 정신무장과 전투의지가 약화될 가능성이 높고, 민간인 오폭 등 무인기로 인한 인권침해와 윤리적 문제도 발생할 것으로 예상된다. 지난 2014년 6월 전략적 요충지인 모술에서 미국의 지원을 받는 이라크 정부군이 소규모 이슬람국가의 진격 앞에 무기를 버리고 도주했다. 아무리 첨단 무기와 장비를 가지고 있어도 사기가 부족한 군대는 전투에서 승리할 수 없음을 보여주는 단적인 사례이다.

미래 비정규전에서 지상군의 역할은 더욱 중요해질 것이다. 다가올 인공지능의 시대에도 강력한 정신전력이 필요하다. 따라서 육군은 불변하는 지상군의 존재목적과 역할을 장병들에게 명확히 인식시키고, 우리가 목숨 바쳐 추구해야 될 핵심적 가치를 재정립해야 한다.

4. 결론

지금까지 미래 전장환경의 변화를 예측 및 분석하고 육군의 대응방안을 제시했다. 2030~2050년 대한민국이 마주하게 될 분쟁은 대량응징보복과 인명살상이 동반된 국가 간 정규전이 아닌, 첨단기술과 비대칭 무기로 무장한 비국가단체가 국가에 도전하는 비정규전 양상이 될 것이다. 수천 개의 큐브 위성 아래 숨을 곳이 없어진 무장단체는 사람을 방패막이 삼아 대도시의 민간인 속으로 파고들어 소프트 타깃을 겨냥한 무차별 테러를 감행할 수 있다. 이 글은 이와 같은 미래의 불특정 위협에 신속히 대응할 수 있는 육군의 비정규전 수행역량 강화를 위해 네 가지 정책을 제안한다. 첫째, 비정규전에 특화되고 무인전투체계의 효율성을 극대화할 수 있는 빅데이터를 구축해야 한다. 둘째, 대도시 시가전에서 첨단무기를 사용해 민간인의 피해를 최소화할 수 있는 작전 개념을 수립해야 한다. 셋째, 전쟁 과정에서 민관군의 협력 사업을 통해 현지 주민들의 협조와 정보제공을 유도해야 한다. 넷째, 무인전투체계가 사람을 대신하는 시대에도 변하지 않을 지상군의 존재목적과 역할을 재정립해야 한다.

2030~2050년의 전장에서도 '전쟁의 종결자' 육군은 핵심적인 역할을 담당할 것이다. 주민의 협조를 얻어 적을 제압하고 테러의 위협으로부터 시민의 생명을 보호하는 일은 여전히 지상군의 몫이다. 스스로 판단해 화기를 발사하는 전투용 로봇이 등장할 미래에도 전쟁의 시작과 끝은 영토의 지배에 의해 결정된다. 불확실성과 불안정성이 증가하는 미래의 안보환경에서 비대칭·비정규전 대응능력을 갖춘 유능한 육군을 만들어가야 한다.

맺음말

이 책의 시초는 "도전과 응전" 관점에서 바라본 한국 육군의 군사혁신이다. 4차 산업혁명과 AICBM 등이 등장하는 기술환경에서 과연 한국 육군은 어떠한 도전요인을 식별할 것이며 이에 어떻게 응전할 것인가? 이것이 제5회 육군력 포럼에서 던졌던 질문이며, 이러한 질문에 대해 "군사혁신과 군사력" 그리고 "한국 육군의 군사혁신"이라는 두 가지 주제에 집중했다.

2019/20년 현재 군사기술의 발전은 매우 빠른 속도로 진행되고 있으며 무인기와 같이 이미 널리 보급된 기술과 함께 인공지능(AI)에 기반한 자율공격체계와 같이 아직 개발 및 배치되어야 하는 기술이 공존하고 있다. 문제는 이러한 4차 산업혁명 기반의 군사기술은 이제 막 그 잠재력을 실현하고 있다는 사실이며, 이것이 어느 정도까지 발전할 것인지 그리고 그 한계가 과연 존재하는가에 대해서 지금 현재로는 파악할 수 없다. 동시에 군사혁신의 결과물인 새로운 군사기술을 사용하게 되는 정치적 환경 또한 매우 유동적이다. 그렇다면 이러한 기술 및 정치적 도전 상황에서 한국 육군은 군사혁신을 통해 어떻게 응전해야 하는가? 특히 도전에 대한 응진을 이끌어야 하는 "창조적인 엘리트" 지도부는 한국 육군에 어떠한 리더십을 제공해야 하

는가? 이것이 핵심 질문이었다.

이번 제5회 포럼에서는 총 6개의 논문이 발표되었으며, 이를 통해 군사혁신 일반과 미국 및 이스라엘의 군사혁신 노력 그리고 과거 한국 육군의 군사혁신 사례에서의 교훈 및 현재 비전 2030에 대한 평가 등이 시도되었으며, 비전 2050을 위한 초보적인 노력 또한 진행되었다. 2019/20년 현재 시점에 집중한 노력은 오랜 시간이 지난 후에는 무의미할 수 있다. 하지만 이와 같은 노력을 하지 않고서는 미래에 대한 준비는 매우 어려우며, 도전에 대한 응전은 불가능하다. 그렇다면 이번 포럼의 결과는 어떻게 정리할 수 있는가? 그리고 향후 연구가 필요한 사안들은 무엇인가?

I. 군사혁신과 군사력

현재의 기술발전은 매우 빠르며, 그 군사적 잠재력을 이해하는 것은 쉽지 않다. 4차 산업혁명이 경제와 사회를 변화시킬 것이며 군사 부분에서도 새로운 혁신요인으로 작용할 것은 분명하다. 이러한 도전요인에 적극적으로 응전해야 하는 한국 육군의 입장에서는 군사혁신을 이해할 필요가 있다. 군사혁신의 성공요인과 군사혁신을 결정 및 제한하는 정치적 환경 그리고 군사기술의 발전이 가지는 내생적 측면과 기술 자체의 변화에 대한 선제적 대응 등을 고려한다면, 군사혁신은 "새로운 군사기술의 사용"과 같이 단순하게 정의해서는 안 되는 매우 복잡한 현상이다. 그리고 그 성공과 실패의 결정요인을 파악하는 것은 그만큼 더 어려워진다.

신성호의 연구는 군사혁신 일반을 조망하면서, 미국의 경험을 중심으로 군사혁신의 성공을 위한 다양한 통찰력을 제공한다. 기존 조직과 작전 개념에 새로운 무기와 군사기술을 단순 접합시키는 것으로는 군사혁신이 실현되지 않으며, 새로운 기술의 군사적 잠재력을 극대화하려면 "창조적 파괴"를 통해 기존 조직을 변화시키고 기존의 문화를 바꾸고 기존의 작전 개념이 달라져야 한다. 이 때문에 현실에서 군사혁신을 성공시키는 것은 매우 어렵다. 1991년 소련이 붕괴하면서, 미국은 냉전에서 승리하고 유일 강대국으로 부상하며 정보통신 및 컴퓨터 기술(ICT)에 기초한 군사력을 건설했다. 이러한 군사혁신은 이라크와의 두 번에 걸친 전쟁에서 막강한 위력을 발휘했다. 1990/91년 걸프전쟁과 2003년 이라크 침공에서 미국은 압도적으로 승리했다. 하지만 미국이 보여주었던 놀라운 파괴력은 미국이 이라크와의 전쟁에서 추구했던 정치적 목표를 달성하는 데 큰 도움을 주지 못했다. 이 때문에 한국 육군의 군사혁신은 4차 산업혁명 기술을 적극적으로 활용하여 조직과 교리, 작전 개념 등을 전면적으로 개편해야 할지 모른다. 군사력을 사용하는 정치적 환경에 있어서도, 북한과의 대규모 전쟁에 국한되지 않고 보다 다양한 "주변국 위협"까지 고려한 군사혁신을 추진해야 한다고 지적한다.

설인효는 21세기 초 중국의 부상과 이에 대한 미국의 군사기술적 대응을 검토했다. 여기서 핵심은 군사기술의 발전은 외생적으로 나타나는 것이 아니라 중국과의 강대국 경쟁 때문에 미국이 의도적으로 – 따라서 내생적으로 – 개발한 결과라는 사실이다. 중국이 동아시아에서의 패권을 추구하면서 반접근/지역거부(A2/AD) 전력을 구축하고 있으며, 이에 미국은 중국의 도전에 응전해야 한다는 정치적 필요 때문에 군사혁신을 추진하고 있다. 이른바 제3차 상쇄전략은 이와 같은 미국의 군사혁신 전략이며, 이를 통해 중국의 A2/AD를 무력화하고 동아시아의 미국 동맹국에 대한 군사적 접근성을 유지하는 것이 핵심 사항이다. 따라서 미국은 공해전(ASB)과 이를 발전시킨 국제공역에의 접근 및 기동을 위한 합동 개념(JAM-GC) 등을 개발했다. 중국의 부상이라는 도전요인에 대해, 미국 육군은 JAM-GC를 통해 다영역전투 개념을 개발하고 이를 통해 태평양 건너 가상 적국인 중국과의 경쟁에서 자신의 역할을 적극적으로 수행하고 있다. 여기서 미국 육군의 군사혁신은 군사기술의 발전을 추종하는 것이 아니라 정치적 도전요인에 대한 적극적 응전의 결과로 진행되었으며, 이러한 측면에서 외생적 측면보다는 내생적 측면이 더욱 강하게 드러난다. 그 결과 등장한 다영역전투 개념은 육해공 3군의 개별적인 작전이 아니라 해양·공중·우주·사이버 등 전 영역에서의 지배능력을 유지하려는 미국 군사조직 전체의 노력이다. 다영역전투 및 지배력에 대한 미국 육군의 변화가 한국 육군의 변화 방향을 자동적으로 결정하는 것은 아니지만, 미국의 방향성 자체는 고려할 필요가 있다.

앤테비(Liran Antebi)는 이스라엘의 무인기 운용을 발표했다. 지난 50년 동안 이스라엘은 무인기 운용에 있어서 많은 경험을 축적했으며, 특히 1973년 4차 중동전에서 무인표적기(Firebee)를 사용하여 이집트 대공미사일 방공망을 파괴하는 데 핵심적인 정보를 확보했다. 이후 미국 또한 이스라엘에서 무인기를 구입하여 1991년 걸프전쟁에서 집중 운용했으며, 2001년 이후 미국은 이스라엘 기술에 기반한 무인기 전력으로 아프가니스탄과 이라크에서 타격임무를 수행했다. 특히 비국가 테러집단과의 비대칭 분쟁에서 이스라엘은 무인기를 집중 사용했고, 2006년 헤즈볼라와의 2차 레바논 전쟁에서 이스라엘의 무인기 사용은 폭발적으로 증가했다. 민주주의 국가인 이스라엘은 비대칭 분쟁에서 국민들의 정치적 지지를 유지해야 하며, 무인기는 이 과정에서 실시간 정보를 확보하고 정밀타격이 가능해지면서 부수적 민간인 피해가 줄어들었다. 이 모든 것은 이스라엘 정부의 정당성을 강화하고 테러조직의 정보조작 능력을 무력화하는 데 큰 도움을 주었다. 21세기 초 현재 시점에서 무인기는 민주주의 국가가 대외 전쟁을 수행하는 데 사용할 수 있는 최고의 군사적 수단이라고 할 수 있다.

II. 한국 육군의 군사혁신

그렇다면 한국 육군의 군사혁신은 어떻게 이루어져야 하는가? 군사기술이 발전하고 정치환경이 계속 변화하기 때문에 다양한 도전요인이 발생하며, 이에 한국 육군의 "창조적인 엘리트"는 군사혁신을 통해 응전해야 한다. 그렇다면 한국 육군의 과거 군사혁신은 어떠했고, 현재 진행되는 군사혁신 계획인 비전 2030은 어떻게 평가할 수 있으며, 2050년 미래의 군사혁신은 어떻게 이루어져야 하는가? 한국 육군이 군사혁신에서 성공하기 위해서는 과거의 경험에서 배워야 하며, 현재의 군사혁신 계획이 적절해야 하며, 그리고 미래에도 군사혁신을 지속하기 위해 미리 준비해야 한다.

남보람은 1983년 "군사이론의 대국화 운동"과 2004년 및 2007년의 "육군 문화혁신 운동"을 중심으로 과거 한국 육군의 군사혁신 과정을 추적하고 평가했다. 군사혁신이 성공하기 위해서는 새로운 군사기술과 신무기를 배치하는 것 이상으로 조직과 작전 개념 그리고 문화 등이 변화해야 하며, 이를 위해서는 단순한 하드웨어 개선을 넘어 소프트웨어의 변화가 필요하다. 1983년 한국 육군은 작전운용을 혁신하기 위해 "군사이론의 대국화 운동"을 추진했고, 독립적인 책자의 발행까지 이어졌지만 구체적인 실행으로는 이어지지 못했다. 2004

년 "선진정예육군 문화 운동"을 통해 한국 육군은 "승리에 기여하는 문화"를 발전시키려고 했고, 2007년 "육군 문화혁신 운동"으로 한국 육군의 조직문화를 혁신하겠다고 다짐했다. 하지만 이와 같은 혁신 운동은 지속되지 못했으며, 각각 18개월 정도 유지되면서 의미 있는 변화를 가져오는 데 실패했다. 이러한 실패의 경험은 뼈아프며 외부적으로 내세울 치적은 아니다. 하지만 우리는 우리 자신들의 실패에서 배워야 한다. 비스마르크(Otto von Bismarck)가 이야기했듯이, 현명한 사람은 다른 사람의 경험에서 배우며 아둔한 사람은 자신의 경험에서 배운다. 하지만 비스마르크는 한 가지 사항을 빠뜨렸다. 진정 아둔한 사람은 자신의 경험에서도 배우지 못한다. 한국 육군이 발전하기 위해서는 한국 육군의 실패 경험에서도 무엇인가를 배워야 한다. 진정 아둔한 사람은 – 그리고 진정 아둔한 조직은 – 자신의 경험에서도 배우지 못하기 때문이다.

이근욱은 2019/20년 현재 시점에서 한국 육군의 군사혁신 계획인 비전 2030을 평가한다. 특히 붉은 여왕 효과에 주목하면서 "같은 곳에 있으려면 쉬지 않고 최선을 다해 힘껏 달려"야 하고, "앞으로 나아가고 싶다면 그보다 두 배는 빨리 달려야" 하는 경쟁 상황을 강조한다. 군사기술이 끝없이 발전하기 때문에 도전요인은 계속 발생하며, 따라서 새로운 군사기술을 도입하고 이에 맞춰서 조직과 작전 개념을 변화시키는 응전 과정 또한 영원히 지속되어야 한다. 즉, 붉은 여왕의 "저주받은 달리기" 상황에서 한국 육군이 "앞으로 나아가기 위해 얼마나 빨리 달리고 있는가"의 문제와 한국 육군이 달리는 과정에서 그 최종 목표를 어떻게 규정하고 있는가를 검토하면서, 비전 2030의 문제점을 논의한다. 특히 "더 빨리 달리기" 위한 방법이 현재 비전 2030에서 제시한 사항과 충돌하는 부분을 지적하면서, 이 부분을 해결하여 군사혁신의 최종 목표인 한국 민주주의의 수호와 조화시키고 그 효율성을 높여야 한다고 제안한다.

최현진은 비전 2030 이후에도 계속되어야 하는 한국 육군의 군사혁신을 강조하면서, 2050년 시점에서 한국 육군이 직면할 전략적 상황을 예측하고자 했다. 2019/20년 현재 시점에서 북한을 주적(主敵)으로 하고 북한 위협 및 대규모 정규전에 집중되어 있는 한국 육군은 현재 시점에서는 최적화되어 있을 수 있지만, 미래의 다양한 위협상황에서는 적절하지 않을 수 있다고 경고한다. 특히 2050년 미래 상황에서 국가 간 대규모 정규전이 아니라 비국가 테러조직과의 무력충돌과 비대칭 분쟁 가능성을 강조하면서, 무인체계를 통한 민간인 보호의 중요성과 무인전투체계가 보편화된 상황에서 육군의 역할을 고민해야 한다고 주장한다. 특히 비대칭 분쟁에서 비국가 테러집단은 민간인 공격을 통해 전쟁수행에 대한 국민들의 정치적 지지를 약화시키려고 하기 때문에, 향후 한국 육군은 민관군 협력 및 피해 최소화를 위한 혁신을 서두를 것을 요구한다.

III. 향후 연구과제

군사혁신을 "도전과 응전"이라는 구도에서 파악할 때, 다음 세 가지 사항이 중요하다. 첫째, 현재 시점에서 파악한 내용이다. 즉, 군사기술의 발전과 정치적 환경의 변화 측면에서 미래는 — 예를 들어, 2030년의 미래는 — 어떠한 모습을 띨 것인가? 군사기술의 측면에서 2030년 AICBM 기술은 어떻게 발전할 것이며, 2030년 시점에서 정치적 환경은 어떻게 될 것인가? 둘째, 군사혁신을 촉진하기 위한 방안은 무엇인가? 군사혁신이 군사기술의 발달과 정치환경의 변화라는 도전요인에 대한 응전이며 군사기술 및 신무기 도입을 넘어 조직과 작전 개념 그리고 문화의 변화까지 요구하기 때문에, 보다 효과적으로 응전하기 위해서는 조직 유연성 및 제도적 변화 차원에서 혁신을 촉진할 수 있는 방안이 강구되어야 한다. 셋째, 리더십의 중요성이다. "도전과 응전"에서 중요한 것은 "창조적인 엘리트"이며, 따라서 한국 육군의 "창조적인 엘리트"가 응전을 이끌어가고 한국 육군의 군사혁신을 성공시키기 위해서 노력해야 한다. 그렇다면 과연 구체적으로 어떠한 행동을 해야 하는가?

첫 번째로 추가 연구가 필요한 분야는 항상 변화하는 미래의 형태이다. 즉, 미래 세계에서 우리가 사용할 수 있는 군사기술은 어떠한가? 현재 4차 산업혁명과 AICBM 등으로 많은 기술이 선전되고 있지만, 이러한 기술들은 각각 다르며 특히 발전 속도와 방향이라는 측면에서 큰 차이를 보인다. 무인기의 경우는 신기술이라고 말할 수 없을 정도로 널리 사용되고 있으며, 이미 한국 육군의 핵심으로 자리 잡고 있다. 그렇다면 그 밖의 다양한 기술은 어떠한 잠재력을 가지며, 이것이 가지는 군사적인 잠재력을 끌어내기 위해서는 무엇이 필요한가? 이에 대해서는 기술을 이해하는 군인과 전투를 이해하는 공학자의 협력이 필요하며, 이러한 노력을 후원하고 그 장기적인 성과를 기다릴 수 있는 군 및 정치 지도자들의 인내심이 중요하다.

두 번째 연구과제는 군사혁신을 촉진하는 방안이며, 특히 조직 및 제도 측면에서의 유연성이다. 근본적으로 군 조직은 유연하지 않고 매우 견고하게 만들어져 있다. 모든 군사조직은 전투를 수행하는 것을 기본 전제로 하며, 모든 전투에서는 사상자가 발생한다. 따라서 군사조직은 조직의 핵심 임무를 수행하면서 조직 구성원의 일부를 필연적으로 상실하며, 전사 또는 부상으로 인한 손실을 새로운 조직

원으로 보충하도록 설계되어 있다. 그리고 새로운 구성원은 개인으로 행동하고 임무를 수행하는 것이 아니라 군사조직의 일원으로 전투를 수행해야 하며, 이 과정에서 군사조직의 견고함은 군사조직의 존속과 핵심 임무수행을 위해 필연적이다. 독일의 사회학자인 베버(Max Weber)는 군사조직의 견고함을 "관료조직의 극치"라고 찬양했으며, 근대 사회로 이행하고 근대 관료조직이 탄생하는 과정에서 군사조직의 역할을 강조했다.

문제는 이러한 군사조직의 견고함이 군사혁신을 가로막는 장애물로 작용할 수 있다는 사실이다. 구성원이 변화한다고 해도 작동하도록 견고하게 구성되어 있는 군사조직은 근본적으로 쉽게 바뀌지 않도록 설계되어 있다. 따라서 새로운 기술을 도입하고 이에 맞추어 새롭게 조직을 만들고 작전 개념을 변경하고 문화 자체를 바꾸어야 하는 군사혁신은 견고한 군사조직의 입장에서는 자가당착적 요구이다. 즉, 군사조직은 새로운 기술을 도입하고 새로운 정치적 상황에 적응해야 하지만, 군사조직은 기본적으로 쉽게 변화하지 않도록 매우 견고하고 경직적으로 – 조직 구성원의 상당 부분이 교체된다고 해도 이전과 동일하게 행동하도록 – 설계되어 있다. 그렇다면 현재 시점에서 어떻게 변화의 필요성과 조직의 견고함을 조화시킬 수 있는가? 성공적인 군사혁신을 위해서 조직과 작전 개념 그리고 문화를 쉽게 변화시키면서 군사조직의 기본 견고함을 약화시키지 않는 방안은 무엇인가? 특히 기술혁신을 가속화하기 위해 한국 육군이 채택할 수 있는 방안은 무엇인가? 여러 기술을 동시에 테스트하고 적절하지 않은 기술을 쉽게 기각할 수 있는 조직(Fail Fast Organization)은 어떻게 구축해야 하는가? 이러한 주제는 경영 및 조직행동을 이해하는 군인과 전쟁 및 군사조직을 이해하는 경영자의 협력 연구를 필요로 하며, 더욱 많은 관심을 기울여야 하는 사항이다.

추가 연구가 필요한 세 번째 사항은 리더십이다. 군사혁신은 끝없이 변화하는 기술 및 정치 환경에 대한 응전이며, 따라서 그 응전은 끝없이 지속되어야 한다. 『거울 나라의 앨리스』에서 붉은 여왕이 주장하듯이, "지금 위치에 머무르기 위해서 최고 속도로 뛰어야" 한다. 군사기술이 계속 발달하고 정치환경이 지속적으로 변화하기 때문에, 이러한 도전에 대한 응전 또한 계속되어야 하고 지속되어야 한다. 비전 2030 이후에는 비전 2050이 있어야 하며, 그리고 비전 2070과 2090 또한 준비해야 한다. 환경이 변화하기 때문에 "지금 위치에 머무르기 위해서 최고 속도로 뛰어야" 한다. 토인비(Arnold Toynbee)는 이러한 "도전과 응전"이라는 개념을 통해 역사에서 나타난 많은 문명의 흥망성쇠를 분석하면서 "창조적인 엘리트"의 중요성을 강조했다. 그렇다면 한국 육군의 "창조적인 엘리트"는 군사혁신과 관련하여 어떠한 리더십을 제공해야 하는가?

군사혁신이 "붉은 여왕의 저주받은 달리기" 과정이라면, 한국 육군의 리더십은 조직 전체가 100m 달리기가 아니라 42.195km를 뛰는 마라톤 또는 그 이상의 장거리 경주라는 사실을 인식하도록 노력해야 한다. 즉, 단기 성과에 급급하기보다 장기적인 달리기에 적합한 체력을 비축하고 조직 전체의 역량을 강화하면서 지속적인 혁신을 유도해야 한다. 하지만 정치적 지지를 확보하기 위한 가시적인 성과는 반드시 필요하다. 군사혁신을 지속하기 위해서는 정치적 지지가 필수이기 때문에, 이를 확보하기 위한 성과는 필수적이다. 하지만 단기 성과에만 집중하는 것은 많은 부작용을 유발할 수 있다.

한편, 한국 육군의 리더십은 군사조직의 특성인 견고함과 경직성을 유지하면서 혁신을 수월하게 하는 방안을 제시할 필요가 있다. 모든 국가의 군사조직은 경직적이고, 경직적인 것은 군사조직의 본질에서 출발한다. 이 때문에 양자를 어떻게 잘 조화시킬 것인가의 문제가 있으며, 이를 위해서 보다 깊이 있는 그리고 보다 폭넓게 군사조직과 군사혁신을 바라보아야 한다. 결국 모든 조직의 흥망성쇠가 리더십에 의해 결정된다면, 한국 육군의 발전 또한 한국 육군의 리더십에 – 토인비가 강조했던 "창조적인 엘리트"에 – 달려 있다. 이것은 리더십의 책임이자 의무이며, 동시에 리더십의 저주이다. 쉽지 않다. 하지만 피할 수 없다.

부록 1

기조연설

군사혁신

무인체계를 넘어서

존 브라운 *John S. Brown*

[해설] 2019/20년 현재 시점에서 최고의 화두는 무인체계이다. 모든 국가들은 자신들의 군사력에 어떻게 무인체계를 도입하고 통합시키는가의 문제를 고민하고 있으며, 특히 4차 산업혁명 기술에 기초한 군사력 건설 문제에 집중하고 있다. 흔히 AICBM으로 요약되는 인공지능(AI), 클라우드 컴퓨팅(Cloud Computing), 빅데이터(Big Data), 그리고 모바일(Mobile) 기술 등은 21세기 신기술로 각광받고 있으며, 현재 시점에서 이미 구현된 기술은 무인기로 대표되는 무인체계이다. 새로운 군사기술이 등장하면서 기존의 군사력 균형이 혁명적으로 바뀐 사례는 매우 흔하며, 현재 새롭게 등장하고 있는 기술 또한 적절하게 군사적으로 응용된다면 폭발적인 결과를 가져올 수 있다. 이런 측면에서 혁명적 군사혁신(RAM: Revolutions in Military Affairs) 개념 자체는 역사학과 군사학에서 매우 매력적인 주제이다. 군사기술에 의해 결정되는 전쟁 그 자체의 미래라고 정의할 수 있는 "전쟁의 미래"는 군사혁신의 핵심 사항이다.

문제는 이러한 군사혁신을 구현하기 위해 무엇이 필요한가를 정확하게 알지 못한다는 사실이다. 군사혁신의 필요성에 대해서는 모두 동의하지만, 어떻게 해야 군사혁신을 구현할 수 있는지에 대해서는 명확한 답변이 존재하지 않는다. 하지만 어떻게 하면 군사혁신에서 성공하지 못하는지에 대해서는 상당한 의견이 일치하고 있다. 단순한 기술만을 도입해서는 안 되며 새로운 무기를 도입하여 병력을 무장시키는 것만으로는 충분하지 않다. 군사조직은 매우 복잡하며, 따라서 새로운 기술을 완벽하게 사용하고 그 잠재력을 완전히 구현하려면 관련된 모든 사항이 — 군사조직, 교리, 훈련, 군 문화 등등이 — 변화되어야 한다.

현재 미국 육군은 무인체계를 기존 군사력에 통합하기 위해 많은 노력을 기울이고 있지만, 획기적인 성공은 거두지 못하면서 다양한 문제에 대한 해답을 모색하고 있다. 브라운 또한 "진정한 변혁에 필요한 통합된 교리, 구조, 훈련, 행정, 군수지원, 군 문화 등은 여전히 완결되어 있지 않다"라고 토로하며, 어떤 측면에서 군사혁신은 적절한 해답을 찾도록 끝없이 노력하는 과정이라고 보아야 한다. 이와 같이 미국 육군이 집중하고 있는 질문과 해답을 찾기 위한 노력은 현재 다양한 기술을 도입하려는 한국 육군에게 많은 것을 시사한다.

또 다른 사항은 예산이다. 모든 혁신은 상당한 시간과 자원이 있어야만 성공할 수 있으나, 현실에서 두 가지가 모두 충분하게 제공되는 경우는 없다. 마셜(George C. Marshall)의 지적과 같이, "평화로운 때에는 시간은 많지만 돈은 없고, 전쟁 중에는 돈은 많지만 시간이 없다". 결국 혁신에 필요한 두 가지 요소를 모두 충분하게 가지고 혁신을 추진하는 것은 너무나 이상적이기 때문에, 현실에서는 존재하지 않는다. 현재 한국의 상황은 어떠한가? 즉, 상대적으로 시간이 풍부한가 아니면 예산이 충분한가? 무인체계와 관련하여 그리고 그 밖의 한국군 혁신 과정에서 가장 필요한 사항은 무엇인가?

이것으로 한국이 군사혁신을 성공시킬 수 있을까? 이에 대해서는 선험적으로 답변할 수 없다. 어떤 군사혁신이 성공했는지를 확실하게 파악하기 위해서는 실제 군사력을 사용해야 하며, 이것은 현실적으로 너무 위험하고 허용될 수 없다. 결국 현실적으로 가능한 것은 평화 시에 군사력 건설 및 군사혁신에 충분히 투자하고, 전쟁 및 위기에 대비하는 것이다. 따라서 현재 시점에서 군사혁신에 얼마나 많은 관심을 가지고 새로운 기술의 잠재력을 충분히 구현하기 위해 얼마나 노력하는가에 따라서, 미래 한국의 군사력과 한국 육군의 힘이 결정될 것이다. 군사혁신은 한국 및 한국 육군의 미래에 대한 투자이며, 이것을 어떻게 잘 구현하는가는 우리 자신의 역량에 달려 있다. 그리고 이것이 우리 대한민국의 임무이다.

우선 이번 컨퍼런스에 저를 초대해준 김용우 참모총장님께 깊은 감사의 말씀을 드립니다. 학문적으로 연구를 하는 사람 입장에서, 자신들의 연구가 흥미 있고 가치 있다고 평가되는 것은 매우 큰 만족을 가져옵니다. 또한 제가 이 영광스러운 자리에 참석할 수 있도록 물심양면으로 도움 주신 분들께 감사드립니다. 이근욱 교수님은 이번 기조연설과 관련하여 많은 도움을 주셨습니다. 대한민국 육군의 최희관 대령님, 최용준 대령님, 어창준 대령님과 미 육군의 케빈 머피 중령님, 크리스 전 중령님도 저를 많이 도와주셨습니다. 여러분들 앞에서 제가 말하고자 하는 바를 전할 수 있도록 여러 위치에서 도움 주신 그 밖의 많은 분들께도 감사의 말씀을 드립니다. 제가 여기서 말씀드리고자 하는 것은 미국 정부의 입장을 반영하는 것이 아닌, 저의 개인적인 철학이자 입장임을 다시 한 번 말씀드립니다.

무엇보다 김용우 참모총장님은 저의 저서 『Kevlar 부대: 1989년부터 2005년까지 미국 육군의 변화』를 좋게 평가하시고, 이 책에서 제가 끌어낸 통찰력이 이번 컨퍼런스에 도움이 될 거라고 생각하셨습니다. 이번 발표를 통해 저는 이러한 통찰력을 보다 간결하게 전달하도록 노력하겠습니다. 제가 보기에 미국과 한국은 각자 독특한 점이 있으며 고유의 역사, 성격, 능력을 지녔습니다. 미국에 적용할 수 있는 사항들이 한국에 적용할 수 있는 것들과는 다를 수 있습니다. 그러나 변화를 위한 큰 틀은 오늘날에도 여전히 사용될 수 있습니다. 미국의 경험은 세상 모든 국가들에게 청사진을 제공할 수는 없지만, 도움이 되는 단서나 지침을 제시할 수는 있다고 생각합니다.

육군이 변화하는 데 있어서 기술발전은 중요합니다. 하지만 그것만으로는 충분하지 않습니다. 좀 더 고차원적으로 향후 방향을 결정하는 데 있어서, 전략적이고 사회경제적인 환경 변화는 기술발전만큼 또는 그보다 더 중요합니다. 군대는 외교, 정부, 산업, 학문, 여론 등이 공존하는 복잡한 생태계에 존재합니다. 군대 안에서 새로운 기술이 효과적으로 발휘되기 위해서는 교리, 구조, 훈련, 행정, 군수지원, 군 문화 등이 변화해야 합니다. 기술적인 능력을 향상시키는 것을 보통 "현대화"라고 하며, 이러한 현대화는 중요합니다. 하지만 현대화 자체는 변혁적(transformational)이라고 할 수는 없습니다. 이러한 생각을 뒷받침하기 위해 몇 가지 역사적인 예시를 보도록 합시다.

미 육군은 끊임없이 변화하고 있고, 그 변화의 폭 또한 점차 증가하고 있습니다. 전년도 변화에 비해 올해 변화의 폭은 훨씬 크다고 할 수 있습니다. 그러나 진정한 변화라는 관점에서 1898년 이후 시기에는 5개의 변혁이 존재합니다. 첫 번째 변혁은 1898년 미국-스페인 전쟁입니다. 이 전쟁을 계기로 미국이 직면한 전략환경이 변화했습니다. 이전까지 미 육군은 서부 국경을 경비하는 경비대 역할(constabulary policing)을 했었고, 캘리포니아까지 영토가 확장된 후에는 카리브 지역과 태평양 지역을 소유함으로써 국제안보를 유지하는 역할을 수행했습니다. 이 시기 사회경제적인 변화로 인해, 미국은 농업국가에서 공업국가로 탈바꿈했습니다. 그 결과 산업 동원능력이 향상되었고, 해외시장에 대한 접근이 중요한 변수로 작동했습니다. 후장식 화기, 금속탄창, 무연화약, 유압식 포, 초기 기관총 등 눈에 띄는 군사기술의 발전도 있었습니다. 그러나 이러한 군사기술의 발전은 미 육군의 변화를 설명해주지는 못합니다.

미 육군의 다른 네 가지 변혁은 1898년 이후 국제평화유지군을 위시로 1·2차 대전에 참전한 대량동원군대(mass mobilization army), 초기 냉전시대의 핵무장 군대, 후기 냉전시대의 지원병 군대(all-volunteer), 오늘날의 디지털화된 원정군대(digitalized expeditionary army) 등입니다. 각각의 변화들은 전략환경의 변화, 사회경제적인 변화, 군사기술의 발전 속에서 나타난 다양한 요인들과의 상호작용을 통해 최종 결과를 만들어냈습니다. 미 육군은 각각의 변화 과정을 겪으면서 조직 자체를 유지했지만, 우리는 보다 포괄적인 시각을 가지고 이러한 변화 및 변혁을 파악해야 합니다.

미 육군의 변혁은 교리, 조직, 교육훈련, 행정, 군수지원, 군 문화의 변화 덕분에 가능했습니다. 2차 대전에서 나타난 기계화 부대의 등장은 좋은 사례입니다. 기계화 부대를 효과적으로 운용하기 위해서는 패튼(George S. Patton)과 같은 지휘관이 전차와 트럭, 항공기를 확보하고 그 부대를 전장에 투입하는 것 이상이 필요합니다. 기계화 부대 작전이 효과적이기 위해서는 보병, 포병화력, 전차기동, 공습, 전투공병 등 각 자산의 이점을 최대로 활용함으로써 그 효과를 통합하는 새로운 교리가 필요합니다. 새로운 조직형태는 기갑사단을 발전시켰고 부대를 배치·전력화하고 관리하는 제병협동부대(combined arms team)를 발전시켰습니다. 유명한 루이지애나 기동을 기초로 한 새로운 교육훈련체계는 부대가 정말로 필요한 기술들을 연마시킬 수 있도록 발전했습니다. 행정과 군수지원은 연료 공급이나 탄약 재보급 등과 같이 엄청난 임무를 10배나 빠르게 발전시켰습니다. 더불어 전차에 특별히 필요한 직업의식, 지식체계, 유지보수에 대한 마음가짐을 전차운용요원들이 획득하면서 군 문화 자체가 변화되었습니다.

냉전 이후 미군이 디지털화된 원정군대로 전환되면서, 첨단 디지털 장비를 충분하게 확보하고 사용하는 것이 더욱 중요해졌습니다. 네트워크화된 부대들은 발전된 센서를 사용하여 자신들이 어디 있는지, 아군이 어디 있는지, 적군이 어디 있는지 실시간으로 파악할 수 있으며 그로 인해 이전까지 교조적으로 작동했던 상급 지휘관의 지휘통제력은 유연화되는 과정에서 약화되었습니다. 또한 과거에는 사단급 제대가 수행한 임무를 더욱 날렵한 여단급 제병협동부대가 수행함에 따라, 조직도 간소화되었습니다. 새롭게 디지털화된 장비로 하는 훈련은 빠른 전개, 대기, 전방이동에 대한 관심을 갖게 했습니다. 전방배치부대들은 그 규모가 줄었으며, 미 육군은 원정태세 확립의 책임을 맡게 되었습니다. 필요하면 언제든지 부대를 전개시키기 위해 부대 병력관리를 통한 전투준비태세 확립 주기를 적용하여 부대를 순환 배치함으로써 행정 및 군수지원은 이러한 원정태세를 확립했습니다. 이전까지는 해외에 장기 주둔했던 병력이 이제는 미국 본토에 주둔(homestead)하면서, 군 문화 또한 변화했습니다.

다음 번 기술발전의 분수령이 무엇일지는 아무도 장담할 수 없습니다. 무인항공기나 로봇, 퓨처 워리어(Future Force Warrior) 계획에 의해 상상했던 것과 비슷한 개인장비 통합 및 개선한 미래보병체계 등이 분수령일 수 있습니다. 미 육군이 디지털화된 원정군대가 되기 위해 변화를 시도했었던 1990년대 초반, 디지털 네트워크는 기술혁신의 가장 중요한 변수였습니다. 야전에서 각 기술들은 유용했고, 미 육군은 개별 기술들의 특징을 파악하기 위해 여러 가지 시험평가를 실시했습니다. 일부 기술실험은 매우 성공적이었으며, 기술혁신의 잠재력을 잘 보여주었습니다. 하지만 변혁이라는 측면에서 볼 때, 새롭게 떠오르는 기술발전들이 미 육군에 충분히 통합되어 적용되었다고 볼 수는 없습니다.

무인항공기(UAV)를 살펴봅시다. UAV는 이미 국내외에서 사용되고 있고, 이를 통한 성공효과는 엄청납니다. 그러나 UAV를 정찰이나 공격에 독립적으로 운용하는 경우에, 필요한 육군 교리는 아직 확립되지 않았습니다. 만약 표적이 아군 포병 사정거리 내에 있다면, UAV와 같이 값비싼 플랫폼이 그 표적에 대한 공격을 위해 사용될까요? UAV를 운용할 조직체계도 아직까지는 항구적이지 않으며 임시조직의 형태일 뿐입니다. 이 때문에 여전히 많은 질문이 남아 있습니다. 예를 들어, 누가 UAV를 실제로 통제할 것인지의 문제를 봅시다. 전장에서 안전하게 UAV를 운용하기 위해 적 방공체계를 누가 제압할까요? UAV를 통해 얻은 정보를 그것이 필요한 이들에게 빠르게 제공하는 것을 누가 책임질까요? 교육훈련 또한 여러 문제를 안고 있습니다. 단지 몇 달간의 특별교육을 받은 병사들로부터 우리가 얻고자 하는 것을 얻을 수 있을까요? 조종사들에게 요구되는 교육적이고 경험적인 배경을 어떻게 찾을 수 있을까요? 행정 및 군수지원과 관해서는 UAV가 손쉽게 버려지는 비행기종인지 아니면 주의 깊게 그리고 조심스럽게 사용해야 하는 최첨단기술 비행기종인지에 대한 질문이 있을 수 있습니다. 또한 군 문화 역시 UAV를 이해하기 위해 노력 중에 있습니다. UAV 조종사는 실제 전투원일까요? 그들도 외상후 스트레스장애(PSTD)를 겪을까요?

이번에는 UAV가 아닌 로봇을 생각해봅시다. 과연 현재 인류는

살상력을 사용하는 데 있어서 인간의 판단을 배제하고 인공지능(AI)을 기꺼이 사용할까요? 만약 그렇다면 이렇게 인간의 역할이 축소된 조직은 어떻게 달라지겠습니까? 로봇을 훈련시킬 수 있을까요 아니면 단순히 프로그래밍해야 할까요? 행정 및 군수지원에 관하여 사람은 적고 장비가 많은 로봇부대를 어떻게 관리 및 유지할까요? 조직적인 유지보수 방법은 무엇일까요? 아니면 창고 수준으로 격하시켜서 박스를 교체하는 수준으로 관리를 할까요? 군 문화와 관련하여, 사람들이 드물게 퍼져 있는 전장에서 동료라는 느낌과 편안함을 제공하는 소부대 응집력과 전우애(band of brothers primary group)는 어떠한 의미를 가질까요?

퓨처 워리어, 나노 기술, 헬멧과 연계된 디지털 네트워크 및 강화된 외골격을 통해 훨씬 더 강력하고 잘 보호된 군인이 등장했을 때 개별 병사의 능력 향상에 대해 생각해봅시다. 너무 많은 능력이 개별 병사에게 집중될 때 군사교리가 변화할까요? 개별 병사의 능력이 강화된다면 조직 규모는 어떻게 변화할까요? 병사가 화력을 직접 사용하기보다 플랫폼으로 화력을 운반하는 운송수단과 관련된 역할을 맡을 때 군인과 운송수단 간의 혼합은 어떻게 될까요? 근본적으로 더 정교한 모든 개인장비로 얼마나 많은 추가 교육이 필요할까요? 개별 병사의 장비가 F-16 전투기 수준으로 복잡해진다면, 병력 관리 및 군수와 관련된 조직은 어떠한 비율로 변화할까요? 개인장비가 복잡해지기 때문에, 복잡한 전자장비를 잘 다룰 수 있는 사람들을 집중적으로 징집하여 구성된 군대는 문화 측면에서 이전과는 다를까요?

미 육군은 이와 같은 질문에 대하여 심사숙고하고 있습니다. 그리고 이러한 질문에 대해 "정답"을 알려주는 것이 가능할지도 모릅니다. 하지만 그게 요점은 아닙니다. 초급 장교의 대부분은 통합된 무기와 전술에 대해 훌륭한 설명을 제공할 수 있습니다만, 패튼과 같이 진정한 혁신을 이루어낼 수 있는 인물은 많지 않습니다. 현대 전장 디지털 기술을 이해하는 사람들은 많지만 UAV, 기타 로봇 및 발전된 개인장비를 잘 이해하는 장교들은 많지 않습니다. 신기술이 등장함에 따라 미 육군은 이러한 기술들을 활용하려고 노력하지만, 진정한 변혁에 필요한 통합된 교리, 구조, 훈련, 행정, 군수지원, 군 문화 등은 여전히 완결되어 있지 않습니다.

문제의 일부는 예산입니다. 마셜(George C. Marshall) 장군은 "평화로운 때에는 시간은 많지만 돈은 없고, 전쟁 중에는 돈은 많지만 시간이 없다"라는 유명한 말을 남겼습니다. 민주주의 국가의 예산은 국가 분위기에 따라 변하고, 국방비 지출은 위기가 없을 때에는 빛을 보지 못합니다. 1990년대 디지털 시대가 도래하기 시작했을 때, 냉전이 종식되었고 미 육군의 국방예산은 삭감되었습니다. 이 때문에 미 육군은 기왕 존재하는 장비에 기초하여 훈련했고, 새롭게 설계한 장비들은 실험 수준에서만 사용되었으며 조직 또한 실험 수준에서만 개편되었습니다. 그 대신 육군은 "게임 계획"을 고안하고 개념을 정립했고, 전쟁이 발생하여 예산이 배정되면 이를 적극적으로 사용할 수 있는 방법을 모색했습니다. 9·11 공격 이후 미국은 아프가니스탄과 이라크를 침공했고, 국방예산은 폭발적으로 증가했습니다. 돈이 흘러넘쳤습니다. 육군은 배치를 위해 병력 순환을 하면서 유닛을 변형시키려고 서둘렀습니다. 예를 들어, 차량에 장착된 아군위치 추적장치(blue force tracking sets)는 곧 1200기에서 5만 5000기로 폭발적으로 증가했습니다. 육군은 교리, 구조, 훈련, 행정 및 군수지원을 위한 적절한 모델도 개발했습니다. 이전까지의 훈련과 개념 정립 덕분에, 미 육군은 9·11 이후 새롭게 확보된 자원을 군 전체에 신속하게 배정하고 체계적으로 사용할 수 있었습니다.

이 컨퍼런스는 한국 육군의 다가올 혁신을 전망합니다. 디지털화, UAV, 로봇과 첨단 개인장비가 논의될 것입니다. 그리고 더 큰 기술적이지 않은 질문들도 논의될 수 있습니다. 우리가 생각하는 변혁의 범위는 얼마나 넓을까요? 기술 현대화가 충분한가요? 아니면 사회경제적 고려도 염두에 두어야 할까요? 다른 정부기관, 산업, 연구 및 학술 기관의 역할은 무엇일까요? 우리는 전략환경에서 변화까지 예측하고 있습니까? 우리가 생각한 변화의 깊이는 어느 정도입니까? 새로운 기술이 등장하면서 교리, 구조, 훈련, 행정, 군수지원 및 군 문화가 변화한다면, 그 변화는 군 전체에 얼마나 큰 충격을 줄까요? 한국 육군은 얼마나 오랜 기간을 전망하며 그 변화를 계획하고 있습니까? 즉시 군사력을 업그레이드할 수 있는 충분한 자원이 존재합니까? 아니면 보다 장기적인 측면에서 언젠가 충분한 자원이 확보되는 경우를 상정하고 "향후 도움이 될 개념을 정립(what right looks like)"하기 위한 모델을 단계적으로 업그레이드하는 데 집중하고 있습니까?

이러한 주장은 미국 군사사에 대한 본인의 연구에서 이끌어낸 것입니다. 그리고 저는 제 경험과 연구가 여러분들에게 유용하기를 바랍니다. 저는 한국 육군이 한국의 역사와 경험에 기반하여 더욱 발전하고 능력이 확장되기를 바랍니다. 70년 전 대한민국 육군은 소규모였으며 군사적으로는 무의미했던 존재(virtual non-existence)에서 출발했지만, 치열한 전쟁의 한복판에서 살아남았으며 이후 대규모로 증강되었고 매우 유능한 군사조직으로 발전했습니다. 어떻게 된 것일까요? 한국전쟁 후 한 세대 이내에, 한국군은 눈 덮인 산에서의 재래식 작전을 위해 만들어진 부대에서 베트남의 열대 정글 속에서 미 육군이 가장 신뢰할 수 있는 군사력으로 재구성되었습니다. 어떻게 이렇게 된 것일까요? 더 과거로 가서, 한국인들이 직면했던 군사적 역경은 다양했습니다. 이순신 장군의 한산도/명량 해전이나 을지문덕의 살수대첩 같은 완벽한 승리를 어떻게 설명할 수 있을까요? 영웅주의 이외에 교리, 구조, 훈련, 행정 및 군수지원, 군 문화가 이러한 성공에 기여한 것은 무엇일까요?

다시 한 번 김용우 장군님께 이런 친절한 초대에 감사드리며, 이번 일에 도움을 주신 모든 분들께 감사드립니다. 이러한 도전적이고 가치 있는 주제에 대한 사려 깊은 접근을 보는 것에 대하여 가슴이 벅차오릅니다. 비록 저는 건강문제로 참석하지 못합니다만, 제가 컨퍼런스에 어느 정도는 기여했기를 바랍니다. 그리고 무엇보다 제가 간접적으로나마 참가해 기여할 수 있어서 영광입니다. 감사합니다.

부록 2

기조연설

이라크 전쟁

전술적 성공과 전략적 실패

엠마 스카이 *Emma Sky*

[해설] 군사혁신은 항상 매혹적이다. 새로운 기술을 연구하고 이를 전쟁에서 잘 구현하기 위하여 노력한다. 새로운 군사기술에 기초하여 새롭게 무기를 생산 및 배치하고, 이에 기반하여 새롭게 조직 및 훈련을 혁신하고 새로운 군수지원과 군 문화 등이 등장한다. 그 결과 기존의 군사력 균형은 무너지고, 새로운 국가가 강대국으로 부상하거나 이전과는 다른 차원의 파괴력을 가진 군사조직이 등장한다. 기존의 군사기술과 무기에 의존하는 타성적인 조직은 패배하며, 새로운 기술을 도입한다고 해도 그 잠재력을 100% 끌어내는 데 필요한 제반 사항을 만족시키지 못한 국가 및 군사조직은 전쟁에서 도태된다. 아주 매력적인 이야기이다.

문제는 이와 같은 군사혁신의 "환상적인 해피엔딩"은 현실에서 벌어지는 상황을 절반 정도만 설명한다는 사실이다. 어떤 전쟁에서 완벽한 무기를 가지고 전투에 완벽하게 대비하여 전술적으로 완벽하게 그 잠재력을 구현할 수 있다. 이것은 "순수한 전쟁"의 모습이다. 하지만 이러한 "순수한 전쟁"은 현실에서는 나타날 수 없다. 클라우제비츠

(Carl von Clausewitz)의 주장과 같이, 전쟁은 "다른 수단으로 지속되는 정치의 연속"이며 "정치적 목적을 달성하기 위한 수단"이다. 따라서 전투에서 완벽하게 승리한다고 해도 ― 아군 희생자 없이 적군을 섬멸했다고 해도 ― 전술적 성공만으로 정치적 목표를 달성하는 데 충분하지 않을 수 있다. 즉, 전술적 성공을 전략적 성공으로 연결시키기 위해서는 보다 많은 사항이 필요하다. 즉, 군사기술에 의해 결정되는 "전쟁의 미래"와 함께, 그 전쟁이 수행되는 정치적 변화에 의해 결정되는 미래 세계에서의 전쟁, 즉 "미래의 전쟁"이 독립적으로 존재한다.

2003년 미국의 이라크 침공은 군사혁신의 "환상적인 해피엔딩"이 쉽지 않다는 현실을 잘 보여주는 사례이다. 미국은 "전쟁의 미래" 측면에서는 성공했고 전술적으로 승리했다. 냉전 시기 소련군의 서부 유럽 침공을 저지하기 위해 만들어졌던 미 육군의 막강한 화력은 이라크의 사담 후세인 정권의 군사력을 3주 정도의 전투로 분쇄했다. 3월 20일 시작된 침공은 4월 9일 바그다드 주민들이 사담 후세인 동상을 파괴하면서 미국의 압도적인 승리로 종결되었다. 미국이 과시했던 화력과 기동력 그리고 정보력은 다른 어느 국가도 보유하지 못했으며, 그 전술적 성공을 자축하면서 부시(George W. Bush) 대통령이 "임무 완수(Mission Accomplished)"를 선언했을 순간에도 전술적 성공을 통해 미국이 이라크 침공의 정치적 목표를 달성할 수 있을 것이라는 사실을 의심하기 어려웠다.

하지만 현실에서 전술적 성공은 전략적 실패로 귀결되었고, "전쟁의 미래"에서 성공했다고 해서 "미래의 전쟁"에서도 반드시 성공하는 것은 아니다. 전쟁에서 승리하기 위해서는 전술적 성공 이상으로 정치적 목표에 대한 이해와 이를 달성하기 위한 다양한 조건에 대한 이해가 필수적이다. 지금까지의 군사혁신에 대한 논의의 대부분은 새로운 군사기술을 사용하여 무기체계에서 혁신을 이룩하는 것에 집중되어 있었다. 하지만 이것은 군사력을 사용하여 정치적 목표를 달성한다는 전쟁에서의 승리/성공이 아니라 이전과는 다른 정도의 파괴력/기동력을 가지는 군사력을 구축한다는 관점에서 전술적 승리/성공에 지나지 않는다. 이라크 전쟁에서 미국은 군사혁신의 성공을 통해 전술적으로 승리했지만, 이라크 내부 상황 및 군사적 승리 이후 단계에서 정치적 환경 조성에 실패하면서 전략적으로는 실패했다.

이와 같은 정치적 조건/환경의 중요성은 군사혁신을 추구하는 과정에서 반드시 고려해야 하는 사항이다. 즉, 과연 현재 논의되고 있는 새로운 기술 및 무기체계를 우리가 어떠한 정치적 목표 달성을 위해 사용할 수 있는가? 현재 우리의 정치적 목표를 달성하기 위해 필요한 군사기술은 무엇인가? 현재 우리가 추구하고 있는 정치적 목표와 우리가 개발하고 있는 무기체계 및 군사기술은 서로 부합하는가? 부합하지 않는다면, 어떻게 문제를 해결해야 하는가? 이러한 질문은 군사혁신을 포괄적으로 바라보는 경우에, 우리가 반드시 논의해야 하는 사항들이다. 단순한 AICBM 군사기술을 도입한다고 해서 자동적으로 사라지는 문제는 아니며, 보다 정교하게 논의해야 할 사항이다. 2003년 미국은 이 부분을 완전히 무시했고, 결국 이라크에서 정치적 목표를 달성하지 못했다. 그리고 그 후폭풍은 이라크에 국한되지 않고 중동 전체와 유럽 그리고 미국까지 휩쓸었다.

하급 지휘관은 이러한 문제를 고려하지 않아도 무관하다. 하지만 상급 지휘관들은 이러한 질문들을 고민해야 하며, 이를 통해 시야를 넓히고 군사력 사용 및 구축에 있어서 다양한 문제점들을 논의해야 한다. 이것이 지휘관의 — 특히 장군단의 — 기본 책임이며 특권이다. 우리는 미국의 경험을 통해 군사혁신에 대해 다양한 시각을 가지고 있어야 한다. 그리고 이를 통해 한국 육군은 여러 상황에서 — 군사기술적·정치적 상황에서 — 적응할 수 있어야 한다. 기술의 관점에서 결정되는 전쟁의 미래와 정치적 관점에서 결정되는 미래의 전쟁은 군사혁신을 논의하는 데 있어 반드시 고려해야 하는 두 가지 사항이다.

오늘 여기에 초대되어서 영광입니다. 사실 한국을 방문한 것은 이번이 처음이지만, 이라크에서 근무했을 때, 한국군 자이툰 부대를 방문해서 한국군 장교들을 만날 기회가 있었습니다. 저는 쿠르디스탄 지역에서 한국군이 수행했던 지역 사회와의 협력에 깊은 인상을 받았습니다. 현재 이라크에서 쿠르드족은 더빙된 한국 드라마를 보고 태권도를 연습하고 K-Pop을 듣습니다.

오늘 저는 이 자리에서 이라크 전쟁을 중심으로 전술적 성공과 전략적 실패의 미스매치(mismatch)에 대해 이야기를 하겠습니다. 이라크 전쟁은 일어나면 안 되었을 전쟁입니다. 이 전쟁은 사담 후세인(Saddam Hussein)이 대량살상무기를 가지고 있다는 정보에서 비롯되었는데, 이는 잘못된 정보로 판명되었습니다.

전쟁에 대한 당위성이 부족했음에도 불구하고, 전쟁은 시작되었습니다. 그리고 상황은 계속 악화되었고요. 2003년 이후 이라크에서 일어났던 거의 모든 것은 사실 피할 수 있던 문제들이었습니다. 사담 후세인이 없는 세계를 바라는 염원이 있었고, 더 나은 질서를 만들 기회를 놓쳤습니다.

따라서 이라크에서 있었던 공과를 다루고자 합니다. 특히 이라크 전쟁이 중동 지역에 미친 영향과, 서구에 끼친 후폭풍에 대해서 이야기를 하려고 합니다.

그럼, 먼저 왜 이라크는 내전에 빠져든 것일까요?

2003년 5월, 연합군은 사담 후세인의 집권 정당이었던 바트당을 해산하고, 이라크 국가의 치안기구를 해산했습니다. 미국은 사담 후세인과 그의 정당을 숙청하고 새로운 기반을 구축하기 시작했습니다. 하지만 전쟁범죄를 저지르거나 이라크 시민의 인권을 침해했던 이들을 정리하는 대신, 오히려 그 상처는 깊어졌습니다. 미국은 이라크 공공조직 전체에서 고위 공무원들과 관리자들을 해임하고, 이라크 군과 경찰 조직을 해산시켰습니다.

사담 후세인 치하에서 대학교육을 받기 위해서는 바트당의 일원이 되어야만 했습니다. 이 때문에 바트당과 관련된 모든 인력이 숙청되면서 이라크에서 고등교육을 통해 훈련된 인력 전체가 배제되었습니다. 바트당 숙청(Debaathification)으로 병원에서는 의사가 사라지고 학교에서는 모든 교사가 퇴직해야 했습니다. 결국 근대적인 관료조직을 유지하는 데 필수적인 훈련된 전문인력이 이라크에서 사라졌으며 동시에 이런 인력들은 매우 모욕적인 방식으로 해고되었습니다.

연합군은 이라크 군대에 "우리와 싸우지 말라, 당신들을 존중해 주겠다"라고 말하는 전단지를 살포했습니다. 이라크군은 대부분 사담을 싫어했으며 그를 위해 싸울 준비가 되어 있지 않았습니다. 이라크군은 집으로 돌아가 연합군이 그들을 다시 막사로 불러내기를 기다렸습니다. 그러나 그런 일은 없었으며, 오히려 연합군은 그들을 해산시켰고, 그 결과 이라크군 병력은 분노하며 무기를 다시 들었습니다.

바트당을 해산하고 치안기구를 해체함으로써, 연합군은 국가를 지탱하는 근육을 제거했습니다. 사담 후세인 치하에서, 바트당과 행정부는 본질적으로 하나였습니다. 힘의 공백이 생겨나면서, 이라크 주민들은 스스로를 보호하기 위해 폭력조직을 형성했고, 저항세력과 민병대가 번성하여 사회 질서의 붕괴와 내전으로 이라크를 몰아넣었습니다.

제 생각에 세계 어느 나라도 군과 경찰 병력(security forces)을 해산하고 공무원 조직을 해체한다면 생존할 수 없습니다. 하지만 이라크에서 미국은 이러한 전략적 실책을 저지르면서, 스스로 실패의 늪으로 걸어 들어가고 말았습니다. 이러한 측면에서, 이라크 내전의 첫 번째 원인은 국가 붕괴(state collapse)입니다.

내전의 두 번째 원인은 평화 정착의 성격이었습니다. 사담 후세인은 잠재적 경쟁자로 여겨지는 모든 이들을 제거했기 때문에, 정통성을 가진 지도자들을 찾아 새로운 이라크를 책임지게 하는 것은 쉽지 않았습니다. 미국은 자문을 구하기 위해 25명으로 구성된 이라크 통치위원회를 설립했습니다. 집행위원 중 13명은 시아파 아랍인, 5명은 쿠르드족, 5명은 수니파 아랍인, 1명은 터키인, 1명은 아시리아 기독교인이었습니다.

다원성을 보장하기 위해 구성된 이와 같은 통치체제는 오히려 심각한 부작용을 초래했습니다. 이 때문에 이라크 역사상 처음으로 민족/종파적 파벌이 사회 구성의 기본 원리로 등장하면서 사회와 정치 구조를 재편했습니다. 이라크 "국가"의 존재감이 사라진 상황에서, 통치위원회를 통하여 이라크 사회는 통합되기보다는 오히려 분열되기 시작했습니다.

이라크는 오랫동안 다민족·다문화 사회였지만, 이라크를 구성했던 수니파, 시아파, 쿠르드족은 결코 동질적이거나 강력하게 통합된 정치 공동체를 형성하지 못했습니다. 2003년 바그다드에서 민족/종파 간 결혼은 전체 인구의 30%에 지나지 않았습니다.

또 다른 문제는 망명세력이 과대대표되었다는 사실입니다. 통치위원회 구성에서 나타나듯이, 미국이 주도하여 구성한 새로운 "엘리트 집단"은 사담 후세인 치하에서 이라크에 남아 있던 인물들이 아니라 해외 망명객들의 정치적 영향력을 강화시켰습니다. 즉, 수니파보다 시아파와 쿠르드족을, 아랍 민족주의자보다 이란 망명객들을, 비이슬람주의자보다 이슬람주의자(Islamist)들의 지위가 강화되었습니다.

연합군이 권력을 쥐어주었던 새로운 엘리트들은 국내적 지지 기반이 부족했고, 자신들의 지지세력을 규합하기 위해 종파갈등을 부추겼으며 종파주의를 활용하여 끊임없이 "타자"에 대한 공포를 불러일으켰고, 동시에 새롭게 만들어진 지지세력들에게 "타자"로부터의 보호를 약속했습니다. 가장 쉬운 "타자"는 다른 종파와 종족이었습니다. 수니파에게는 시아파가, 시아파에게는 수니파가, 그리고 쿠르드족에게는 아랍인들이었습니다. 이 과정에서 통합된 이라크 사회는 무너졌습니다.

내란의 혼란 가운데 알카에다가 이라크에 뿌리를 내렸습니다. 요르단 출신의 깡패인 아부 무사브 알자르카위(Abu Musab al-Zarqawi)가 이끄는 알카에다는 계속해서 시아파 민간인들을 공격하고, 민간인들을 납치하여 고문 및 살해했으며, 참수(斬首)하는 소름 끼치는 비디오를 공개했습니다. 이를 통해 알카에다는 종파적 반발을 유도하여 이라크를 수니파 근본주의가 지배하는 칼리프 국가로 대체하려고 시도했습니다.

반면, 이란은 시아파 민병대를 지원하여 수니파 폭도뿐 아니라 해당 지역의 수니파 주민들을 모두 몰아내고 연합군을 공격해서, 이라크 전체를 지배하려고 했습니다. 쿠르드족은 이라크 전체에 대한 지배권은 포기하는 대신, 북부에서 자신들만의 새로운 국가를 건설하려고 했습니다. 이 과정에서 통합된 이라크 국가가 무너졌습니다.

2006년 말 이라크는 나락으로 떨어지고 있었습니다. 이라크는 전형적인 실패국가였습니다. 바그다드 거리에는 시체들이 매일같이 버려졌습니다. 머리에 총을 맞고 죽었는지 아니면 전동 드릴로 살해되었는지를 보면, 피살자가 수니파인지 시아파인지를 알 수 있었습니다. 수십만 명의 이라크인들이 사망했습니다. 수백만 명이 집을 잃었고, 공공 서비스가 파괴되었으며, 이라크인들은 하루에 몇 시간만

전기를 사용할 수 있었습니다.

마지막 도박으로, 부시(George W. Bush) 대통령은 이라크 유혈사태를 통제하도록 2만 명의 추가 병력을 파견한다고 발표했습니다. 그리고 새로운 전략 사령관으로 퍼트레이어스(David Petraeus) 장군, 작전 사령관으로 오디어노(Raymond T. Odierno) 장군이 임명되었습니다.

저는 당시 오디어노 장군의 정치 고문으로 활동했습니다. 저의 가장 중요한 임무는 장군이 이라크 상황의 근본 원인을 더 잘 이해하도록 돕는 것이었습니다. 당시 핵심 질문은 무엇이 불안정성을 초래하고 왜 폭력이 빈번한가, 누가 싸우고 있고, 왜 싸우고 있는가 등이었습니다. 그리고 우리가 내린 진단은 "이라크 내부의 유혈사태는 실패국가에서 서로 다른 집단이 권력과 자원을 둘러싸고 무력을 사용한 결과"라는 것이었습니다.

이 때문에 유혈사태를 통제하기 위해서는 무력을 사용하는 집단들로부터 이라크 민간인을 보호해야 했습니다. 이라크 국가 공권력이 무너지고 이라크 군/경찰 병력이 사라진 상황에서, 결국 미군이 국가 붕괴로 인해 초래된 권력 공백을 메워야 했습니다. 미군 병력은 기지를 떠나 분산 배치되어 이라크 주민들과 함께 거주했습니다. 미군 사령관들은 "우리는 전쟁터로 출퇴근할 수 없다"라는 표어로 미군 병력이 직접 이라크 주민들 속에서 생활하면서 주민들을 보호하는 경찰 역할을 수행하게 했습니다. 또한 미군은 이라크 보안군과 함께 작전하면서, 이라크 병력의 역량을 강화했습니다.

미국은 "Clear, Hold, Build, by and through Iraqi Security Forces"라는 표어를 통해 이라크 군/경찰 병력과 함께 이라크를 재건하고자 했습니다. 동시에, 미군은 저항세력에 접근하여 저항세력의 정체와 요구사항을 파악하고, 무엇보다 미군과 화해하고 태도를 바꿀 수 있는지 여부를 확인하기 위해 노력했습니다.

당시까지 미군은 군사력을 동원하여 “적”을 제거하려고 했습니다. 하지만 미군은 시각을 바꾸어, 저항세력의 정체와 요구사항을 이해하려고 노력했습니다. 이러한 변화는 저항세력이 미군 병사를 공격하는 상황에서는 쉽게 실현될 수 없는 혁신적 사고방식이었습니다. 생각해 보십시오. 우리 병사를 공격하는 적(敵)과 대화하는 것이 과연 가능하겠습니까? 하지만 이것은 전략적 성공을 위해 필수적이었습니다.

당시 이라크 정부는 미군이 정부 전복을 시도하는 무장단체들과 거래하고 있다고 의심했고, 미군 지휘부와 수니파 저항세력의 접촉에 반대했습니다. 하지만 퍼트레이어스 장군은 이라크 정부의 압력에도 불구하고 저항세력과의 협상을 추진했고, 다음과 같은 논리를 여러 번 강조했습니다. “우리가 저항세력을 사살한다고 전쟁이 끝나지는 않는다(You cannot kill your way out of an insurgency).”

이제 미군은 전쟁을 대반란작전으로 다시 정의했고, 이를 수행하기 위한 전술/작전 교리를 새롭게 수립했으며, 그 전술교범인 FM3-24를 성경 수준으로 신성시하게 되었습니다.

이라크 전쟁 중 처음으로 미국은 올바른 리더십과 전략, 충분한 병력자원을 가지게 되었습니다. 알카에다를 혐오하는 수니파 부족은 이라크 내전에서 시아파 민병대에게 패배하고 있음을 실감하고, 미국과 재협력하여 알카에다에 대항하기 시작했습니다.

미군과 함께 일하면서 이라크 보안군은 능력과 자신감을 배양했습니다. 시아파 주민들에 대한 보호가 강화되면서, 시아파 민병대는 민중의 지지를 잃고 약화되었습니다. 폭력은 급격히 감소했고, 이라크 국가는 강력해졌고, 모든 집단이 정치 과정에 참여하며, 화해할 수 없는 극단주의자들은 체포되거나 살해되었습니다. 내전이 끝났습니다. 이라크인들은 자국이 올바른 방향으로 나아가고 있다고 느꼈고, 우리도 그렇게 판단했습니다.

이야기가 이렇게 해피엔딩으로 끝났으면 좋았겠지만 슬프게도 그렇게 되지는 않았습니다. 다시 모든 것이 다음과 같은 이유에서 무너지기 시작했습니다.

2010년 총선 투표율은 높았습니다. 이라크인들은 합법적인 정치 과정을 신뢰했고, 이를 통해 종파주의를 뛰어넘을 수 있기를 바랐습니다. 특히 이라크 주민들은 시아파/수니파 정치/종교 지도자들에게 실망했고, 종파적 정체성이 아니라 이라크 국민이라는 국가적 정체성에 기초한 새로운 정치질서를 구축하려고 했습니다.

아야드 알라위(Ayad Allawi)가 이끄는 연합인 이라키야(Iraqiyya)는 "종파 간 평화"와 "모든 이라크인들을 위한 이라크"를 구호로 선거운동을 진행했고, 이라크의 수니파, 세속적인 시아파와 소수민족의 지지를 확보했습니다. 그리고 선거에서 승리하여 가장 많은 의석을 차지했고, 의원내각제 국가인 이라크에서 새롭게 국가권력을 장악할 수 있는 기회를 잡았습니다.

하지만 2006년 이후 권력을 잡고 있던 누리 카밀 알 말리키(Nouri Kamel al Maliki) 총리는 선거에서의 패배를 수용하지 않았습니다. "중동에서 선거에서 패한 사람은 아무도 없다!"라고 하면서, 총리는 재개표를 명령했고, 이라키야 후보자들을 실격시키고 투표를 무효화하기 위해 바트당 청산 문제를 다시 거론했습니다. 또한 말리키 총리는 경쟁자를 위협하고 사법부에 압력을 가해, 선거 결과를 자신에게 유리한 방식으로 변경했습니다. 자신의 생존에 집착하던 말리키 총리는 권력을 유지하기 위해 무엇이든 할 준비가 되어 있었습니다.

미국 내에서는 어떻게 해야 할지를 두고 격론이 있었습니다. 일부는 이라크 헌법 및 의회 시스템의 관행에 부합하는 이라키야 연합이 정부를 구성하는 것을 지지해야 한다고 주장했습니다. 하지만 오바마 대통령은 부통령에게 이라크 문제에서 전권을 위임했고, 바이든 부통령은 친미적인 인사로 여겨지는 말리키 총리 – 선거에서는 졌지만 – 를 지원하겠다고 공표했습니다. 이러한 판단에는 말리키 총리가 이라크 민족주의자이자, 2011년 이후 이라크에서 미군 주둔을 허용하는 주둔군 협정(SOFA)을 승인할 것이며, 그리고 이를 통해 11월 미국 중간선거 전에 이라크 정부 구성이 완료될 수 있다는 믿음이 전제되어 있었습니다.

그러나 이라크 정치인들은 총선 이후 말리키를 권좌에서 몰아내기 위해 수개월 동안 노력했고, 특히 말리키가 독재자로 변신할 가능성을 우려했습니다. 이라크 중도파 정치세력은 말리키 정권을 유지하려는 미국의 압력에 저항했습니다. 하지만 이러한 상황에서 전혀 예상하지 못했던 일이 벌어졌습니다. 이란이 말리키 정권을 지지하는 오바마 행정부를 지원한 것입니다.

당시 상황에서 이란은 정부 구성을 중개하여 그들의 영향력을 증대시킬 수 있는 기회를 감지했습니다. 무엇보다 이란은 말리키가 총리 직위를 유지하기를 바랐습니다. 이란은 말리키 총리가 이라크에서 경멸적인 존재임을 알고 있었으며, 따라서 말리키가 다시 집권한다면 이라크가 아랍세계로 재통합되는 것을 막을 수 있고, 이라크가 아랍국가가 아니라 역사적으로 페르시아 세력인 이란에 의존할 수밖에 없다고 생각했습니다. 미국과 이란은 서로 다른 이유에서 말리키를 지지했습니다. 미국이 병력 주둔을 위해 말리키를 지지했다면, 이란은 2011년 말까지 모든 미군을 이라크에서 철수시키는 조건으로 말리키 총리의 두 번째 임기를 지원했습니다.

결국 말리키가 승리하여 두 번째 임기를 시작했고, 이제 총리의 권한으로 수니파 정치인들을 테러 혐의로 기소하고 정치권에서 몰아냈습니다. 그는 이라크에서 미군과 협력하여 알카에다와 싸운 수니파 부족 지도자들과의 약속을 어겼고, 수니파를 대대적으로 체포했습니다. 말리키는 그의 권력을 지속적으로 견제하도록 되어 있었던 민주적 기관들을 해체했습니다. 수니파는 격렬히 저항했습니다만, 말리키의 행보를 저지하지 못했습니다. 그리고 이러한 환경에서 ISIS라고 불리는 이슬람국가(Islamic State)가 등장했고, IS는 스스로를 이란/페르시아의 지원을 받는 말리키 종파 정권에 대항하는 수니파/아랍의 수호자로 선전하게끔 만들었습니다.

그렇다면 이라크 전쟁은 이 지역에 어떠한 영향을 미쳤을까요? 이라크 전쟁은 새로운 시대의 지하드를 시작했습니다. 우선 이라크 전쟁으로 이란은 자신의 입맛대로 중동 지역을 재편하는 데 성공했습니다. 사담 후세인의 수니파 이라크는 시아파 이란을 견제하고 있는 아랍 수니파의 보호자였습니다. 하지만 오늘날 이란은 이라크에서 가장 영향력 있는 외국세력입니다. 올해 초 미군은 이라크 전쟁의 유일한 승리자는 이란이라는 연구결과를 발표했습니다. 반면, 이라크 전쟁으로 서방세계는 큰 상처를 입었고, 향후 군사력 투사에 있어 정서적으로 많은 어려움에 봉착하게 되었습니다.

'아랍의 봄' 동안, 시리아에 의해서 악몽이 시작되었습니다.

2011년을 어떻게 기억하십니까? 중동 지역에서 젊은이들이 불의에 저항하기 위하여 지역 전역과 거리에 나섰으며, 더 나은 통치와 직장을 요구했습니다. 그들은 여러 가지 의미에서 동원되었으며, 더 많은 사람들을 규합하기 위해 인터넷과 소셜 미디어를 사용했습니다. 덕분에 두려움의 벽이 무너졌고 독재정권이 타도되었습니다.

당시 저는 이러한 봉기 덕분에 지역 주민들이 더 나은 미래를 누릴 수 있을 것이라고 믿었습니다. 왜냐하면 변화를 위한 선동은 외국의 개입을 통하는 것이 아닌 내부에서 온 것이기 때문이었습니다. 중동 지역을 여행하면서, '아랍의 봄' 과정에서 분출된 혁명의 에너지와 연대감을 직접 경험했습니다. 바샤르 알-아사드(Bashar al-Assad) 대통령은 시리아가 '아랍의 봄'에 영향을 받을 것이라고 믿지 않았습니다. 권력을 장악한 지 10년밖에 되지 않았고 젊었던 아사드는 유혈진압을 선택했습니다. 그는 더 나은 통치를 요구하는 시위자들의 요구를 거부하고 폭력을 사용했습니다. 그 결과 시리아는 내전으로 빠져들어 갔습니다.

미국과 그 동맹국들은 아사드 대통령이 권좌에서 물러날 것을 촉구했지만, 아사드를 축출하려는 적극적인 행동은 하지 않았습니다. 시리아의 반정부세력은 무장하기 시작했고 외부의 지원을 필사적으로 수용했습니다. 터키, 사우디아라비아, 아랍에미리트 및 카타르는 시아파 정권에 대항하는 시리아의 수니파 세력에게 무기와 자금을 제공했습니다. 반면, 이란은 궁지에 몰린 아사드 정권을 지원해주기 위해 군사 고문단과 레바논, 이라크, 아프가니스탄의 시아파 민병대를 배치했습니다. 이렇게 전쟁은 국제적으로 확산되었습니다.

화학무기 사용을 용납하지 않겠다고 선언했지만, 오바마는 아사드가 2013년 동부 구타(Ghouta)의 다마스쿠스 지역에서 1400명의 사람들을 독가스로 살해했을 때 아무런 조치를 취하지 않았습니다. 영국에서도 캐머런 수상은 군사력 사용에 대한 의회 승인을 얻는 데 실패했습니다. 결국 미국과 영국은 아사드 정권의 행동에 별다른 조치를 취하지 못했습니다. 그 대신에 오바마는 아사드 정권이 보유한 독가스를 "제거"한다는 러시아의 제안을 수용했습니다. 결국 아사드는 러시아의 묵인하에 – 그리고 미국이 방조하는 가운데 – 화학무기를 사용했고, 저항세력을 격멸하는 데 성공했습니다.

오바마가 군사력 사용을 꺼리면서, 미국 동맹국과 지지세력은 경악했으며 미국의 적들은 기세등등해졌습니다. 오바마는 중동이 미국의 이익에 더 이상 중요하지 않다고 보았습니다. 미국이 중동 지역에서 망가진 모든 것을 고칠 수 없다고 지적하면서, 중동 문제에 계속 개입한다면 전쟁은 계속되고, 미국 병력의 손실은 가중되며, 미국의 힘과 입지는 더욱 약화된다고 판단했습니다. 오바마는 중동에서 미국의 출구 전략으로 이란과의 핵 협정을 시도했습니다. 그리고 그는 합의에 실패할 가능성을 우려하여, 중동에서 이란 영향력의 확대를 수용했습니다. 아시아 중시 정책(Pivot to Asia)에서 나타나듯이, 미국의 정책적 관심이 중국과 동아시아로 이동했고 중동 지역에서 발생한 힘의 공백은 결국 러시아와 이란 그리고 민병대 병력이 채우게 되었습니다.

2014년 ISIS가 폭발적으로 팽창하면서 이라크와 시리아 국경선을 무의미하게 만들었으며, 그 가운데 영국 영토 정도의 새로운 국가를 구축하고 1000만 명 정도의 주민들을 지배하게 되었습니다.

이라크와 시리아는 하나의 전장(戰場)이 되었습니다. 한때 예언자, 법률 및 최초의 조직화된 국가로 유명한 메소포타미아는 갈등, 악, 무정부 상태와 동일한 단어가 되었습니다. 고대 무역 대도시, 문화 중심지와 세계주의의 중심지였던 지역이 이제는 산산이 부서져버린 조각들로 전락했습니다. 과도하게 금욕적이고, 다른 종교와 사고방식을 용인하지 않으며, 가부장적인 단일 문화를 강제하는 이슬람 극단주의 세력은 수천만 명을 노예로 지배하게 되었습니다. 시대를 뛰어넘는 근본주의자들의 환상이 가져온 끔찍한 결과였습니다.

미국이 주도하는 연합군이 다시 조직되어, ISIS와의 전쟁에 투입되었습니다. 그러나 ISIS와의 전쟁은 알카에다와의 싸움과는 매우 다르게 수행되었습니다. 2007년까지 연합군은 알카에다와의 싸움을 위하여 수니파 부족과 타협하고 수니파 저항세력을 지원했습니다. 이를 통해 수니파 세력은 저항세력의 낙인을 떨쳐내고 명예롭게 제도적 정치 과정으로 편입될 수 있었습니다. 하지만 ISIS와의 전쟁에서, 미국 주도 연합군은 대규모 병력을 직접 투입하지 않았으며, 지역 수니파 단체를 지원하지도 않았습니다. 그 대신에 쿠르드족과 시아파 민병대를 지원하는 공군력에 집중했습니다. 2016년에만 미국은 이라크와 시리아에 2만 4287개의 폭탄을 투하했습니다.

IS는 군사작전으로 붕괴했지만, 도시는 파괴되었고 수천 명의 무고한 민간인이 살해되었으며 민병대 세력은 통제 불능으로 확산되었습니다. 무엇보다 이란은 ISIS와의 싸움에서 이라크와 시리아에 대한 영향력을 증대시켰고, 이제 이란에서 이라크를 거쳐 시리아와 이스라엘을 지상으로 연결하는 영향력을 구축했습니다. 최후의 승리자는 결국 이란이라고 볼 수 있습니다.

중동에서 일어나는 일은 단순히 중동에 머무르지 않습니다. 난민과 테러리스트는 중동에만 관련된 일이 아닙니다.

수십만 명의 사람들이 이 지역을 떠나 유럽으로 피난처를 찾기 위해 작은 배와 어선을 타고 지중해를 건너갔습니다. 과연 누가 익사하여 터키 해변에 떠밀려 온 세 살짜리 시리아 소년 쿠르디(Alan Kurdi)의 모습을 잊을 수 있을까요?

난민의 유입으로 유럽 일부 국가들은 국경통제권을 상실했고, 이제 유럽에서는 무엇을 해야 할지 어떻게 부담을 나누는지에 대해서

의견이 분분합니다.

유럽에서 일어나는 끔찍한 테러리스트의 공격을 기억하실 겁니다. ISIS는 테러 공격을 통해 서방이 이슬람과 전쟁 중이라고 선전했고, 그리고 더 많은 이슬람 세력을 동원하기 위해서 유럽에서 이슬람에 대한 반발심을 자극했습니다.

이 모든 것은 포퓰리스트, 이민 배척주의자, 반이민감정을 불러일으켰으며, 극우정당은 권력을 장악하기 위해서 금융위기, 경기 침체, 실직 등과 함께 이슬람에 대한 반발심을 이용했습니다.

그것은 영국뿐만 아니라 서구 정치에 지대한 영향을 미쳤습니다.

영국의 극우 독립당은 슬로베니아-크로아티아 국경에 있는 대규모 중동 난민 사진을 이용하여 선거 포스터를 제작했습니다. 그 의미는 분명합니다. 영국이 유럽연합(EU)을 떠나 국경을 철수하지 않는 한 난민은 영국으로 몰려온다는 것입니다.

이민 통제는 EU 탈퇴를 위한 2016년 6월 23일 영국 국민투표의 핵심 요소였습니다.

또한 이라크 전쟁은 기존 정치 지도자들과 전문가 집단에 대한 대중의 신뢰를 상실하는 결과를 가져왔습니다. 보통 엘리트들이 일반 대중에 비해 많은 지식을 가지고 있고 판단력이 좋다고 하지만, 이라크 전쟁 과정에서 엘리트들의 지식과 판단력이 크게 다르지 않다는 사실이 드러났습니다. 대다수의 영국 국민은 전쟁에 반대했으나, 블레어 영국 총리는 이라크 침공을 결정했습니다. 사실 이라크 전쟁만 없었다면, 블레어 총리는 영국 역사상 최고의 총리 중 한 명으로 추앙되었을 것입니다. 하지만 이라크 전쟁으로 블레어 총리와 그가 이끄는 노동당은 큰 타격을 입었습니다. 이후 영국 노동당은 극렬 좌파에 의해 통제되고 있습니다.

결론을 말씀드리겠습니다.

이라크 침공은 9·11 테러의 맥락에서만 이해될 수 있습니다. 두려움과 분노에 눈이 멀어, 미국은 자신이 만들었고 유지했던 규범 중심의 국제질서를 약화시켰습니다. 외교보다는 군사력을 사용하면서, 군사력이 대외정책의 주요 도구가 되었습니다. 방어는 공격을 의미했고, 방어를 위해서는 다른 국가를 침공해야 했습니다.

인권과 자유를 강조했던 미국은 이라크를 침략하고 점령했을 뿐만 아니라, 적법한 절차 없이 수천 명을 구금했습니다. 아부그라이브와 관타나모에서 고문이 자행되었고, 용의자들을 납치하여 해외로 빼돌렸으며, 전쟁 중이 아닌 국가에서조차 암살을 승인했습니다. 테러리스트 근절을 위한 강박적 군사작전에서, 수만 명의 무고한 민간인들이 '부수적인 피해(collateral damage)'로 사망했습니다. 전쟁을 통해 이전보다 더 많은 적이 만들어졌습니다.

이제 팍스 아메리카나가 끝나는 느낌입니다. 특히 중동 지역에서는 냉전에서 승리했던 미국의 영향력이 급전직하 추락했습니다.

오늘날 국제체제는 단극에서 다극으로 전환하고 있으며, 중동은 영향권을 둘러싼 치열한 경쟁이 진행되는 지역입니다.

이탈리아 마르크스주의 철학자인 그람시(Antonio Gramsci)는 다음과 같은 말을 했습니다.

"과거의 세상이 죽어가고 있으며, 새로운 세상이 태어나기 위해 분투하고 있다. 지금은 괴물의 시대이다." 제 생각에는 이 문구가 역사의 현재 시점을 파악한다고 생각합니다. 감사합니다.

부록 3

육군력 포럼 육군참모총장 환영사

육군은 대한민국의 항구적 평화를 강력한 힘으로 뒷받침합니다.

역사적으로 모든 강군은 혁신을 통해서 탄생했고, 혁신한 군대는 국민의 지지를 받고 승리했습니다. 나폴레옹 시민군, 프로이센군, 스웨덴군, 월남전 패배 후 미군이 그랬습니다.

육군도 지난 한 해 절박한 마음으로 '도약적 변혁'을 위해 매진했습니다. 열린 마음으로 전 영역에서 외부와 전략적으로 제휴하면서 미래를 선제적으로 예측하여 답을 내려고 고심하고 군의 본질적 가치를 찾고 구현하기 위해 심혈을 기울였습니다.

특히 워리어 플랫폼, 드론봇 전투체계와 핵심가치 정립 등에 많은 진전이 있었습니다. 오늘 참석하신 의원님과 산·학·연 전문가님들의 적극적인 성원과 지지가 큰 힘이 되었습니다.

올해로 제5회를 맞는 육군력 포럼은 육군의 역할과 중요성에 대한 학문적 이론을 정립하고 국민의 공감대를 확산하기 위해 2015년부터 서강대학교 육군력연구소와 함께 추진해 왔습니다.

그 어느 때보다도 역동적인 한반도 안보환경 속에서 올해는 "도전과 응전, 그리고 한국 육군의 선택"이라는 주제로 외국군의 군사혁신 사례와 함께 우리 육군의 '비전 2030'을 평가하며 혁신의 방향을 제시하고자 합니다.

모쪼록 오늘 포럼을 통해 미래 육군의 역할에 대해 창의적인 의견들이 많이 제시되어 실효성 있는 정책으로 발전되기를 기대합니다.

다시 한 번, 자리를 빛내주신 모든 분들께 진심으로 감사의 말씀을 드리며, 앞으로도 육군에 대한 여러분의 변함없는 성원을 부탁드립니다. 감사합니다.

2019.4.3

육군참모총장 대장 김용우

참고문헌

제1장

권영근. 1999.『미래전과 군사혁신』. 서울:연경문화사

김동기·권영근. 2015.『(합동성 강화) 美 국방개혁의 역사』. 서울: 연경문화사.

김동한. 2014.『국방개혁의 역사와 교훈』. 서울: Book Lab.

김병륜. 2017.『조선시대 군사 혁신: 성공과 실패』. 국방정신전력원, 국방인문총서.

김종하·김재엽. 2008.『군사혁신(Rma)과 한국군: 2020년을 넘어서』. 서울: 북코리아.

대한민국 국방부.「2018 국방백서」, 2018년 12월 31일.

박봉규. 2003.「군사혁신의 이론과 실제: 미국 군사혁신의 전개과정을 중심으로」. ≪아세아연구≫, 46.1 (March).

신진안. 2004.「정보화시대 미국의 군사혁신: Qdr-1997의 군사혁신 비전과 현실」. 서울대학교.

이근욱. 2010.「미래의 전쟁과 전쟁의 미래: 이라크 전쟁에서 나타난 군사혁신의 두 가지 측면」. ≪신아세아≫, 12.1 (2010년 봄): 137~161.

이장욱. 2012. "The Rma Of The U.S. And "Doing More With Less." ≪신아세아≫, 19.1 (March, 30).

정춘일. 1999.「미국의 군사혁신 개념과 비전」. ≪국방연구≫, 42.1.

조한승. 2010.「탈냉전기 미국 군사혁신(Rma)의 문제점과 교훈」. ≪평화연구≫, 18.1 (April).

헌들리, 리처드(Richard O. Hundley). 2002.『군사혁신과 軍의 미래: 미국은 군의

혁신을 위하여 군사 혁신 사례 중 어떤 것들을 활용해야 하는가?』. 구정회 옮김. 서울: 항공우주개발정책연구회.

Aspin, Les. 1993. Report on the Bottom-Up Review. Department of Defense Report (October).

Bertaud, Jean-Paul. 1988. *The Army of the French Revolution: From Citizen-soldier to Instrument of Power*. Princeton University Press.

Biddle, Stephen, James Embrey, Edward Filiberti, Stephan Kidder, Steven Metz, Ivan Oelrich and Richard Shelton. 2004. "Toppling Saddam: Iraq and American Military Transformation." report of the Strategic Studies Institute, April. Carlisle, PA: Army War College.

Black, Jeremy. 1999. *Warfare in the Eighteenth Century*. London.

Boot, Max. 2003. "The New American Way of War." *Foreign Affairs*. 82.4, July/August: 41~58.

Brodie, Bernard and Fawn Brodie. 1973. *From Crossbow to H-Bomb, The Evolution of the Weapons and Tactics of Warfare*. Bloomington, Indiana: Indiana University Press.

Corum, James S. 1992. *The Roots of Blitzkrieg: Hans von Seeckt and German Military Reform*. University Press of Kansas, Lawrence.

Department of Air Force. 1993. Gulf War Air Power Survey V:, A Statistical Compendium and Chronology. contract study for the Secretary of the Air Force.

Dunnigan, Jim & Ray Macedonia. 2012. 미 육군개혁(Getting it Right). 육군본부.

Dupuy, Trevor N. 1984. *The Evolution of Weapons and Warfare*. Da Capo Press, New York.

Edgar, Walter. 2001. *Partisans and Redcoat: The Southern Conflict That Turned the Tide of the American Revolution*. New York.

Ellis, John. 1975. *The Social History of the Machine Gun*. The Johns Hopkins University Press, Baltimore.

Gongora, Thierry and Harald von Riekhoff eds. 2000. *Toward a Revolution in*

Military Affairs?: Defense and Security at the Dawn of the Twenty-First Century. Westport, CT: Greenwood Press.

Gray, Colin S. 2004. *Strategy for Chaos: Revolutions in Military Affairs and The Evidence of History*. London, Frank Cass.

Hart, Basil H. Liddel ed. 1979. *The German Generals Talk*. Quill, New York.

Haythornthwaite, Philip. 1995. *Napoleon's Military Machine*, Da Capo Press.

Howard, Michae. 2001. *The Franco-Prussian War: The German Invasion of France 1870~1871*. New York: Routledge.

Johnson, David. 1998. *Fast Tanks and Heavy Bombers: Innovation in the U.S. Army, 1917~1945*. Cornell University Press, Ithaca.

Kagan, Frederick W. 2006. *Finding the Target*. New York: Encounter Books.

_____. 2006. "The US Military Manpower Crisis." *Foreign Affairs*, 85.4, July/August.

Knox, MacGregor and Williamson Murray. 2001. *The Dynamics of Military Revolution, 1300~2050*. Cambridge: Cambridge University Press.

Korb, Lawrence J. 1995. "Our Overstuffed Armed Forces." *Foreign Affairs*. 74.6, November/December.

_____. 2009. "The Lost Decade." in Wilslow T. Wheeler and Lawrence J. Korb eds. *Military Reform: An Uneven History and An Uncertain Future*. Stanford, CA: Stanford University Press.

Krepinevich, Andrew F. 1994. "Cavalry to Computer: The Pattern of Military Revolution." *The National Interest*, Fall.

Leland, Anne and Mari-Jana Oboroceanu. 2009. American War and Military Operations Casulaties: List and Statistics. Congressional Research Service Report for Coangress, September.

Macksey, Kenneth. 1975. *Guderian, Creator of the Blitzkrieg*. New York: Stein and Day.

Marshall, Andrew. 1995. Revolutions in Military Affairs Statement prepared for the Subcommittee on Acquisition & Technology. Senate Armed Services Committee, May 5.

Parker, Geoffrey. 1988. *The Military Revolution: Military Innovation and the Rise of the West, 1500~1800*. Cambridge University Press, Cambridge,

Richard O. Hundley. 1999. *Past Revolution, Future Transformation: What Can the History of Revolutions in Military Affairs Tell Us About Transforming the U.S. Military?* RAND.

Trunbull, Archibald D. and Clifford L. Lord. 1949. *History of United States Naval Aviation*. New Haven: Yale University Press.

Van Creveld, Martin. 1989. *Technology and War, From 2000 B.C. to the Present*. London: Collier Macmillan Publishers.

Van Tyne, Claude H. 1929. *The War of Independence*. New York.

기타 자료

남보람. 2019. "'혁신 피로'의 시대, 혁신 실패의 원인과 혁신 성공의 조건." ≪월간 노동법률≫.

http://www.worklaw.co.kr/view/view.asp?in_cate=119&gopage=1&bi_pidx=28757

유영식. 2017. "대한민국 국군, 갈라파고스 군대가 되지 않으려면…." ≪월간조선≫, 2017년 10월호.

http://pub.chosun.com/client/news/viw.asp?cate=c01&mcate=m1005&nNewsNumb=20170926350&nidx=26351

조용현. 2010. "국방연구개발 실패사례 및 개선방안 연구." (사)21세기군사연구소

http://www.prism.go.kr/homepage/entire/retrieveEntireDetail.do;jsessionid=89878DDAA9B9A280E4C4CA974950FF43.node02?cond_research_name=&cond_research_start_date=&cond_research_end_date=&research_id=1690000-201000002&pageIndex=2237&leftMenuLevel=160

Chesnut, James S. 2002. "Political Foot-soldier: Colin Power's Interagency Campaign for the 'Base Force'." National War Collage Report.

http://www.dtic.mil/cgi-bin/GetTRDoc?Location=U2&doc=GetTRDoc.pdf&AD=ADA442947

Defense Link. 2001. "DOD Acquisition and Logistics Excellence Week Kickoff : Bureaucracy to Battlefield." Remarks as delivered by Secretary of Defense Donald H. Rumsfeld. The Pentagon (September 10). Defense Link. http://en.tackfilm.se/?id=1263450875062RA26

Geist, Christopher. "Of Rocks, Trees, Rifles, and Militia; Thoughts on Eighteenth-Century Military Tactics." https://www.history.org/foundation/journal/winter08/tactics.cfm

Murray, William and Barry Watts. Military Innovation in Peacetime. report prepared for OSD Net Assessment, January 20, 1995. http://indianstrategicknowledgeonline.com/web/MIilInnovPeace.pdf

National Defense Panel. 1997. Transforming Defense: National Security in the 21st Century. Report of the National Defense Panel (December). http://www.dtic.mil/ndp/FullDoc2.pdf

Record, Jeffrey. 2006. "The American Way of War: Cultural Barriers to Successful Counterinsurgency." Policy analysis paper of CATO Institute. Number 577 (September 1, 2006). http://www.cato.org/pubs/pas/pa577.pdf

Schwab, Klaus. 2016. "The Fourth Industrial Revolution: what it means, how to respond." World Economic Forum, 14, Jan 2016. https://www.weforum.org/agenda/2016/01/the-fourth-industrial-revolution-what-it-means-and-how-to-respond/

"Battle of Abu Klea" Wikipedia. https://en.wikipedia.org/wiki/Battle_of_Abu_Klea

"Battle of Omdurman" Wikipedia. https://en.wikipedia.org/wiki/Battle_of_Omdurman

"Battle of Ulundi" Wikipedia. https://en.wikipedia.org/wiki/Battle_of_Ulundi

제2장

강석율. 2018. 「트럼프 행정부의 국방분야 개혁정책: 3차 상쇄전략의 연속성과 정책적 함의」. ≪국방논단≫, 1734.

김재엽. 2012. 「미국의 공해전투(Air-Sea Battle): 주요 내용과 시사점」. ≪전략연구≫, 54. 한국전략문제연구소.

박병광. 2018. 「미중 패권경쟁과 지정학게임의 본격화: 미 태평양사령부 개칭의 함의를 중심으로」. ≪Issue Briefing≫, 18.16: 3. 국가안보전략연구원,

박상섭. 2018. 『테크놀로지와 전쟁의 역사』. 서울: 아카넷.

설인효. 2012. 「군사혁신(RMA)의 전파와 미중 군사혁신 경쟁」. ≪국제정치논총≫, 50.3. 한국국제정치학회.

______. 2015. 「미중 군사경쟁 양상 분석과 전망: 중국의 군사력 현대화와 미국의 대응을 중심으로」. ≪KU 중국연구≫, 1.1. 건국대학교 중국연구원.

______. 2017. 「트럼프 행정부 대중 군사전략 전망과 한미동맹에 대한 함의」. ≪신안보연구≫, 17.

______. 2019. 「트럼프 행정부 인도·태평양 전략의 전개방향과 시사점」. ≪국방논단≫, 1740.

설인효·박원곤. 2017. 「미 신행정부 국방전략 전망과 한미동맹에 대한 함의: 제3차 상쇄전략의 수용 및 변용 가능성을 중심으로」. ≪국방정책연구≫, 33.1.

정춘일. 2017. 「4차 산업혁명과 군사혁신 4.0」. ≪전략연구≫, 24.2: 183~211.

Bitzinger, Richard. 2016. *Third Offset Strategy and Chinese A2/AD Capabilities*. Center for New American Security.

Boot, Max. 2006. *War Made New*. New York: Gotham Books.

Cleveland, Charles T. and Stuart L. Farris. 2013. "Toward Strategic Land Power." *Army*, July.

Cohen, Eliot. 2004. "Change and Transformation in Military Affairs." *Journal of Strategic Studies*, 27.3: 395~407.

Department of Defense. 2012. *Joint Operational Access Concept*. Washington D.C.: Department of Defense.

_____. 2012. *Sustaining U.S. Global Leadership: Priorities for 21st Century Defense*. Washington D.C.: Department of Defense.

Friedberg, Aaron. 2014. *Beyond Air-Sea Battle: The Debate Over US Military Strategy in Asia*. The International Institution for Strategic Studies.

Grayson, Tim. 2018. "Mosaic Warfare." keynote speech delivered at the Mosaic Warfare and Multi-Domain Battle, DARPA Strategic Technology Office.

Green, Michael. 2018. "China's Maritime Silk Road: Strategic and Economic Implication for the Indo-Pacific Region." China's Maritime Silk Road, CSIS Report, 2018. 3.

Hundley, Richard O. 1999. *Past Revolution and Future Transformation: What Can the History of Revolution in Military Affairs Tell Us About Transforming the U.S. Military?* Santa Monica, California: RAND.

Hutchens, Michael E., Dries William Perdew Jason C., Bryant Vincent & Moores Kerry. 2017. "Joint Concept for Access and Manuever in the Global Commons." *Joint Forces Quarterly*, 84, 1st Quarter.

Judson, Jen. 2018. "Multidomain Operations Task Force Cuts Teeth in Pacific." *DefenseNews*, 2018. 8. 18.

Kelly, Terrence K., David C. Gompert & Duncan Long. 2016. *Smarter Power, Stronger Partners Volume 1: Exploiting U.S. Advantages to Prevent Aggression*. Santa Monica, California: RAND.

Krepinevich, Andrew. 2015. "How to Deter China: The Case for Archipelagic Defense." *Foreign Affairs*, March/April.

Martinage. Robert. 2014. *Toward A New Offset Strategy: Exploiting US Long-term Advantages to Restore US Global Power Projection Capability*. Center for Strategic and Budgetary Assessments.

Mcleary, Paul. 2017. "The Pentagon's Third Offset May be Dead, But No One Knows What Comes Next." *Foreign Policy*, 2017. 12. 18.

Perkins, David. 2016. "Multi-Domain Battle: Joint Combined Arms Concept for the 21st Century." *Army*, December.

Perry, Mark. 2015. "The Pentagon's Fight Over Fighting China." *Politico Maga-*

zine, July/August.

Resende-Santos, Joao. 1996. "Anarchy and Emulation of Military Systems: Military Organizations and Technology in South America, 1870~1930." *Security Studies*, 5.3.

The U.S. Army Pacific. 2017. *U.S. Army Pacific Contribution to Multi-Domain Battle*, 2017. 3. 15.

The U.S. Army. 2018. "The U.S. Army in Multi-Domain Operation in 2028." TRADOC Pamphlet 525-3-1, 2018. 12. 6.

White, Samuel eds. 2017. *Closer Than You Think: The Implications of the Third Offset Strategy For the U.S. Army*. U.S. Army War College Press.

제3장

Adamowski, Jaroslaw. 2014. "Russian Defense Ministry Unveils $9B UAV Program." *Defense News*, February 19.

Alexander, Grover L. 1979. *AQUILA Remotely Piloted Vehicle System Technology Demonstrator (RPV-STD) Program. Volume I. System Description and Capabilities*. No. LMSC/D458287-VOL-1. Sunnyvale, CA: Lockheed Missiles And Space Co. Inc.

Antebi, Liran. 2014. "Changing Trends in Unmanned Aerial Vehicles: New Challenges for States, Armies and Security Industries." *Military and Strategic Affairs*, 6.2: 21~36.

Antebi, Liran. 2017. "Unmanned Aerial Vehicles in Asymmetric Warfare: Maintaining the Advantage of the State Actor." *Memorandum* No. 167 (Tel Aviv: Institute for National Security Studies, July).

Blom, John David. 2010. *Unmanned Aerial Systems: A Historical Perspective*, 45. Combat Studies Institute Press.

Brimelow, Ben. 2017. "Chinese Drones May Soon Swarm the market — and That Could Be Very Bad for the US."

Cook, Kendra L. B. 2007. "The Silent Force Multiplier: The History and Role of UAVs in Warfare." *2007 IEEE Aerospace Conference*. IEEE.

Cordesman, Anthony H. and William D. Sullivan. 2007. *Lessons of the 2006 Israeli-Hezbollah War*, 29.4. CSIS.

Davis, Lynn E. et al. 2014. *Armed and Dangerous? UAVs and US Security*. Santa Monica, Ca: RAND Corp.

Farley, Robert. 2015. "The Five Most Deadly Drone Powers in the World." *The National Interest*.

Gobeil, Gabriel Boulianne and Liran Antebi. 2017. "The Vulnerable Architecture of Unmanned Aerial Systems: Mapping and Mitigating Cyberattack Threats." *Cyber, Intelligence and Security*, Vol. 1, No. 3 (December), pp.122~123.

Hoenig, Milton. 2014. "Hezbollah and the Use of Drones as a Weapon of Terrorism." *Public Interest Report*, 67.2.

Horowitz, Michael C. and Joshua A. Schwartz. 2018. "A New U.S. Policy Makes It (Somewhat) Easier to Export Drones." *Washington Post*, April 20.

Keck, Zachary. 2015. "China Is Building 42,000 Military Drones: Should America Worry." *National Interest*.

Kreps, Sarah Elizabeth. 2016. *Drones: What Everyone Needs to Know*. Oxford University Press.

Scheve, T. 2008. How the MQ-9 Reaper Works. *HowStuffWorks.com*.

Tucker, Patrick. 2014. "Every country will have armed drones within 10 years." *Defense One* 6.

기타 자료

https://aeronautics-sys.com/home-page/page-systems/page-systems-orbiter-1k-muas

http://rpdefense.over-blog.com/2014/02/russian-defense-ministry-unveils-%249b-uav-program.html

https://www.academia.edu/36265191/The_Vulnerable_Architecture_of_Unmanned_Aerial_Systems_Mapping_and_Mitigating_Cyberattack_Threats

https://bit.ly/2AvlkHg
https://www.defensenews.com/air/2017/05/03/global-drone-market-expected-to-surpass-22b-by-2022/
http://elbitsystems.com/products/usa/skylark-i-lex
http://www.iai.co.il/2013/18900-16382-en/BusinessAreas_UnmannedAirSystems_HeronFamily.aspx
https://www.icas.org/ICAS_ARCHIVE/ICAS2004/PAPERS/519.PDF
http://www.inss.org.il/publication/unmanned-aerial-vehicles-asymmetric-warfare-maintaining-advantage-state-actor/
https://elbitsystems.com/products/usa/hermes-450/
https://www.haaretz.com/israel-news/premium-israel-won-t-sign-u-s-document-regulating-attack-drones-1.5452346.
https://www.haaretz.com/1.5494046
https://www.haaretz.co.il/news/politics/1.267820
https://www.jpost.com/Israel-News/Politics-And-Diplomacy/
https://www.newamerica.org/in-depth/world-of-drones/1-introduction-how-we-became-world-drones
https://www.paxforpeace.nl/publications/all-publications/ unmanned-ambitions.
https://www.reuters.com/article/us-usa-arms-drones-exclusive/exclusive-trump-to-boost-exports-of-lethal-drones-to-more-u-s-allies-sources-idUSKBN1GW12D
https://www.theguardian.com/world/2013/may/20/israel-worlds-largest-drone-exporte
http://time.com/5230567/killer-robots/
http://www.unidir.org/files/publications/pdfs/increasing-transparency-oversight
https://uvisionuav.com/our-technology/.
https://www.washingtonpost.com/news/monkey-cage/wp/2018/04/20/a-new-u-s-policy-makes-it-somewhat-easier-to-export-drones/?utm_term=.2f0fe76beefb
https://www.washingtonpost.com/news/monkey-cage/wp/2018/04/20/a-new-u-

s-policy-makes-it-somewhat-easier-to-export-drones/?utm_term=.2f0fe76beefb/
https://www.ynet.co.il/articles/0,7340,L-4826915,00.htmal
https://www.ynetnews.com/articles/0,7340,L-4457653,00.html

제4장

군사학 학문체계 연구위원회. 2000. "군사학 학문체계와 교육체계 연구." 정책 보고서. 육군사관학교 화랑대연구소.
남보람. 2009.「전략문화 접근법에 의한 군사교리 연구를 위한 시론」. ≪군사평론≫(12월호), 22~26쪽.
육군본부. 1983.『군사이론의 대국화 추진방향: 새 시대 육군 발전방향』. 육군본부.
_____. 2004a. "선진정예육군 문화(안)." 내부 문서.
_____. 2004b. "육군문화의 뿌리." 내부 문서.
_____. 2004c. "육군문화의 형성과 변천." 내부 문서.
육군본부 문화혁신기획단. 2006. "주간 회의록." 내부 문서.
_____. 2007.『육군문화혁신 지침서: Soft Power Up!』. 육군본부.
윤종호. 2002. "군사학 학문체계 정립 및 군사학 학위수여 방안." 정책연구과제. 국방부 인사관리과.
이승희 외. 2003. "일반대학 군사학 교육개선 및 확산 방안." 정책연구과제. 국방대학교 안보문제연구소.
이종학. 1999. "한국 군사학의 발전방향."『군사학 학문체계 및 교육체계』. 세미나 발표집. 육군사관학교 화랑대연구소.
코럼, 제임스(James S. Corum). 1998.『젝트장군의 군사개혁』. 육군대학 옮김. 육군대학.
홉스봄, 에릭(Eric Hawsbaum). 2002.『역사론』. 강성호 옮김. 민음사.

Fitzsimonds, James R. and Jan M. Van Tol. 1994. "Revolutions in Military Affairs." *Joint Forces Quarterly* (Spring).

Kaplan, L. Martin. 2000. *Department of the Army Historical Summary, Fiscal Year 1994*. Center of Military History, U.S. Army.

Keaney, Thomas A. and Eliot A. Cohen. 1993. *Gulf War Air Power Survey: Summary Report*. Washington D.C.: The Air Force Historical Research Agency.

Raska, Michael. 2015. *Military Innovation in Small States: Creating a Reverse Asymmetry*. Routledge.

Schlieffen, Alfred Count von. 1956. "The Schlieffen Plan(1905)" in Gerhard Ritter. *Der Schlieffenplan: Kritik eines Mythos*. München: Oldenbourg.

TRADOC. 1994. *Force XXI Operations*, Pamphlet 525-5. TRADOC, U.S.

제5장

공진성. 2018. "민주주의와 시민의 병역의무." 『민군관계와 대한민국 육군』. 서울: 한울아카데미.

김보미. 2016. 「북한의 핵전력 지휘통제체계와 핵안정성」. ≪국가전략≫, 22.3: 37~59, (2016년 가을).

최아진. 2018. "민주주의와 국방." 『민군관계와 대한민국 육군』. 서울: 한울아카데미.

Bartov, Omer. 1986. *The Eastern Front, 1941~45: German Troops and the Barbarization of Warfare*. New York: St. Martin's Press.

Cohen, Eliot A. 2002. *Supreme Command: Soldiers, Statesmen, and Leadership in Wartime*. New York: Free Press.

Feaver, Peter D. 1992-1993. "Command and Control in Emerging Nuclear Nations," *International Security*, 17.3: 160~187 (Winter).

______. 2003. *Armed Servants: Agency, Oversight, and Civil-Military Relations*. Cambridge, MA: Harvard University Press.

Gooch, John. 2014. *The Italian Army and the First World War*. Cambridge: Cambridge University Press.

Gooch, John et al. 1982. "Italian Military Efficiency: A Debate," *Journal of Stra-*

tegic Studies, 5.2: 248~277 (June).

Huntington, Samuel P. 1957. *The Soldier and the State: The Theory and Politics of Civil-Military Relations*. Cambridge, MA: Harvard University Press.

Lupfer, Timothy T. 1981. *The Dynamics of Doctrine: The Changes in German Tactical Doctrine During the First World War*. Fort Leavenworth, KS: U.S. Army Combat Studies Institute.

Marshall, S. L. A. 1947. *Men Against Fire: the Problem of Battle Command*. New York: William Morrow and Company.

Owens, William. 2000. *Lifting the Fog of War*. Baltimore, MD: Johns Hopkins University Press.

Pollack, Kenneth M. 2002. *Arabs at War: The Past, Present, and Future of Arab Military Effectiveness*. Lincoln, NE: University of Nebraska Press.

_____. 2019. *Armies of Sand: The Past, Present, and Future of Arab Military Effectiveness* .New York: Oxford University Press.

Reiter, Dan and Allan C. Stam. 2002. *Democracies at War*. Princeton, NJ: Princeton University Press.

Shils, Edward A. and Morris Janowitz. 1948. "Cohesion and Disintegration in the Wehrmacht in World War II." *Public Opinion Quarterly*, 12.2: 280~315 (January).

Stouffer, Samuel A. et al. 1949. *The American Soldier: Combat and Its Aftermath*, Volume II. Princeton, NJ: Princeton University Press.

Wong, Leonard et al. 2003. *Why They Fight: Combat Motivation in the Iraq War*. Carlisle, PA: U.S. Army War College.

제6장

김민혁. 2018. 「자율형 무인전투체계의 법적·윤리적 의사결정 프로세스 모델링」, ≪국방정책연구≫, 34.3: 135~154.

박창권·김두승·김진무·백승주·엄태암·유영철·이근수·이창형·전경만·정상연.

2011. 『한국의 중장기 안보전략과 국방정책』. 한국국방연구원.
설현주. 2017. 『2035년 한국 미래 공군 작전개념 및 핵심임무 연구』. 충남대학교.
육군본부. 2019. 『도약적 변혁을 위한 육군의 도전』. 대한민국 육군.
이상현. 2014. 『복합 국제정치질서와 한국의 네트워크 외교전략』. 세종연구소.
이장훈. "IS에 맞서는 미국-러시아의 각기 다른 그림자전쟁." 펍(pub)조선, 2016년 2월 26일, http://pub.chosun.com/client/news/viw.asp?cate=C01&mcate=&nNewsNumb=20160219565&nidx=19566 (검색일: 2019년 3월 3일).
조현용. 2014. "아프가니스탄 오쉬노 부대 파병 소감문." ≪PKO저널≫, 8.0: 32~33.

Alvaredo, Facundo, Lucas Chancel, Thomas Piketty, Emmanuel Saez and Gabriel Zucman. 2018. *World Inequality Report 2017*. Paris School of Economics.
Amerson, Kimberly and Spencer Meredith. 2016. "The Future Operating Environment 2050: Chaos, Complexity and Competition." *Small Wars Journal* (July).
Arreguín-Toft, Ivan. 2001. "How the Weak Win Wars: A Theory of Asymmetric Conflict." *International Security*, 26.1: 93~128 (Summer).
Berman, Eli, Jacob N. Shapiro and Joseph H. Felter. 2011. "Can Hearts and Minds Be Bought? The Economics of Counterinsurgency in Iraq." *Journal of Political Economy*, 119.4: 766~819.
Berman, Eli, Joseph H. Felter and Jacob N. Shapiro. 2018. *Small Wars, Big Data: The Informational Revolution in Modern Conflict*. Princeton: Princeton University Press.
Bueno de Mesquita, Bruce, Alastair Smith, Randolph M. Siverson and James D. Morrow. 2003. *The Logic of Political Survival*. Cambridge: MIT Press.
Cederman, Lars-Erik, Andreas Wimmer and Brian Min. 2010. "Why Do Ethnic Groups Rebel? New Data and Analysis." *World Politics*, 62.1: 87~119.
Choi, Hyun Jin. 2017. "Ethnic Exclusion, Armed Conflict, and Leader Survival." *Korean Journal of International Studies*, 15.3: 327~358.
Horowitz, Michael, Paul Scharre and Ben FitzGerald. 2017. "Drone Proliferation and the Use of Force: An Experimental Approach." Center for a New American Security.

Jensen, Benjamin and John T. Watts. 2017. "The Character of Warfare 2030 to 2050: Technological Change, the International System, and the State." U.S. Army Future Studies Group.

Kalyvas, Stathis. 2006. *The Logic of Violence in Civil War*. Cambridge: Cambridge University Press.

Kania, Elsa and John Costello. 2018. "Quantum Hegemony? China's Ambitions and the Challenge to U.S. Innovation Leadership." Center for a New American Security.

Mack, Andrew. 1975. "Why Big Nations Lose Small Wars: The Politics of Asymmetric Conflict." *World Politics*, 27.2: 175~200 (January).

Merom, Gil. 2003. *How Democracies Lose Small Wars*. Cambridge: Cambridge University Press.

Pettersson, Therese and Kristine Eck. 2018. "Organized Violence, 1989~2017." *Journal of Peace Research*, 55.4: 535~547 (June).

Raleigh, Clionadh, Andrew Linke, Håvard Hegre and Joakim Karlsen. 2010. "Introducing ACLED: An armed conflict location and event dataset." *Journal of Peace Research*, 47.5: 651~660 (September).

Raleigh, Clionadh, Hyun Jin Choi and Dominic Kniveton. 2015. "The Devil is in the Details: An Investigation of the Relationships between Conflict, Food Price and Climate across Africa." *Global Environmental Change*, 32: 187~199 (May).

Sarkees, Meredith Reid and Frank Whelon Wayman. 2010. *Resort to War: 1816~2007*. Washington, DC: CQ Press.

Sutherland, Benjamin. 2017. "Military Technology: Wizardry And Asymmetry." in Daniel Franklin(ed). *Megatech: Technology In 2050*. London: Economist Books.

Szayna, Thomas, Stephen Watts, Angela O'Mahony, Bryan Frederick and Jennifer Kavanagh. 2017. "What Are the Trends in Armed Conflicts, and What Do They Mean for U.S. Defense Policy?" RAND Corporation.

UNHCR. 2018. "Global Trends: Forced Displacement in 2017." United Nations

High Commissioner for Refugees.
United Nations. 2018. "68% of the World Population Projected to Live in Urban Areas by 2050, Says UN." UN Department of Economic and Social Affairs.
Weidmann, Nils and Michael Ward. 2010. "Predicting Conflict in Space and Time." *Journal of Conflict Resolution*, 54.6: 884~901 (December).

부록 1 (기조연설)

Brown, John S. 2011. *Kevlar Legions: The Transformation of the U.S. Army, 1989~2005.* Washington D.C.: US Army Center of Military History.
Stewart, Richard W. ed. 2005. *American Military History*, Volumes I and II. Washington D.C.: US Army Center of Military History.

찾아보기

ㄷ

ㄹ

ㅁ

ㅂ

ㅅ

ㅇ

지은이 (가나다순)

남보람

국방부 군사편찬연구소 국제분쟁사부 연구원

경남대학교 정치외교학 박사

한국정치외교사학회 기획이사, 한국군사학회 학술부장, 국방일보 전문위원,

전 육군본부 군사연구소 전쟁사연구장교, 미 워싱턴 육군군사연구소 교환연구원(2012), 미 버지니아 국립문서기록관리청 파견연구원(2013), 미 뉴욕 유엔아카이브 파견연구원(2016)

주요 저서: 『전쟁이론과 군사교리』 등

리란 앤테비 Liran Antebi

이스라엘 국방연구소 연구원

이스라엘 텔아비브대학교 박사

주요 논문: "Changing Trends in Unmanned Aerial Vehicles: New Challenges for States, Armies And Security Industries", "Who Will Stop the Robots?" 등

설인효

한국국방연구원 선임연구원/국방현안팀장

서울대학교 외교학 박사, 미 국방대 INSS Visiting Fellow

주요 논문: 「미 신행정부 국방전략 전망과 한미동맹에 대한 함의: 제3차 상쇄전략의 수용 및 변용 가능성을 중심으로」, 「한국 사회에서 발생 가능한 테러시나리오와 군의 대테러 능력 발전방향」 등

신성호

서울대학교 국제대학원 국제학과 교수

Tufts University 국제정치학 석사/박사

외교통상부 정책자문위원

주요 논문: "Trump and New Administration's Foreign Policy (in Korean)", "US-China Relations and Korean Diplomacy" 등

엠마 스카이 Emma Sky

미국 예일대학교 Jackson Institute for World Affairs Director

옥스퍼드대학교 졸업

2007~2010 이라크에서 다국적군 사령관의 정치보좌역

주요 저서: *The Unravellimg: High Hopes and Missed Opportunities in Iraq*, *In A Time Of Monster: Travels Through a Middle East in Revolt* 등

이근욱

서강대학교 정치외교학과 교수, 서강대학교 육군력연구소 소장

하버드대학교 정치학 박사

주요 저서: 『왈츠 이후』, 『이라크 전쟁』, 『냉전』, 『쿠바 미사일 위기』 등

존 브라운 John Sloan Brown

미 육군사관학교 졸업

전 미 육군사관학교 군사역사학장

주요 저서: *Kevlar Legions* 등

최현진

경희대학교 정치외교학과 교수

한국유엔체제학회 연구이사

미시간 주립대학교 정치학 박사, Tufts University (Fletcher School) 국제관계학 석사, 경희대학교 정치외교학 학사

주요 논문: "When Ethnic Exclusion is Good Politics: Ethnic Exclusion, Armed Conflict, and Leadership Terure in Small-Coalition System", "Enigmas of Inequality Grievances: Effects of Attitudes toward Inequality and Government Redistribution on Protest Participation" 등

한울아카데미 2245
서강 육군력 총서 5

도전과 응전, 그리고 한국 육군의 선택

기획 서강대학교 육군력연구소
엮은이 이근욱
지은이 남보람·리란 앤테비·설인효·신성호·엠마 스카이·이근욱·존 브라운·최현진

펴낸이 김종수
펴낸곳 한울엠플러스(주)
편집 배소영

초판 1쇄 인쇄 2020년 10월 5일
초판 1쇄 발행 2020년 10월 15일

주소 10881 경기도 파주시 광인사길 153 한울시소빌딩 3층
전화 031-955-0655
팩스 031-955-0656
홈페이지 www.hanulmplus.kr
등록번호 제406-2015-000143호

ISBN 978-89-460-7245-9 93390(양장)
978-89-460-6928-2 93390(무선)

Printed in Korea.
※ 책값은 겉표지에 표시되어 있습니다.

※ 이 도서의 국립중앙도서관 출판예정도서목록(CIP)은 서지정보유통지원시스템 홈페이지
(http://seoji.nl.go.kr)와 국가자료공동목록시스템(http://www.nl.go.kr/kolisnet)에서
이용하실 수 있습니다. (CIP제어번호: 양장 CIP2020039919 무선 CIP2020039923)